JISUANJI
ZUZHUANG YU WEIHU

计算机
组装与维护

郗海龙 / 主　编
许广利 / 副主编

电子科技大学出版社
University of Electronic Science and Technology of China Press
· 成都 ·

图书在版编目(CIP)数据

计算机组装与维护 / 郗海龙主编. —成都：电子科技大学出版社，2022.5

ISBN 978-7-5647-9344-9

Ⅰ. ①计… Ⅱ. ①郗… Ⅲ. ①电子计算机-组装②计算机维护 Ⅳ. ①TP30

中国版本图书馆 CIP 数据核字(2021)第 255889 号

计算机组装与维护

郗海龙　主编

策划编辑　曾　艺

责任编辑　曾　艺

出版发行　电子科技大学出版社

成都市一环路东一段 159 号电子信息产业大厦九楼　邮编 610051

主　　页　www.uestcp.com.cn

服务电话　028-83203399

邮购电话　028-83201495

印　　刷　三河市文阁印刷有限公司

成品尺寸　185mm×260mm

印　　张　19

字　　数　390 千字

版　　次　2022 年 5 月第 1 版

印　　次　2022 年 5 月第 1 次印刷

书　　号　ISBN 978-7-5647-9344-9

定　　价　58.00 元

前　言

本书是在华北理工大学教学建设委员会五育建设专门委员会的整体谋划、设计、指导下完成的劳动教育类教材，旨在深化劳动技能课改革，丰富创新劳动实践形式，以课程教育为主要依托，以实践育人为基本途径，与德育、智育、体育、美育相融合，以劳树德、以劳增智、以劳强体、以劳育美，培养学生养成良好的劳动观念、劳动态度、劳动情感、劳动品质，激发学生争做新时代奋斗者的劳动情怀，全面提高学生劳动素养。

作为一门面向普通高等院校本科生开设的劳动技能课，计算机组装与维护课程十分注重学生的实践动手能力，注重让学生在劳动实践中学会一技之长。

本书理论联系实际，强调学以致用，体现“做中学，学中做”的教学理念，注重学生动手能力的培养。全书共分 8 章，系统讲授计算机基础知识、计算机硬件组成、计算机选配、台式机组装、软件安装、笔记本电脑拆装、计算机的日常维护与常见故障处理等内容，本书设计了 38 个动动手、8 个拓展练习实践任务，使读者能掌握计算机的硬件组成和结构，以及有关硬件设备的性能和技术参数，学会自己选购各种配件进行组装且正确、合理地使用，并能够进行系统的日常维护，进而自己动手排除计算机使用过程中的常见故障，在劳动实践中掌握一技之长。

在编写过程中全体编者付出了辛勤的劳动，同时书中部分内容参考了同行老师的著作和互联网资料，由于参考内容来源广泛，篇幅有限，恕不一一列出，在此一并表示衷心的感谢！

由于编者水平有限，书中难免存在疏漏和不足之处，恳请广大读者批评指正。

编　者

2021 年 11 月

目　　录

第1章 计算机基础知识

本 章 导 读

计算机是20世纪最先进的科学技术发明之一，如今，计算机作为一种工具已经渗透到人类生产活动和社会生活的方方面面。掌握计算机基础知识，是有效学习和工作的基本需求，也是开展计算机组装与维护工作的要求。

本章介绍什么是计算机及计算机软硬件系统组成，使读者对计算机及其组成有一个整体的认识；讲述计算机发展简史及计算机分类，突出计算机在我国的研究与发展历程及我国计算机事业的成就，以增强读者的民族自豪感和自信心；对计算机产业尤其是计算机服务产业做简要介绍，使读者对计算机组装与维护的产业定位有所了解。

1.1 认识计算机

一、什么是计算机

首先我们来看一下维基百科和百度百科是如何描述计算机的。

维基百科：计算机（computer）亦称电脑，是利用数字电子技术，根据一系列指令[①]指示自动执行任意算术或逻辑操作的设备。通用计算机因有能遵循被称为“程序”的一般操作集的能力而使得它们能够执行极其广泛的任务。

百度百科：计算机（computer）俗称电脑，是一种用于高速计算的电子计算机器，既可以进行数值计算，又可以进行逻辑计算，还具有存储记忆功能。它是能够按照程序运行，自动、高速处理海量数据的现代化智能电子设备。

概括来说，计算机是一种能根据一系列指令对数据进行处理的电子设备。

---

① 指令是指计算机硬件可执行的某种操作的命令，它由一串二进制数码组成。一台计算机中全体指令的集合称为指令系统。程序是由指令构成的，是为了让计算机完成一个完整的任务必须执行的指令的集合。

计算机被用作各种工业和消费设备的控制系统，包括简单的特定用途设备（如微波炉、遥控器）、工业设备（如工业机器人、计算机辅助设计）及通用设备（如个人电脑、智能手机之类的移动设备）等。

尽管计算机种类繁多，但根据图灵机①理论，一部具有基本功能的计算机，应当能够完成任何其他计算机能做的事情，因此，理论上从智能手机到超级计算机都应该可以完成同样的作业②（不考虑时间和存储因素）。

计算机系统由硬件系统和软件系统两部分组成，如图 1-1 所示。

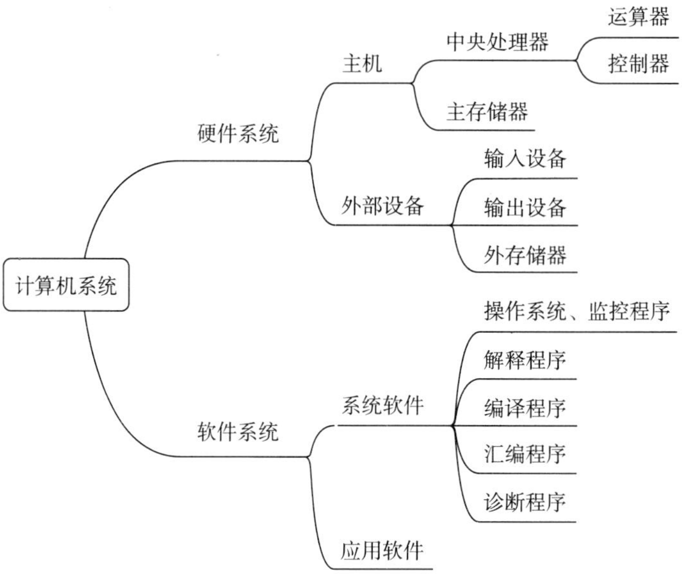

图 1-1　计算机系统

二、计算机硬件系统

尽管计算机技术自 20 世纪 40 年代第一部电子通用计算机诞生以来有了令人目眩的快速发展，但是今天计算机基本上仍然采用的是存储程序结构，即冯·诺伊曼③结构，这个结构实现了实用化的通用计算机。

冯·诺伊曼结构（Von Neumann architecture），也称冯·诺伊曼模型（Von Neumann model）或普林斯顿结构（Princeton architecture），是一种将程序和数据合并在一起进行存储的计算机设计概念结构，如图 1-2 所示。

---

① 图灵机（Turing machine），又称确定型图灵机，是英国数学家艾伦·图灵于 1936 年提出的一种将人的计算行为抽象化的数学逻辑机，其更抽象的意义为一种计算模型，可以看作等价于任何有限逻辑数学过程的终极强大逻辑机器。图灵的基本思想是用机器来模拟人们用纸笔进行数学运算的过程。

② 作业是用户在一次算题过程中或一个事务处理中要求计算机系统所做的工作的集合。

③ 冯·诺依曼（1903 年 12 月 28 日—1957 年 2 月 8 日），美籍匈牙利数学家、计算机科学家、物理学家，是 20 世纪最重要的数学家之一。冯·诺依曼是布达佩斯大学数学博士，是现代计算机、博弈论、核武器和生化武器等领域内的科学全才之一，被后人称为“现代计算机之父”“博弈论之父”。

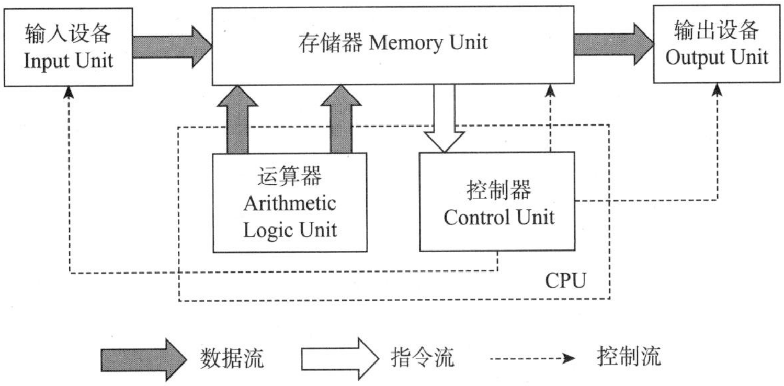

图 1-2 冯·诺依曼结构

1. 运算器

运算器(Arithmetic Logic Unit),又称算数逻辑单元,它在控制器的控制下与存储器交换数据,完成数据的算数/逻辑运算。

2. 控制器

控制器(Control Unit)是计算机的指挥中枢,它从存储器中读取指令、分析指令、确定指令类型并对指令进行译码产生控制信号去控制计算机各个部件完成各种操作。

控制器和运算器合在一起称为中央处理器(Central Processing Unit,CPU),它是计算机的核心部件。

3. 存储器

存储器(Memory Unit)是计算机的记忆装置,用来以二进制的形式存储程序和数据。存储器具备数据存储和读取功能,向存储器中存储数据称为"写入",从存储器中读取数据称为"读出"。

计算机存储器分为主存储器(内部存储器)和辅助存储器(外部存储器)两种。主存储器可以直接和 CPU 进行数据交换,用于存放 CPU 要执行的程序和数据。外部存储器用来存放需要长期保存的程序和数据,程序运行时外部存储器中的程序和数据需要调入主存储器。

我们通常把计算机的 CPU 和主存储器统称为主机。

4. 输入设备

输入设备(Input Unit)负责把程序和数据转换成计算机可以识别的数字信号输入计算机中。常见的输入设备有键盘、鼠标、扫描仪、摄像头、麦克风、传感器等。

5. 输出设备

输出设备(Output Unit)负责把计算机处理后的数据转换成我们人或者其他

机器能够识别的形式进行输出。常见的输出设备有显示器、打印机、绘图仪、音箱等。

我们通常把计算机的输入设备、输出设备和外部存储器统称为外部设备。

三、计算机软件系统

计算机软件是计算机程序、方法、规则、相关的文档①以及在计算机运行程序时输入的必要数据。计算机软件是用户与计算机硬件之间的接口,用户主要通过软件与计算机进行交互。

计算机软件系统通常包括系统软件和应用软件两大类。

1.系统软件

系统软件(system software)位于计算机软件系统中最靠近硬件的层次,对其上层的软件提供支持,并且与具体的应用领域无关的软件。例如,操作系统(OS)、支撑软件、语言处理系统、系统实用工具、数据库管理系统(DBMS)等。

2.应用软件

应用软件(application software)是用于实现用户的特定领域、特定问题的应用需求而非解决计算机本身问题的软件。

常见的应用软件有:用于对文本进行编辑、处理的文字处理软件(Word、WPS等);用于对数据进行收集、存储、分析、检索的数据处理软件(如Matlab、Origin等);用于图像处理、几何图形绘制、动画制作的图形图像软件(Photoshop、CorelDraw、3DS MAX等);用于表格定义、数值计算和统计的表格处理软件(Excel等)等。

应用软件按照提供方式和盈利模式可以分为三类。

(1)商业软件

商业软件是指被作为商品进行交易的软件,如Windows操作系统、Microsoft Office、Photoshop、Oracle,SQL Server、AutoCAD等。使用者必须支付相应的费用才能被许可使用。许可费用的支付有以下几种常用方式:按安装的计算机数量支付;按使用人的数量进行支付;部分服务器端的商业软件按服务器的CPU的个数或同时使用的用户数进行支付。

(2)共享软件

共享软件是为了促进IT业的发展,软件开发商或自由软件者推出的受限免费产品,一般有次数、时间、用户数量限制,用户可以通过注册、付费来解除限制。

---

① 文档指开发、使用和维护程序所需要的图文资料。

(3)免费软件

免费软件是软件开发者免费向用户发放的软件产品,任何用户都可以不受限制的免费使用、复制及扩散。

小贴士:开源软件

开源软件即开放源码软件(open-source)是一个新名词,就是把软件程序与源代码文件一起打包提供给用户,用户既可以不受限制地使用该软件的全部功能,也可以根据自己的需求修改源代码,甚至编制成衍生产品再次发布出去。

用户具有使用自由、修改自由、重新发布自由和创建衍生品自由,这正好符合了黑客和极客对自由的追求,因此开源软件在国内外都有着很高的人气,大家聚集在开源社区,共同推动开源软件的进步。

1.2 计算机发展简史

一、计算机前身

计算机的前身是什么?在有史料记载之前,人类开始利用鹅卵石、小木棍等辅助工具来计数。结绳计数是目前所知最早的计数工具,就是以绳子上打结的数量来表示事物的多少。

据史料推测,最晚在春秋晚期战国初年(公元前722年—公元前221年),我国古代劳动人民发明了算筹,就是使用竹子或木头、兽骨、象牙等材料制成一根根同样长短和粗细的小棍子,利用算筹摆出数字进行数学计算。成语"运筹帷幄"的"筹"就是算筹。

小贴士:我国古代数学成就——算筹计数

在算筹计数法中,以纵横两种排列方式来表示单位数目的,其中1~5均分别以纵横方式排列相应数目的算筹来表示,6~9则以上面的算筹再加下面相应的算筹来表示。表示多位数时,个位用纵式,十位用横式,百位用纵式,千位用横式,以此类推,遇零则置空。这种计数法遵循十进位制。两千多年前我们的祖先就懂得了这样精妙的计算,真是神奇!在这当中,算筹功不可没,它是在珠算发明以前中国独创并且是最有效的计算工具。中国古代数学的早期发达与持续发展都是受惠于算筹的。

2600多年前,中国人发明了世界上最早的手动计算机工具——算盘,算盘是在算筹的基础上演变而来的。算盘的形状为长方形,周为木框,内贯直柱,俗称"档"。一般从九档至十五档,档中横以梁,梁上两珠,每珠作数五,梁下五珠,每珠作数一，运算时定位后拨珠计算，可以做加减乘除等算法。

在算盘之后，诸如计算尺、对数表等手动计算工具相继问世，计算科学在漫长的历史长河中不断发展。

1889 年，美国科学家赫尔曼·何乐礼研制出以电力为基础的电动制表机用于储存计算资料。

1943 年，名为巨人(Colossus Computer)的电子数字机器由一个英国开发小组创造出来，它包含 1800 个电子管，使用二进制计算，每秒可以读入 5000 个字符。在第二次世界大战中，巨人成功破译了德军的 Enigma 密码，为盟军提供了巨大帮助。

二、世界上第一台通用电子计算机

世界上第一台通用电子计算机于 1946 年 2 月诞生于美国宾夕法尼亚大学，它的名字叫“ENIAC”(Electronic Numerical Integratorand Calculator)，是宾州大学莫克利(John Mauchly)教授和他的学生埃克特(J. P. Eckert)博士为军事目的而研制的。该计算机以电子管为主要元件，其内存为磁鼓，外存为磁带，操作由中央处理器控制，使用机器语言编程，运算速度为 5000 次/秒，主要应用领域为数值计算(见图 1-3)。

ENIAC(Electronic Numerical Integrator And Computer)，电子数值积分计算机，也称埃尼阿克)
是世界上第一台通用电子计算机，于1946年2月14日建造完成并公布。
体积庞大，
18 000个真
空管，45吨

图 1-3　世界上第一台通用电子计算机 ENINC

ENIAC 虽是一台计算机，但它还不具备现代计算机“在机内存储程序”的主要特征。1946 年 6 月，曾任 ENIAC 小组顾问的冯·诺依曼教授发表了论文《电子计算机逻辑结构初探》，并为美国军方设计了第一台存储程序式的计算机 EDVAC(the Electronic Discrete Variable Automatic Computer，电子离散变量计算机)。与 ENIAC 相比，EDVAC 有两点重要的改进：一是采用二进制，提高了运行效率；二是把指令存入计算机内部。

EDSAC(the Electronic Delay Storage Automatic Calculator)是世界上第一台真正实现存储程序式的计算机，于1949年5月研制成功并投入运行。

三、计算机的发展

自20世纪40年代第一台电子计算机诞生以来，计算机的发展经历了从简到繁、从低级到高级的演变。

1. 第一代计算机

第一代计算机的特征是计算机主机使用电子管储存数据。每个电子管都可以设置成两种状态储存一位二进制数，一种状态代表二进制0，另一种状态代表二进制1。

ENIAC是第一代计算机的原型，体积达到几个屋子大小，包含18 000个电子管，使用一年其电子管至少要更换一次。ENIAC的能耗很高，它一工作，整个费城西部的灯光都要黯淡下去。

第一代计算机体积庞大、造价高、能耗高、操作困难，只是在少数尖端领域得到应用，如科学、军事和财务等方面的计算。

2. 第二代计算机

1959年，第二代计算机出现，其特征是计算机主机以晶体管①为主要元器件，内存为磁芯存储器，外存为磁盘或磁带。晶体管计算机体积缩小为几个机柜大小，运算速度更快，为每秒几万到几十万次，使用高级语言(如FORTRAN、COBOL等)编程，主要应用领域为数值计算、数据处理及工业过程控制。

3. 第三代计算机

1965年，第三代计算机出现，其特征是计算机主机以集成电路(由晶体管、电阻、电容等电子元件集成的一个小硅片)为主要元器件，内存为半导体存储器，外存为磁盘。

集成电路的应用使第三代计算机体积减小、成本降低，运算速度加快为每秒几十万次到几百万次，可靠性和稳定性得到提高，用高级语言编程，以操作系统来管理硬件资源，主要应用领域为信息处理(处理数据、文字、图像)。

4. 第四代计算机

1970年左右，第四代计算机出现，其特征是计算机主机以大规模及超大规模集成电路(一个芯片上可集成数十个到上百万个晶体管)为主要元器件，内存为半导体存储器，外存为磁盘。运算速度更快，达到每秒几百万次到上亿次。存储容量

---

① 晶体管种类很多，最常见的是发光二极管，一些家用电器如电磁炉、微波炉上的指示灯就是发光二极管。

更大、稳定性更高，应用领域扩展到各个方面。此时微型计算机也开始出现，并在20世纪80年代得到了迅速推广。

5.新一代计算机

随着科学技术的不断发展，科学家致力于计算机智能化的研究。新一代计算机以人工智能、大数据和云计算等技术的结合为核心，使计算机具有人类的某些智能，如听、说、识别对象，并且具有一定的学习和推理能力，实现一定的人机智能交流能力。

目前科学家正在研究的新一代计算机有神经网络计算机和生物计算机等。

四、计算机在我国的发展

当冯·诺依曼提出并着手设计存储程序通用电子计算机EDVAC时，正在美国Princeton大学工作的华罗庚教授参观过他的实验室。1950年，华罗庚教授回国，1952年，他在清华大学电机系物色了闵乃大、夏培肃和王传英三位科研人员。在中国科学院数学所内建立了中国第一个电子计算机科研小组。1956年，国家筹建中科院计算技术研究所，进行计算机的研发。

1.第一代电子管计算机研制(1958—1964年)

我国在1957年开始研制通用数字电子计算机。在1958年8月1日，诞生了我国第一台电子计算机，这部计算机完成了四条指令的运行，宣告中国人制造的第一架通用数字电子计算机的诞生(见图1-4)。虽然起初该机的运算速度仅有每秒30次，但它也成为我国计算技术这门学科建立的标志。

图1-4 第一部国产电子计算机103机

103机研制成功后一年多，104机问世，运算速度提升到每秒1万次。1964年，第一部由我国完全自主设计的大型通用数字计算机119机研制成功，运算速度提升到每秒5万次。

2.第二代晶体管计算机研制(1965—1972年)

在研制第一代电子管计算机的同时，我国已开始研制晶体管计算机，1965年研制成功我国第一台大型晶体管计算机(109乙机)。之后对109乙机加以改进，在两年后又推出109丙机，它运行了15年，有效算题时间10万小时以上，在我国两弹试验中发挥了重要作用，被誉为“功勋机”。

3.第三代基于中小规模集成电路的计算机研制(1973—80年代初)

IBM公司在1964年推出了360系列大型机，这是美国进入第三代计算机时代的标志，我国起步稍晚，到1970年初期陆续推出大、中、小型采用集成电路的计算机。

进入20世纪80年代，我国高速计算机有了新的发展，特别是向量计算机有新的发展。1983年中国科学院计算所完成我国第一台大型向量机—757机，计算速度达到每秒1000万次。

同年，这一记录就被国防科技大学研制的银河-Ⅰ亿次巨型计算机打破。银河-Ⅰ巨型机是我国高速计算机研制的一个重要里程碑。

4.第四代基于超大规模集成电路的计算机研制(20世纪80年代中期至今)

1980年初，我国开始采用Z80，X86和M6800芯片研制微机。1983年，研制成功与IBM PC机兼容的DJS-0520微机。经过10多年的发展，我国微机产业走过了一段不平凡道路，以联想微机为代表的国产微机占领了一大半国内市场。

20世纪90年代初开始，国际上采用主流的微处理机芯片研制高性能的并行计算机，已成为一种发展趋势。

1992年，国防科技大学研究成功通用并行巨型机：银河-Ⅱ，它的峰值速度达每秒4亿次浮点运算(相当于每秒10亿次基本运算操作)，总体上达到20世纪80年代中后期国际先进水平。

1997年，国防科技大学研制成功银河-Ⅲ百亿次并行巨型计算机系统，采用可扩展分布共享存储并行处理体系结构，由130多个处理结点组成，峰值性能为每秒130亿次浮点运算，系统综合技术达到20世纪90年代中期国际先进水平。

2001年，中国科学院计算所研制成功我国第一款通用CPU——“龙芯”芯片。

2002年，曙光公司推出完全自主知识产权的“龙腾”服务器，采用了“龙芯-1”CPU、曙光公司和中国科学院计算所联合研发的服务器专用主板及曙光Linux操作系统，它是国内第一台完全实现自主知识产权的产品，在国防、安全等部门发挥了重大作用。

2013 年 11 月，国际 TOP500 组织公布了最新全球超级计算机 500 强排行榜榜单，中国国防科学技术大学研制的。“天河二号”以比第二名美国的“泰坦”快近一倍的速度再度轻松登上榜首。在一年时间内“天河二号”都是全球最快的超级计算机。

2016 年 6 月，在法兰克福世界超算大会上，国际 TOP500 组织发布的榜单显示，“神威·太湖之光”超级计算机系统登顶榜单之首，不仅速度比第二名“天河二号”快出近两倍，其效率也提高 3 倍；11 月 14 日，在美国盐湖城公布的新一期 TOP500 榜单中，“神威·太湖之光”以较大的运算速度优势轻松蝉联冠军；11 月 18 日，我国科研人员依托“神威·太湖之光”超级计算机的应用成果首次荣获“戈登·贝尔”奖，实现了我国高性能计算应用成果在该奖项上零的突破。

2017 年 6 月 19 日，全球超级计算机 500 强榜单公布，“神威·太湖之光”以每秒 9.3 亿亿次的浮点运算速度第三次夺冠。

2017 年，我国科学家成功研制了世界首台超越早期经典计算的量子计算原型机，为实现“量子称霸”奠定了坚实的基础。

1.3 计算机分类

从不同的角度对于电子计算机进行区分，其分类较多。从计算机的类型、运行、构成器件、操作原理、应用状况等划分，计算机有多种分类。常用的计算机分类包括超级计算机、工业控制计算机、个人计算机、网络计算机和嵌入式计算机。

1. 超级计算机

超级计算机(supercomputers)通常是指由数百数千甚至更多的处理器(机)组成的、能计算普通 PC 机和服务器不能完成的大型复杂课题的计算机。超级计算机是计算机中功能最强、运算速度最快、存储容量最大的一类计算机，是国家科技发展水平和综合国力的重要标志。超级计算机拥有最强的并行计算能力，主要用于科学与工程计算应用的高性能计算机，有时泛指高性能计算机。

我国在超级计算机方面发展迅速，跃升到国际先进水平国家当中。中国是第一个以发展中国家的身份制造了超级计算机的国家。在 1983 年就研制出第一台超级计算机银河一号，使我国成为继美国、日本之后第三个能独立设计和研制超级计算机的国家。我国以国产微处理器为基础制造出本国第一台超级计算机名为“神威蓝光”，在 2019 年 11 月 TOP500 组织发布的最新一期世界超级计算机 500 强榜单中，我国占据了 227 个，神威·太湖之光超级计算机位居榜单第三位(见图 1-5)，天河二号超级计算机位居第四位。

图 1-5　神威·太湖之光超级计算机

2. 工业控制计算机

工业控制计算机(industrial control computer)是一种具有采集来自工业生产过程的模拟式和/或数字式数据的能力,并能向工业过程发出模拟式和/或数字式控制信号,以实现工业过程控制和/或监视的数字计算机。

工控机的主要类别有:IPC(PC 总线工业电脑)、PLC(可编程控制系统)、DCS(分散型控制系统)、FCS(现场总线系统)及 CNC(数控系统)等五种。

3. 个人计算机

个人计算机(personal computer,PC),是一种通常由单个用户独用,适合工作和家庭环境的微型计算机。

个人计算机分为台式机和便携式计算机。

台式机也叫桌面机,主机、显示器等设备一般都是相对独立的,一般需要放置在电脑桌或者专门的工作台上,因此命名为台式机。

典型的便携式计算机就是笔记本电脑,也称手提电脑或膝上型电脑,是一种小型、可携带的个人电脑,通常重 1～3 公斤。笔记本电脑除了键盘外,还提供了触控板(TouchPad)或触控点(Pointing Stick),提供了更好的定位和输入功能。

近年来,更小、更轻的便携计算机如平板电脑、智能手机等日益普及,它们大多采用多点触控的操作方式,功能丰富、能方便、快速地接入互联网,作为互联网终端使用。

4. 网络计算机

网络计算机包括服务器、工作站、集线器、交换机和路由器等。

(1)服务器

服务器(server)是一种普通用户需要通过网络才能访问的、性能较高的商用计算机,可向多个用户提供计算、数据、文件、电子邮件、打印、游戏等各种应用服务。

服务器的构成与个人计算机类似,但因为它是针对具体的网络应用特别制定的,因而服务器与微型计算机在处理能力、稳定性、可靠性、安全性、可扩展性、可管理性等方面存在差异很大。

(2)工作站

工作站(workstation)是一种以个人计算机和分布式网络计算为基础,主要面向专业应用领域,具备强大的数据运算与图形、图像处理能力,为满足工程设计、动画制作、科学研究、软件开发、金融管理、信息服务、模拟仿真等专业领域而设计开发的高性能计算机。

工作站最突出的特点是具有很强的图形交换能力,因此,在图形图像领域特别是计算机辅助设计领域得到了迅速应用。典型产品有美国 Sun 公司的 Sun 系列工作站。

(3)集线器

集线器(HUB)是一种共享介质的网络设备,它的作用可以简单地理解为将一些机器连接起来组成一个局域网。

(4)交换机

交换机(Switch)是一种在通信系统中完成信息交换功能的设备,它是集线器的升级换代产品,外观上与集线器非常相似,其作用与集线器大体相同。

(5)路由器

路由器(Router)是一种负责寻径的网络设备,它在互联网络中从多条路径中寻找通信量最少的一条网络路径提供给用户通信。路由器用于连接多个逻辑上分开的网络。

5.嵌入式计算机

嵌入式计算机(embedded computer)即嵌入式系统(embedded systems),是一种以应用为中心、以微处理器为基础,软硬件可裁剪的,适应应用系统对功能、可靠性、成本、体积、功耗等综合性严格要求的专用计算机系统。

嵌入式系统几乎包括了生活中的所有电器设备,如掌上 pda、计算器、电视机顶盒、手机、数字电视、多媒体播放器、汽车、微波炉、数字相机、家庭自动化系统、电梯、空调、安全系统、自动售货机、蜂窝式电话、消费电子设备、工业自动化仪表与医疗仪器等。

1.4 计算机产业

计算机产业是一种省能源、省资源、附加价值高、知识和技术密集的产业,对于国民经济的发展、国防实力和社会进步均有巨大影响。

计算机产业是 IT 产业(信息技术产业)的一种,包括两大部门,即计算机制造业和计算机服务业,后者又称为信息处理产业或信息服务业。

小贴士：计算机产业和IT产业

信息技术（IT即Information Technology）就是感测技术、通信技术、计算机技术和控制技术。信息技术产业，又称信息产业，它是运用信息手段和技术，收集、整理、储存、传递信息情报，提供信息服务，并提供相应的信息手段、信息技术等服务的产业。信息技术产业包含：从事信息的生产、流通和销售信息以及利用信息提供服务的产业部门。

IT产业比计算机产业的范畴更广，不过两者有时会被混用。

计算机制造业包括生产各种计算机系统、外围设备终端设备，以及有关装置、元件、器件和材料的制造。计算机作为工业产品，要求产品有继承性，有很高的性能-价格比和综合性能。计算机的继承性特别体现在软件兼容性方面，这能使用户和厂家把过去研制的软件用在新产品上，使价格很高的软件财富继续发挥作用，减少用户再次研制软件的时间和费用。提高性能-价格比是计算机产品更新的目标和动力。

计算机制造业提供的计算机产品，一般仅包括硬件子系统和部分软件子系统。为了使计算机在特定环境中发挥效能，还需要设计应用系统和研制应用软件。此外，计算机的运行和维护，需要有掌握专业知识的技术人员，这常常是一般用户所作不到的。

针对这些社会需要，一些计算机制造厂家十分重视向用户提供各种技术服务和销售服务。一些独立于计算机制造厂家的计算机服务机构，在20世纪50年代开始出现。到60年代末期，计算机服务产业在世界范围内已形成独立的行业。

计算机服务产业（computer service industry）是一种为满足使用计算机或信息处理的相关需求而提供软件和服务的行业，是一种无公害、不消耗自然资源、附加价值高、知识密集的新型产业，是计算机产业与用户联系的桥梁和纽带，其业务范围包括：

专业服务：用户咨询、受用户委托进行系统分析和程序设计；

软件产品：向用户提供通用软件产品——软件包；

系统集成：将购入的硬件及各种设备配上专用的接口和必要的软件，集成为完整的应用系统，提供给最终用户；

数据或信息处理服务：使用自备计算机为用户提供机时或代用户进行各种数据处理；

数据库（信息提供）服务：为用户提供多种经济技术信息；

其他服务：培训、维修及数据录入。

计算机组装与维护即属于计算机服务产业范畴，为用户提供计算机系统集成与维护、维修服务。

小贴士:计算机组装与维护服务职业守则

(1)遵守国家法律法规和有关规章制度

(2)爱岗敬业、平等待人、耐心周到

(3)努力钻研业务,学习新知识,有开拓精神

(4)工作认真负责,吃苦耐劳,严于律己

(5)举止大方得体,态度诚恳

学 习 小 结

本章我们一起探寻了计算机的生产,了解了计算机的发展历史,掌握了计算机系统的组成及其分类,对计算机有了更深入的认识;对计算机产业尤其是计算机服务产业有了大概了解。本章内容包含了认识计算机硬件系统构成、如何使计算机成为服务器、计算机服务行业及其职业守则等劳动技能的介绍。

思 考 题

1.计算机系统资源划分为哪几类?包括那些具体内容?

2.简述计算机硬件系统的构成。

3.你知道哪些著名的计算机科学家?他们有哪些代表成就?

关 键 词 语

计算机	computer
冯·诺依曼体系结构	Von Neumann architecture
运算器	Arithmetic Logic Unit
控制器	Control Unit
中央处理器	Central Processing Unit,CPU
存储器	Memory Unit
输入设备	Input Unit
输出设备	Output Unit
系统软件	system software
应用软件	application software
操作系统	OS
数据库管理系统	DBMS
超级计算机	super computers

工业控制计算机	industrial control computer
个人计算机	personal computer,PC
服务器	server
工作站	workstation
集线器	HUB
交换机	Switch
路由器	Router
嵌入式计算机	embedded computer
计算机服务产业	computer service industry

第2章　计算机硬件组成

本 章 导 读

本章主要讲述计算机基本硬件组成，包括CPU、内存、主板、硬盘、机箱、电源、显卡、显示器、键盘、鼠标、声卡、音箱、打印机及扫描仪等设备的结构组成、性能指标、主流产品等知识，旨在培养学生自主学习的能力，使学生了解计算机硬件系统基础知识，为后续的组装与维护实践做好准备。

2.1　中央处理器CPU

中央处理器(central processing unit，简称CPU)作为计算机系统的运算和控制核心，是信息处理、程序运行的最终执行单元。CPU自产生以来，在逻辑结构、运行效率以及功能外延上取得了巨大发展。计算机中所有操作都由CPU负责读取指令、对指令进行译码并执行指令(见图2-1)。

图2-1　中央处理器(central processing unit，CPU)

2.1.1　CPU的发展

CPU出现于大规模集成电路时代，处理器架构设计的迭代更新以及集成电路工艺的不断提升促使其不断发展完善。从最初专用于数学计算到广泛应用于通用计算，从4位到8位、16位、32位处理器，最后到64位处理器，从各厂商互不兼容到不同指令集架构规范的出现，CPU自诞生以来一直在飞速发展。

CPU发展已经有50多年的历史了，我们通常将其分成六个阶段。

(1)第一阶段(1971—1973)。这是4位和8位低档微处理器时代，代表产品是Intel 4004处理器。

1971年，Intel生产的4004微处理器将运算器和控制器集成在一个芯片上，标志着CPU的诞生；1978年，8086处理器的出现奠定了X86指令集架构，随后8086系列处理器被广泛应用于个人计算机终端、高性能服务器以及云服务器中。

(2)第二阶段(1974—1977)。这是8位中高档微处理器时代，代表产品是Intel 8080。此时指令系统已经比较完善了。

(3)第三阶段(1978—1984)。这是16位微处理器的时代，代表产品是Intel 8086。相对而言已经比较成熟了。

(4)第四阶段(1985—1992)。这是32位微处理器时代，代表产品是Intel 80386。已经可以胜任多任务、多用户的作业。

1989年发布的80486处理器实现了5级标量流水线，标志着CPU的初步成熟，也标志着传统处理器发展阶段的结束。

(5)第五阶段(1993—2005)。这是奔腾系列微处理器的时代。

1995年11月，Intel发布了Pentium处理器，该处理器首次采用超标量指令流水结构，引入了指令的乱序执行和分支预测技术，大大提高了处理器的性能，因此，超标量指令流水线结构一直被后续出现的现代处理器，如AMD(Advanced Micro devices)的锐龙、Intel的酷睿系列等所采用。

(6)第六阶段(2005—2021)。处理器逐渐向更多核心，更高并行度发展。典型的代表有英特尔的酷睿系列处理器和AMD的锐龙系列处理器。

为了满足操作系统的上层工作需求，现代处理器进一步引入了诸如并行化、多核化、虚拟化以及远程管理系统等功能，不断推动着上层信息系统向前发展。

2.1.2 CPU的结构

1. CPU的逻辑结构

CPU主要由运算单元、控制单元、寄存单元三部分组成，从字面意思看运算单元就是起着运算的作用，控制单元就是负责发出CPU每条指令所需要的信息，寄存单元就是保存运算或者指令的一些临时文件，这样可以保证更高的速度。如图2-2所示。

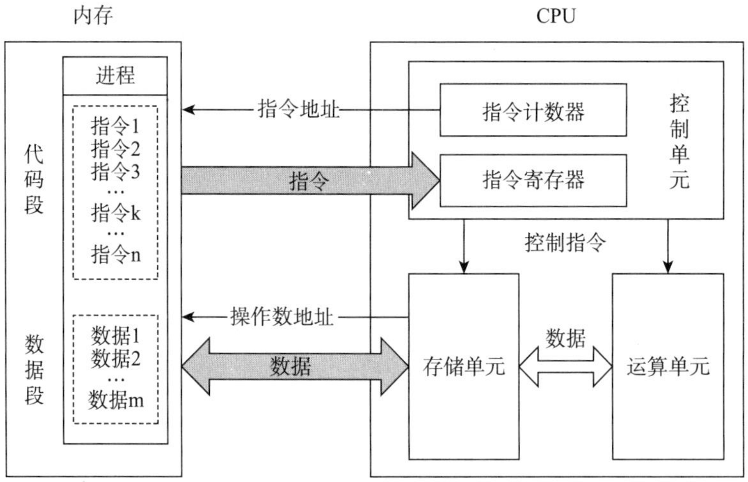

图 2-2 CPU 内部架构和工作原理

2. CPU 的物理结构

CPU 的物理构造包括内核、基板、填充物等。

(1)内核

内核(核心芯片)是由高纯度单晶体硅制造而成的。它是计算机的大脑,所有的计算、接收指令、存储指令、执行指令和处理数据等操作都由其负责。

目前,绝大多数 CPU 都采用了翻转内核的封装形式,也就是说平时看见的 CPU 内核其实是这颗硅芯片的底部,是翻转后封装在陶瓷电路基板上的,这样做的好处是能够使 CPU 内核直接与散热装置接触。

CPU 的另一面要和外界的电路相连接,数量以千万计算的晶体管都要连接到外面的电路上,其连接方法给若干个晶体管焊上一根导线连接到外电路上。

由于所有的计算都要在芯片上进行,所以 CPU 会散发出大量的热量,其核心内部温度最高处可达上百度,芯片外表面温度也会有数十度,一旦温度过高就会造成 CPU 运行不正常甚至烧毁,因此,散热对计算机是非常重要的,这既需在设计 CPU 时重点考虑,还需在芯片外增加散热装置。

(2)基板

CPU 的基板就是承载 CPU 内核的电路基板,它负责内核芯片和外界的一切通信。它上面除了有计算机主板上常见的电容、电阻等,还有 CPU 芯片的电路桥,在基板的背部还有用于和主板连接的针脚或者触点。

(3)填充物

在 CPU 的内核和基板之间,还有一种填充物可用来缓解来自散热器的压力,并可固定芯片和电路基板,由于它连接着温度有较大差异的两个部件,所以其质量的优劣直接影响着 CPU 的质量。

2.1.3 CPU性能衡量指标

1. CPU架构

CPU架构是CPU厂商为CPU产品定的一个规范，主要目的是为了区分不同类型的CPU。目前，市场上的CPU架构主要有两大阵营，一个是以Intel、AMD为首的复杂指令集CPU，另一个是以IBM、ARM为首的精简指令集CPU。

不同品牌的CPU，其产品的架构也不相同，Intel、AMD的CPU是X86架构，IBM公司的CPU是PowerPC架构，ARM公司的CPU是ARM架构，国内的飞腾CPU也是ARM架构。此外还有MPIS架构、SPARC架构、Alpha架构。

2. 核心数

多核处理器是指在一颗CPU中集成两个或多个完整的计算机引擎（内核），多核技术解决了单一提高单核芯片的数据传输速率产生过多热量且无法带来相应性能提升的问题。

CPU的核心数是很重要的一个性能指标，一般在同一架构下比较核心数，多核处理器在多任务环境下的表现比单核处理器要好得多。

3. 线程数

线程数是一种逻辑的概念，简单地说，就是模拟出的CPU核心数。一个核心最少对应一个线程，但Intel有个超线程技术可以把一个物理线程模拟出两个线程来用，充分发挥CPU性能，即一个核心可以有两个到多个线程。

CPU之所以要增加线程数，是源于多任务处理的需要。线程数越多，越有利于同时运行多个程序，因为线程数等同于在某个瞬间CPU能同时并行处理的任务数。

4. 主频、外频、倍频

(1)CPU的主频，也叫时钟频率，是CPU内部的时钟工作频率，用来表示CPU的运算速度，主频是外频与倍频的乘积。CPU主频直接的决定了CPU的性能，有些CPU产品可以通过超频来提高CPU主频来获得更高性能。

(2)外频是CPU的基准频率，是CPU与主板上其他设备进行数据传输的物理工作频率。

(3)倍频是CPU主频与外频之间的相对比例关系。

5. 缓存

缓存是为CPU和主存进行数据交换提供的一个高速数据缓冲区，用来减少CPU的等待时间，提高CPU的运行效率，一般分为一级缓存、二级缓存和三级缓存。

L1 Cache(一级缓存)是 CPU 的第一层高速缓存,分为数据缓存和指令缓存。内置的 L1 高速缓存的容量和结构对 CPU 的性能影响较大,不过高速缓存中存储器均由静态 RAM 组成,结构较为复杂,在 CPU 管芯面积不能太大的情况下,L1 级高速缓存的容量不能做得太大。

L2 Cache(二级缓存)是 CPU 的第二层高速缓存,分内部和外部两种芯片。内部的二级缓存运行速度与主频相同,而外部的二级缓存则只有主频的一半。L2 高速缓存容量也会影响 CPU 的性能,原则是越大越好。

L3 Cache(三级缓存)分为两种,早期的是外置,现在集成在 CPU 中。三级缓存在速度上不及一、二级缓存,但是在容量上却大得多。目前主流的 CPU 三级缓存是 20M、32M、64M 等。

6. 制作工艺

CPU 的制作工艺指的是在生产 CPU 过程中,要进行加工各种电路和电子元件,精度越高,生产工艺越先进。在同样的材料中可以制造更多的电子元件,连接线也越细,提高 CPU 的集成度,CPU 的功耗也越小。

CPU 内部各元器件的连接线宽度一般用纳米表示,其值越小,制作工艺越先进,CPU 可以达到的频率越高,集成的晶体管越多。

下面我们以 Intel 酷睿 i5 12600K、Intel 酷睿 i5 10600K 和 Intel 酷睿 i5 9600K 为例,说明 CPU 主要性能指标,如表 2-1 所示。

表 2-1　Intel 酷睿三款 CPU 主要性能指标对比

CPU 型号	Intel 酷睿 i5 12600K	Intel 酷睿 i5 10600K	Intel 酷睿 i5 9600K
CPU 系列	酷睿 i5 12 代系列	酷睿 i5 10 代系列	酷睿 i5 9 代系列
CPU 主频	3.6GHz	4.1GHz	3.7GHz
核心/线程	十核心/十六线程	六核心/十二线程	六核心/六线程
核心代号	Alder Lake	Comet Lake-S	Coffee Lake
制作工艺	10 纳米	14 纳米	14 纳米
三级缓存	20M	12M	9M

2.1.4　CPU 的品牌

常见的计算机 CPU 主要是有 Intel 公司和 AMD 公司生产的。

1. Intel

Intel(英特尔)是全球最大的半导体芯片制造商,成立于 1968 年,从 1968 年成立至今已有 40 多年的历史。生产计算机 CPU 的厂商主要有 Intel 和 AMD 两家,其中大部分市场被 Intel 占领。目前 Intel 公司的 CPU 产品主要有酷睿(Core)、奔腾(Pentium)和赛扬(Celeron)系列。其中,酷睿系列为 Intel 公司的主打产品,性能最强,又分为 i9、i7、i5 和 i3 系列,其中,i9 和 i7 对应高端市场,i5 和 i3 对应中、低端市场;奔腾系列面向入门级电脑,赛扬系列已很少人使用。

2. AMD

AMD公司的CPU产品主要包括集成了显示芯片的APU系列(中低端均有),面向高端市场的锐龙(RYZEN)和推土机(FX)系列,面向中低端市场的弈龙(Phenom)、速龙(Athlon)系列,以前面向低端市场的闪龙(Sempron)系列已基本绝迹。

3. 国产CPU

我国自主研发的CPU有龙芯、飞腾、申威等。

(1)龙芯

龙芯是由中国科学院中科技术有限公司设计研制的通用CPU,采用MIPS体系结构,具有自主知识产权。龙芯从2001年起到现在一共开发了3个系列的处处理器:龙芯一号、龙芯二号、龙芯三号。龙芯一号是我国首枚拥有自主知识产权的通用高性能微处理芯片。我国的北斗导航卫星采用的CPU就是龙芯的。2019年12月24日,龙芯3A4000/3B4000在北京发布。

(2)飞腾

飞腾是为“天河”系列计算机量身定制的由国防科技大学研制的CPU,由国防科技大学研究团队创造,起步于1999年。2014年成立了天津飞腾信息技术有限公司,同年10月推出了型号为FT-1500A的4核和16核两款CPU。

2016年5月发布了基于“火星”微架构的FT-2000/64CPU。2019年9月飞腾推出了新一代的桌面级4核通用计算处理器FT-2000/4。FT-2000/4芯片集成4个飞腾自主研发的处理器核心FTC663,兼容64位ARMv8指令集,16nm制程,主频最高3.0GHz,最大功耗10W。该款芯片在CPU核心技术上实现了新突破,进一步缩小了与国际主流桌面CPU的性能差距,并在内置安全性方面拥有独到创新。

(3)上海申威

申威处理器简称“Sw处理器”,出自DEC的Alpha21164,采用Alpha架构,具有完全自主知识产权,其产品有单核Sw-1、双核Sw-2、四核Sw-410、十六核SW-1600/SW-1610等。

神威蓝光超级计算机使用了8704片SW-1600,搭载神威睿思操作系统,实现了软件和硬件全部国产化。而基于Sw-26010构建的“神威·太湖之光”超级计算机自2016年6月发布以来,连续四次占据世界超级计算机TOP500榜单第一,“神威·太湖之光”上的两项千万核心整机应用包揽了2016、2017年度世界高性能计算应用领域最高奖“戈登·贝尔”奖。

2.1.5 我国CPU的发展与未来

通用中央处理器(CPU)芯片是信息产业的基础部件,也是武器装备的核心器件。“十五”期间，国家“863 计划”开始支持自主研发 CPU。“十一五”期间，“核心电子器件、高端通用芯片及基础软件产品”(核高基)重大专项将“863 计划”中的 CPU 成果引入产业。从“十二五”开始，我国在多个领域进行自主研发 CPU 的应用和试点，在一定范围内形成了自主技术和产业体系，可满足武器装备、信息化等领域的应用需求。

我国 CPU 技术水平与国外相比虽然存在一定差距，但正在快速逼近国际先进水平。首先，国内关于 CPU 的知识储备趋于完善。以龙芯中科为代表的国内 CPU 设计企业在 CPU 指令系统架构和微结构方面积累了较为丰富的经验。其次，国内技术人才的积累也在日趋丰富。随着国内芯片设计市场的不断扩大，在行业内已经沉淀一批技术人才，龙头设计企业都具备了稳定的核心设计团队。最后，CPU 进入后摩尔定律时期升级速度趋缓，国产 CPU 性能与国际主流水平逐步缩小，存在赶超的可能。

新技术、新架构将为国产 CPU 带来发展契机。云计算、人工智能、5G、边缘计算、区块链等技术的发展和成熟，将对传统计算需求形成巨大挑战，并创造出新的计算技术需求。同时，除了 X86 和国内广泛使用的 ARM 架构之外，开源指令系统未来也将成为重要选项，中小企业也可以利用其免费特点，摆脱 Wintel 和 AA 生态体系的历史包袱。

国外 CPU 垄断已久，我国自主研发 CPU 产品和市场的成熟还需要一定时间。

2.2 内　　存

内存(Memory)是计算机的重要部件之一，也称内存储器和主存储器，它用于暂时存放 CPU 中的运算数据，与硬盘等外部存储器交换的数据。内存是外部存储器与 CPU 进行沟通的桥梁，计算机中所有程序的运行都在内存中进行，内存性能的强弱影响计算机整体发挥的水平。只要计算机开始运行，操作系统就会把需要运算的数据从内存调到 CPU 中进行运算，当运算完成，CPU 将结果传送出来(见图 2-3)。

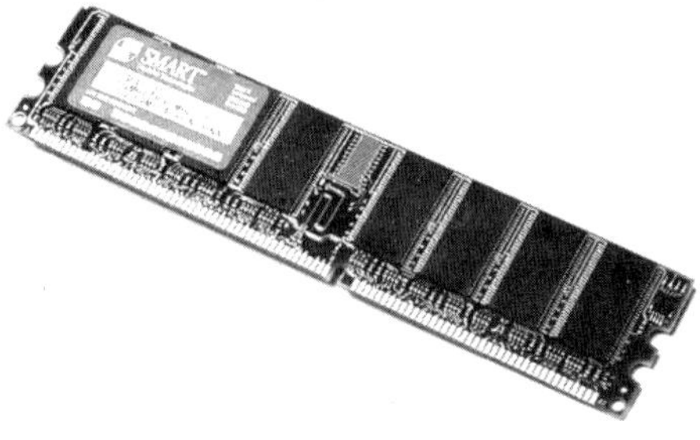

图 2-3 内存条

2.2.1 内存的种类及发展

如图 2-4 所示为内存的种类及发展史。

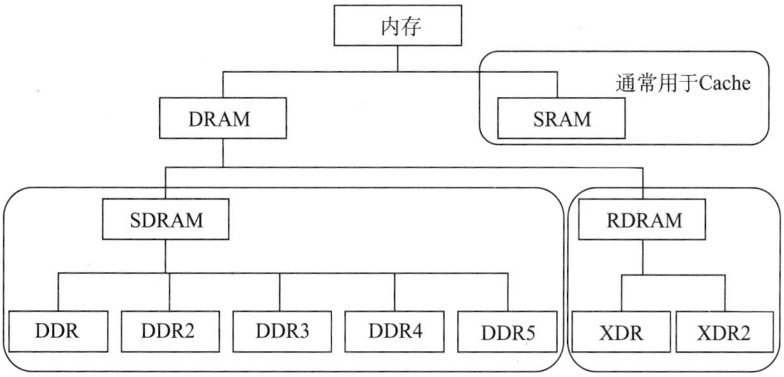

图 2-4 内存的种类及发展史

内存(Memory)又可分为 DRAM(Dynamic Random Access Memory)动态随机存取内存和 SRAM (Static Random Access Memory)静态随机存取内存两种。两种都是挥发性的内存，SRAM 的主要使用 flip-flop 正反器，通常用于快取(Cache)，而 DRAM 则是使用电容器及晶体管组成。

DRAM 中又以 SDRAM(Synchronous Dynamic Random Access Memory)同步动态随机存取内存在近几年来最广为使用，SDRAM 最重要的就是能够"同步"内存与处理器(CPU)的频率，让 SDRAM 频率可超过 100MHz 使传输数据更能实时到位。SDRAM 亦可称为 SDR SDRAM(Single Data Rate SDRAM)。

DDR(Double Data Rate)其实指的是 DDR SDRAM(Double Data Rate SDRAM)，SDRAM 和 DDR 主要差异有三点整理如表 2-1 所示。

表 2-1 SDRAM 和 DDR 主要差异

1	SDRAM 只能在频率上升时传输数据，表示一个频率周期智能做一次数据传输，DDR 能够在频率上升及下降皆能传输数据，也就是说 DDR 一个频率周期可以进行两次数据传输
2	DDR 多了一个 DQS(Data Strobe)有助于传输速率的提升，DQS 为一个差分讯号且能双向传输。读取时 DQS 由 DDR 传往处理器，写入时由处理器传往 DDR
3	DDR 使用了预读取技术(Prefetch)。Prefetch 为运行时 I/O 会预读取的数据，也就是 DDR 颗粒对外的 I/O 宽度

目前，负责订定 DDR 规范的协会为 JEDEC(Joint Electron Device Engineering Council)，但现在它的全名则是 JEDEC 固态技术协会(JEDEC Solid State Technology Association)。

有了内存的认识之后，再来看历代 DRAM 的规格，整理如表 2-2 所示。

表 2-2　历代 DRAM 规格

DRAM 名称	年代	总线频率	传输频率	工作电压
SDRAM	1993	100～166	100～166	3.3V
DDR	2000	133～200	266～400	2.5V
DDR2	2003	266～400	533～800	1.8V
DDR3	2007	533～800	1066～1600	1.5V
DDR4	2014	1066～1600	2133～3200	1.2V
DDR5	2019	1600～3200	3200～6400	1.1V

历代演进除了传输速率越来越快，还有工作电压越来越低。

2.2.2　内存性能指标

内存对计算机的整体性能影响很大，计算机所有任务的执行效率都会受到内存性能的影响。

1. 容量

容量是衡量内存性能的基本指标之一，容量越大，内存一次性加载的数据量也就越多，从而有效减少 CPU 从外部存储器调取数据的次数，提高 CPU 的工作效率和计算机的整体性能。目前，计算机的主流内存容量达到了 8～16GB。

2. 主频

内存主频采用 MHz 为单位进行计量，表示内存所能达到的最高工作频率。内存的主频越高，表示内存所能达到的数据传输速率越快，性能自然也就越好。

目前，主流内存的频率为 2400MHz、2666MHz、3200MHz 等。

3. 延迟时间

内存的延迟时间表示内存进入数据存取操作就绪状态前所要等待的时间，通常用 4 个相连的阿拉伯数字来表示，如 14-16-16-35，分别代表 CL-tRP-tRCD-tRAS，如表 2-3 所示。一般而言，这 4 个数值越小，表示内存的性能越好。4 个数值相互之间影响很大，要提高内存工作效率需要 4 个数值相互配合而不是绝对的数值越小越好。

表 2-3　CL-tRP-tRCD-tRAS 含义

名称	符号	定义
CAS 潜伏时间	CL	发送一个列地址到内存与数据开始响应之间的周期数。这是从已经打开正确行的 DRAM 读取第一比特内存所需的周期数。与其他数字不同，这不是最大值，而是内存控制器和内存之间必须达成的确切数字

续表

名称	符号	定义
行地址到列地址延迟	TRCD	打开一行内存并访问其中的列所需的最小时钟周期数。从DRAM的非活动行读取第一位内存的时间是TRCD+CL
行预充电时间	TRP	发出预充电命令与打开下一行之间所需的最小时钟周期数。从一个非正确打开行的DRAM读取内存第一比特的时间是TRP+TRCD+CL
行活动时间	TRAS	行活动命令与发出预充电命令之间所需的最小时钟周期数。内部刷新行所需的时间，并与TRCD重叠。在SDRAM模块中，它只是TRCD+CL。否则，约等于TRCD+2×CL

备注

- RAS：行地址选通脉冲，延续自异步DRAM的术语。
- CAS：列地址选通脉冲，延续自异步DRAM的术语。
- TWR：写入恢复时间。上一次对行的写入命令与预充电之间必须经过的时间。通常，TRAS=TRCD+TWR。
- TRC：行周期时间。TRC= TRAS+ TRP。

4.工作电压

内存正常工作所需要的电压值，不同类型的内存电压也不同，但各自均有自己的规格，超出其规格，容易造成内存损坏。DDR3的工作电压一般是1.5 V左右；DDR4的工作电压一般是1.2 V左右，略微提高内存电压，有利于内存超频，但是同时发热量大大增加，因此有损坏硬件的风险。

小贴士：内存频率越高越好吗？

理论上来说，内存频率是越高越好，当然不同的CPU和主板都有内存频率上限的，超过内存频率上限，更高的内存频率就会造成浪费，举个例子，i5 10400F搭配B460主板，内存频率最高上限2666MHz，即使您购买3000MHz频率，最高只能设置在2666MHz。如果您的平台内存可以支持到4000MHz+，建议选购频率最大不要超过3600MHz，再高的内存频率提升意义不大了，当然对于高频内存，3000MHz、3200MHz才是性价比选择。

2.2.3 内存的品牌

内存品牌众多，一般常用品牌为金士顿、威刚、海盗船、芝奇、宇瞻、十铨、英睿达(镁光)、金泰克、影驰、铭瑄、阿斯加特、光威、科赋等等，目前热销品牌，主要是金士顿、威刚、海盗船、芝奇这几个品牌，各个品牌中也有低端到高端系列，例如，金士顿普通内存和金士顿骇客神条系列，威刚万紫千红系列和威刚XPG-威龙系列，性能差异不大，无须纠结。

2.3 主 板

主板(mainboard),也叫母板,安装在计算机主机箱内,是计算机最基本也是最重要的部件之一。主板一般是矩形电路板,上面集成了组成计算机的主要电路系统,包括诸如BIOS(Basic Input and Output System,基本输入输出系统)芯片、I/O控制芯片、面板控制开关接口、指示灯插针、扩展插槽、直流电源供电插针、各种功能芯片等元件。

从逻辑拓扑角度来说,主板是为计算机的各组件提供连接和数据中转的设备,计算机组件必须接驳到主板上才能使用,一些特殊功能的实现、超频等都需要通过主板完成。

2.3.1 主板的分类

主板可以按照搭载的CPU进行分类,如搭载Intel CPU的主板和搭载AMD CPU的主板,也可以按照结构进行分类,通常将主板分为4类,分别是ATX、M-ATX(Micro ATX)、ITX(Mini ITX)和EATX(Extended ATX)。

1. ATX主板

ATX主板(12×9.6,305×244 mm)就是我们通常所说的大主板,ATX是英特尔公司在1995年1月公布的主板标准,最新ATX 2.3版本的规格于2007年发布,是目前家用计算机应用最为广泛的主板标准。

ATX在主板设计上,横向宽度增加,可让将CPU插槽安放在内存插槽旁边,这样在插长卡时就不会占用CPU的空间,而且内存条的更换也更加方便(见图2-5)。软硬盘连接口从主板的边沿移到了中间,这样安装好以后离机箱上的硬盘和软驱更近,方便了连线,降低了电磁干扰。电源位于CPU插槽的右侧,利用电源单边托架风扇,可以直接给CPU及机箱内元件散热。大部分外设接口集成在主板上,有效降低了电磁干扰,并改善了各种设备连线争用空间的情况。

图2-5 ATX主板

ATX主板的派生主板规格(包括M-ATX与ITX)都保留了ATX主板的基本背板设置,但减小了主板面积,并删减了扩充插槽的数目。

2. M-ATX主板

13-ATX(Micro-ATX)主板(24.4 cm×24.4 cm)标准于1997年12月发布,是ATX的简化版,使用较小的主板尺寸、较小的电源供应器,减小了主板的尺寸,降低成本。

M-ATX主板长度比ATX短20%。由于长度减少,扩充槽由ATX最多7条减少到3～4条,DIMM插槽为2～3个。M-ATX的设计相容于ATX,两者的宽度和背板I/O大小均相同,安装接点(螺丝)也是ATX的其中几点,因此M-ATX主板可安装在ATX机箱内(见图2-6)。

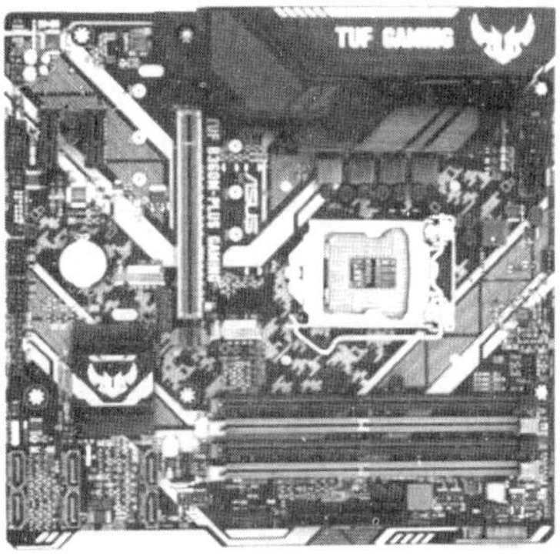

图2-6　M-ATX主板

3. ITX主板

ITX(Mini-ITX)主板(170 mm×170 mm)的规范是由威盛公司提出的,是一种结构紧凑的主板,它是设计用来支持用于小空间的、相对低成本的电脑的,如用在汽车、置顶盒以及网络设备中的电脑,如图2-7所示。Mini-ITX主板也可用于制造瘦客户机。

图2-7　ITX主板

ITX主板的规格非常小，尺寸为170 mm×170 mm(6.75英寸×6.75英寸)，其尺寸之所以能这么小，并非设计上的神来之笔，而是拿掉了一些组件，其中首当其冲的就是占了不少空间的CPU插槽。

ITX主板的强项在于它的小巧尺寸和低耗电量。它也可以轻松地集成到汽车或小型音响当中，要追加额外硬件也是可能的。因为它的低发热量，通常只需要普通的风扇就能解决CPU散热问题。另外，它并不会发生高端产品所可能会出现的麻烦问题，稳定性非常高。

4. EATX主板

EATX(Extended ATX)主板(305 mm × 330 mm)通常用于双处理器和标准ATX主板上无法胜任的服务器上。EATX主板相对于标准ATX更宽，容易针对8内存插槽布线。因此8内存插槽是E-ATX主板的特征标志，选购的时候可以用这个特征辅助分辨(非100%)。另外，选购机箱的时候注意配套以免造成无法安装困境。

2020年2月，主板厂家将一些其他尺寸的主板统称为“EATX”，这些主板在I/O边的宽度和ATX及标准EATX一样为12英寸(305 mm)，另一边的宽度则介于ATX(9.6英寸)和标准EATX(13英寸)之间，如305 mm×257 mm、305 mm×264 mm、305 mm×267 mm和305 mm×272 mm等。

EATX的特点：高性能定位，一般采用高性能芯片组和采用高端针脚CPU；8条或8条以上内存插槽；比标准的ATX主板更宽大，如图2-8所示。

图2-8　EATX主板

2.3.2　主板芯片组

主板芯片组(Chipset)相当于主板的大脑，主板各功能的实现都依赖于主板芯片组。对于传统主板而言，芯片组几乎决定了主板的功能，进而影响到整个计算机系统性能的发挥，芯片组是主板的灵魂。芯片组性能的优劣，决定了主板性能的好坏与级别的高低。如图 2-9 所示 Intel 10 代内存控制器的功能和 Z490 芯片组的功能。

按照在主板上排列位置的不同，主板芯片组通常分为北桥芯片和南桥芯片。现在比较主流的主板已经没有传统意义上的南北桥了，北桥芯片的大部分功能，如 PCIe 控制器、内存控制器、GPU 图形核心等已经合并进 CPU 中。剩余部分功能由南桥承担，所以现在的主板芯片组一般指南桥，南桥的主要作用也仅仅限于将这几个通道拆分，以支持几个 PCIe 接口、USB 和 SATA 接口，作用基本相当于一个内置的交换机，大部分功能已经被 CPU 代替。Z490 主板芯片组去除散热后的样子如图 2-10 所示。

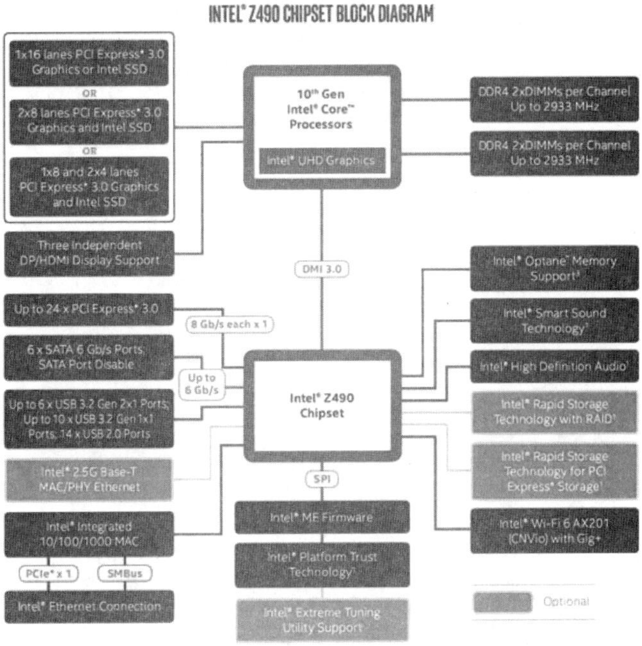

图 2-9　Z490 芯片组的功能

图 2-10　Z490 芯片组

2.3.3 主板的结构

典型的主板结构如图 2-11 所示。

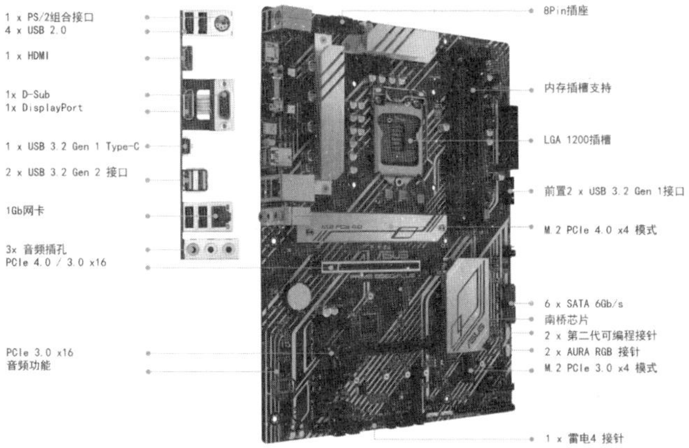

图 2-11 主板结构

1. PCB 基板

PCB(Printed Circuit Board,印刷电路板)基板由多层 PCB 构成,在每一层 PCB 上都密布有信号走线,各层之间信号的连接由金属化的过孔完成,如图 2-12 所示。

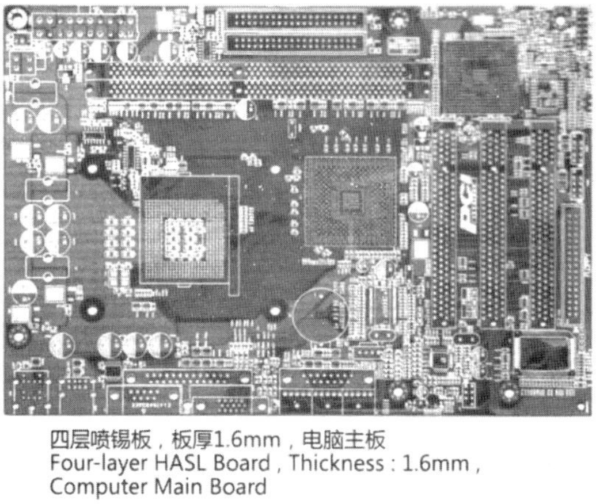

图 2-12 PCB 基板

多层印制板的制造以内芯薄型覆铜箔板为基底,将导电图形层与半固化片交替地经一次性层压黏合在一起,形成三层以上导电图形层间互连。它具有导电、绝缘和支撑三个方面的功能。多层印制板的性能、质量、制造中的加工性、制造成本、制造水平等,在很大程度上取决于基板的材料。

2. CPU 插座

CPU 插座主要分为 Socket、Slot 两种,就是用于安装 CPU 的插座。CPU 采用的接口方式有引脚式、卡式、触点式、针脚式等,应用广泛的 CPU 接口一般为针脚式接口，对应到主板上就有相应的插槽类型。CPU 接口类型不同，在插孔数、体积、形状都有变化，所以不能互相接插。如图 2-13 所示。

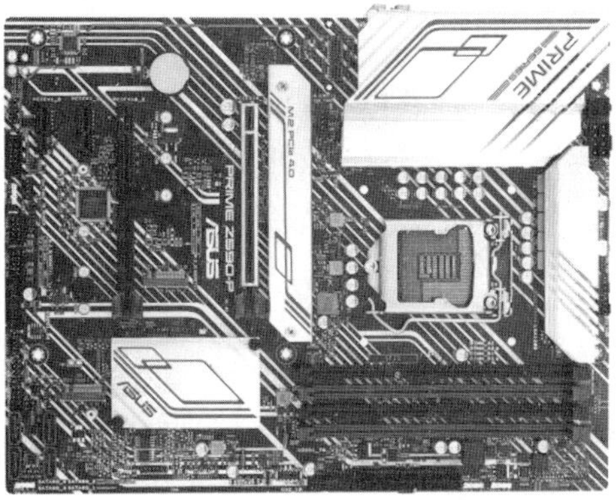

图 2-13　CPU 插座

3. PCIe 插槽

PCIe(PCI Express)插槽主要用于 PCIe 显卡的接驳，如图 2-14 所示，也可以安装 PCIe 网卡，或者使用 PCIe 转接卡连接其他设备，以使用高速的 PCIe 通道，如图 2-15 所示的 M. 2 固态硬盘、SSD 固态等，或者转换成 SATA 3 接口、USB 3. 2Gen2 等。

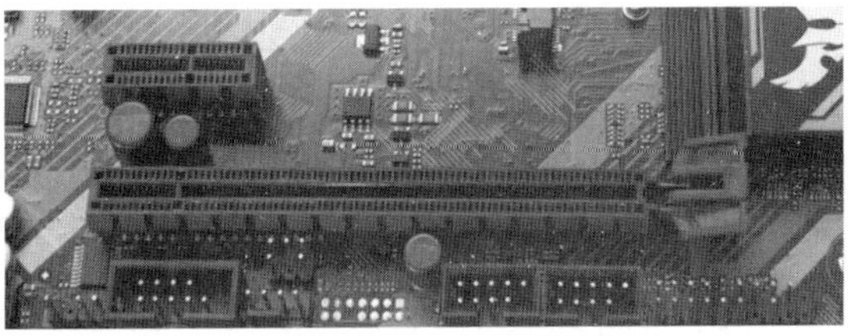

图 2-14　PCIe×16 显卡插槽

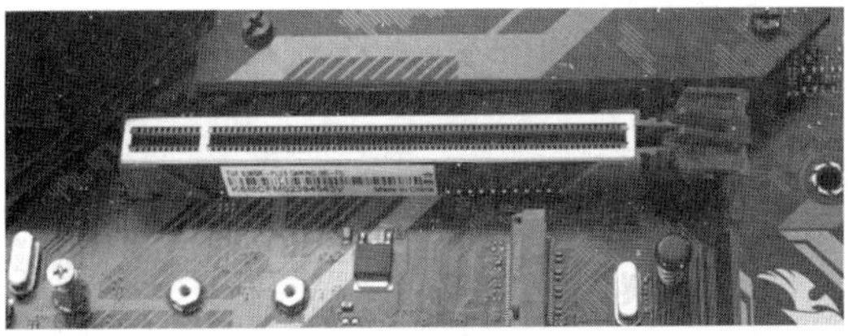

图 2-15　PCIe 插槽

PCIe 插槽接驳的设备，数据传输使用的是 PCIe 通道，这条通道非常快，已经发展了 4 代，也就是 PCIe 4. 0。目前使用最多的是 PCIe 3. 0，PCIe×1 的带宽可以达到约 1GB/s，这里是单向带宽，考虑到 PCIe 是全双工模式，总带宽为 2GB/s，但一般也不会双向全速，平时还是按单向计算。

主板的 PCIe 接口一般×16，用于连接显卡，速度是 16GB/s；×8 及×4 接口的速度读者可以自己计算，×8 接口一般和×16 接口组建双显卡 SLI 或者交火。×4 可以用于组建三显卡的 SLI 或交火，但是一般不会这么做，所以×4 和×1 一般用于连接其他 PCIe 使用。

小贴士：如何区分 PCIe 插槽的倍数

主板上都印有该接口的倍数。一般离 CPU 最近的是×16 倍，向外依次为×8 和×4，×1 倍接口较小，一般隐藏在散热鳍片下，需要拆下散热鳍片使用。PCIe 接口倍数向下兼容，例如×8 的设备可以插到×16 的接口上，以此类推，所以这 3 条 PCIe 基本够用。有些高端显卡有两条×16 PCIe 插槽，用于高端显卡双卡互联使用。

4. M. 2 接口

M. 2 接口是 PCIe 接口的一种，主要为 M. 2 设备提供接驳，主要连接的是 M. 2 接口的固态硬盘。

M. 2 接口是 Intel 推出的一种替代 MSATA 的新的接口规范。M. 2 接口有两种类型：Socket 2 和 Socket 3，其中，Socket 2 支持 SATA、PCIe×2 接口，如果采用 PCIe×2 接口标准，最大的读取速度可以达到 700MB/s，写入速度也能达到 550MB/s。而 Socket 3 可支持 PCIe×4 接口，理论带宽可达 4GB/s。现在基本上都是 Socket 3 接口，用户购买时需要注意。主板上的 M. 2 接口一般隐藏在散热鳍片下，需要拆下安装，如图 2-16 所示。

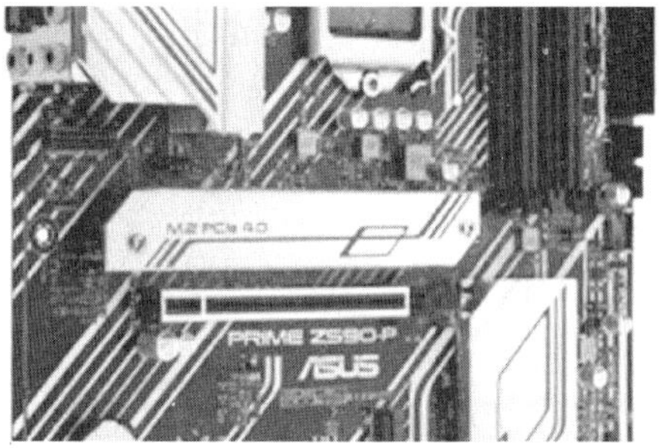

图 2-16　M. 2 接口

5. SATA 接口

即 SATA 3 接口，也称为 SATA 6G 接口，理论上速度为 6Gb/s，大约是 600MB/s。主板上的 SATA 接口有很多，如图 2-17 所示。

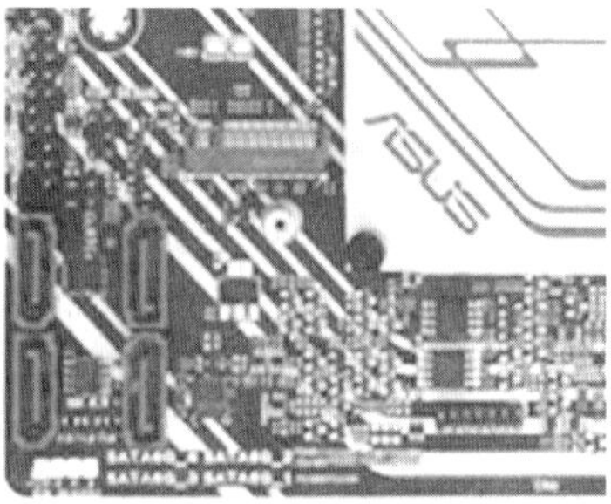

图 2-17　SATA3 接口

6. USB 接口

USB 是一个外部总线标准，规范电脑与外部设备的连接和通信。USB 接口具有热插拔功能。USB 接口可连接多种外设，如鼠标、键盘和移动存储设备等。主板 USB 接口位置如图 2-18 所示。

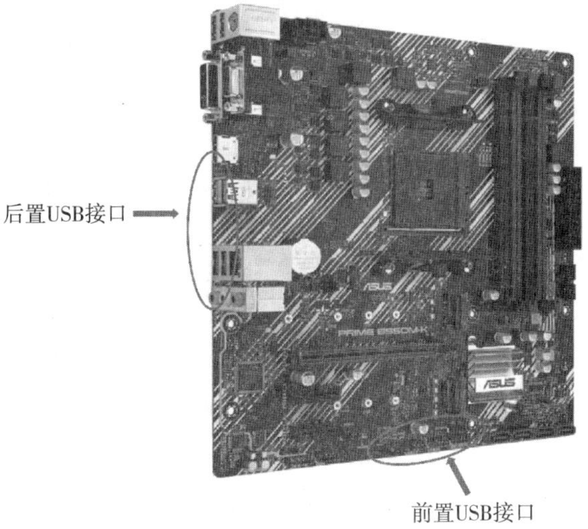

图 2-18　主板 USB 接口

USB 2.0 接口插针如图 2-19 所示，注意防呆缺口[①]的位置。现在主流的 USB 3.0 接口插针如图 2-20 所示，USB 3.2Gen2 接口如图 2-21 所示。

图 2-19　USB2.0 插针

图 2-20　USB3.0 插针

① 硬件之间有正反两种接入方向，但是出厂设计好的电流方向是固定的，所以为了防止接反方向导致硬件损坏，主板接口设计了防呆口，用于指引安装硬件时按照正确的方向插接。

图 2-21　USB3.2Gen2 接口

7.音频接口

音频接口指主板上的音频插针接口，用于连接机箱面板的音频插口，包括声音输入和输出，如图 2-22 所示，有点像 USB 2.0 的插针，但是防呆缺口位置不同。

图 2-22　音频接口

8.供电接口

主板需要供电才能为连接到其上的组件供电，如 CPU、内存等。在主板上一般设计 24 针的 24PIN 供电接口为整个主板供电，此外，还有专门为 CPU 供电的 8PIN(4+4)供电接口，如图 2-23 所示。

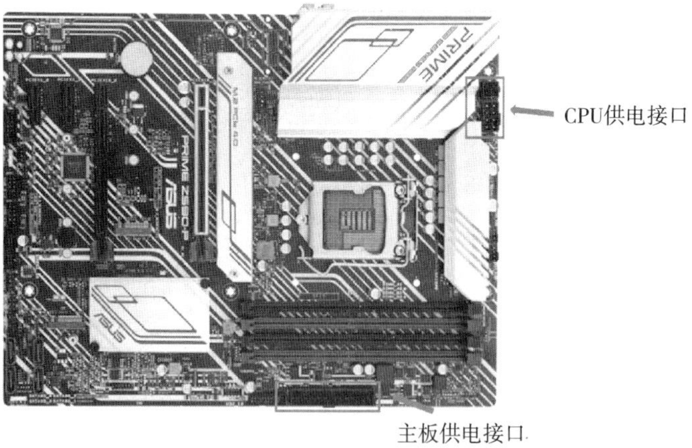

图 2-23　供电接口

为 CPU 散热的风扇或者水冷，在主板上也有对应的插针为其供电，在主板上一般为 4PIN，该接口一般在 CPU 附近，如图 2-24 所示，有说明印刷在电路板上。除了 CPU 风扇外，主板还为机箱风扇提供电源接口，可以监测及控制风扇转速，如图 2-25 所示。

图 2-24　普通 CPU 风扇供电接口

图 2-25 机箱风扇电源接口

9. 常见主板背部的接口

前述各种接口都需要连接对应的内部设备,或者连接到机箱前面板跳线,对外提供接口。主板背部也就是机箱背面会提供一些集成的接口,如图 2-26 所示。

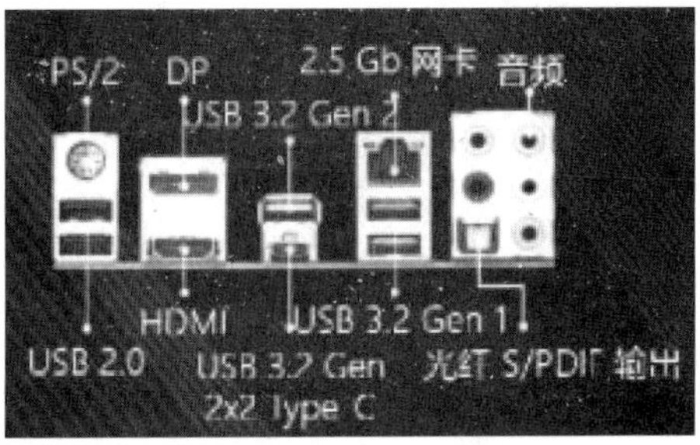

图 2-26　常见主板背部的接口

常见主板背部的接口简要说明如下。

· PS/2 接口,用来连接 PS/2 接口的键盘和鼠标。

· USB 接口,包括 USB2. 0 接口、USB 3. 2Gen1 接口(USB 3. 0 接口)及 TYPE-C 接口。

· DP(DisplayPort)和 HDMI(高清多媒体接口,High Definition Multimedia Interface)接口,主要用于 CPU 核显的输出。

· 网卡接口,用于连接有线网络。

· 音频接口,5 mm×3. 5 mm 接口。

· 光纤 S/PDIF 输出,光纤音频输出接口,它通过光信号承载多声道音频,最高支持 5. 1 非次世代音轨。

2.3.4 主板的品牌

现在市面上主板销量最高的是华硕、技嘉、微星三大品牌，不少二三线品牌主板渐渐消失在市场中。在一线品牌中，首选华硕、技嘉，价格稍微偏贵一些，不过品质过硬，售后完善，追求性价比可以考虑微星和华擎。

2.4 外部存储器

外部存储器(外存)是指不能由CPU直接控制访问的存储设备，相对于内部存储器的高速，外部存储器普遍读写速度较低，但其存储容量大、价格相对较低，且具有掉电后信息不消失的特性，被广泛地用于计算机的存储领域。

外部存储器与内部存储器同为存储设备，哪些数据需要放在内部存储器，哪些数据需要放在外部存储器呢？简单地说，我们的程序和数据以静态文件的形式存放在外部存储器，程序执行时，程序及相关数据加载到内部存储器由CPU需要调用执行程序。除程序和数据以外，用户的个人数据也可以存储在外部存储器中，如用户的文档、图片、视频、音频等文件。

常用的外部存储器有机械硬盘(磁盘)、SSD固态硬盘(闪存)、U盘(闪存)、光盘等。由于U盘等闪存设备的广泛普及，现在新购计算机的时候，用户基本上不再配置光盘驱动器，但是光盘作为物美价廉的外部存储设备还没有被完全淘汰，部分图书或者资料会附赠一张光碟，那么如果要读取光盘内容，只需要单独购买一个USB接口的移动光驱即可。

2.4.1 机械硬盘

1.外部结构

机械硬盘由一个或者多个铝制或者玻璃制的碟片组成，这些碟片外覆盖铁磁性材料。绝大多数硬盘都是固定硬盘，被永久性地密封固定在硬盘驱动器中，配备过滤孔用来平衡空气压力，如图2-27所示。

图2-27 机械硬盘

机械硬盘外壳采用不锈钢材质制作，用于保护内部元器件。通常在表面贴有信息标签，用于记录硬盘的基本信息。硬盘的背面如图 2-28 所示，可见电路板和贴片式元器件。

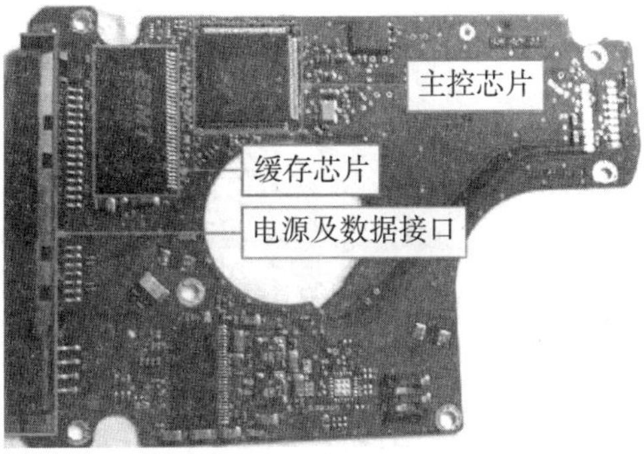

图 2-28 机械硬盘背面

机械硬盘的电路板上搭载了机械硬盘的各种电路及芯片。大多数的控制电路板都采用贴片式焊接，它包括主轴调速电路、磁头驱动与伺服定位电路、读写电路、控制与接口电路等，主要负责控制盘片转动、磁头读写、硬盘与 CPU 通信。其中读写电路负责控制磁头进行读写，磁头驱动电路控制寻道电机，定位磁头；主轴调速电路控制主轴电机带动盘体以恒定速率转动。机械硬盘电路板主要有主控制芯片、读写控制芯片、缓存芯片、BIOS 芯片、SATA 桥接芯片等芯片。

除了电路和芯片，机械硬盘作为外部存储器，与内部存储器之间进行通信连接的接口也是很重要的部分。接口包括电源接口插座和数据接口插座两部分，其中电源接口插座就是与主机电源相连接，可为硬盘正常工作提供电力保证。数据接口插座则是硬盘数据与主板控制芯片之间进行数据传输交换的通道，使用时用一根数据电缆将其与主板 IDE 接口或其他控制适配器的接口相连接，通常说的 40 针、80 芯的接口电缆就是指数据电缆。

2. 内部结构

机械硬盘内部主要由磁盘、磁头、盘片主轴及控制电机、磁头控制器、数据转换器、接口、缓存等几部分组成，如图 2-29 所示。

磁头沿盘片的半径方向运动，盘片每分钟几千次高速旋转，磁头就可以定位在盘片的指定位置上进行数据的读写操作。信息通过离磁性表面很近的磁头，由电磁流改变极性的方式被电磁流写到磁盘上，信息可以通过相反的方式读取。硬盘作为精密设备，尘埃是大敌，所以进入硬盘的空气必须过滤。

图 2-29 机械硬盘内部结构

盘片是硬盘的存储介质，以坚固耐用的材料为盘基，将磁性粒子附着在平滑的铝合金或玻璃圆盘基上。这些磁粉被划分成称为磁道的若干个同心圆，每个同心圆好像有无数个小磁铁，分别代表 0 和 1 的状态。当小磁铁受到来自磁头的磁力影响时，其排列方向会随之改变。

磁头是在高速旋转的盘片上悬浮的，悬浮力来自盘片旋转带动的气流，磁头必须悬浮而不是接触盘面，避免盘面和磁头发生相互接触的磨损。

在磁盘外壳上有透气孔，透气孔的作用是在硬盘工作产生热量时平衡内外气压，而进出的空气需要通过空气过滤片过滤掉灰尘等杂质。

机械硬盘由主轴电机驱动，带动盘片高速旋转，旋转速度越快，磁头在相同时间内对盘片移动的距离就越大，相应地也就能读取到更多的信息。

机械硬盘的传动手臂以磁头臂传动轴为圆心，带动前端的读写磁头在盘片旋转的垂直方向移动。

3. 接口

硬盘接口可以分成 IDE 接口、SATA 接口、SCSI 接口。目前硬盘的接口类型主要是 SATA，它是 Serial ATA 的缩写，即串行 ATA，如图 2-30 所示。SATA 接口提高了数据传输的可靠性，还具有结构简单、支持热插拔的优点。目前，主要使用的 SATA 包含 2.0 和 3.0 两种标准接口，SATA 2.0 标准接口的数据传输速率可达到 300MB/s，SATA 3.0 标准接口的数据传输速率可达到 600MB/s。

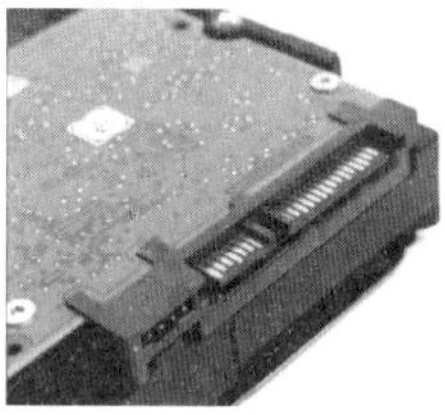

图 2-30 SATA 接口

4. 盘片记录方式

对于机械硬盘而言，容量的需求很高，怎样提高硬盘的容量呢？数据是存放在硬盘内部一张一张磁盘盘片上的，具体是存储在盘片磁道上的扇区中。所以提升硬盘的整体容量有三个方法：第一是增加磁盘的数量，第二是增加磁盘的面积，第三是增加每个磁盘上存储数据的密度。

前面两种方法势必会令硬盘整体体积增加，现代计算机硬盘的标准规格是3.5英寸，还有2.5英寸笔记本硬盘也比较普遍，另外还有用于超薄笔记本电脑的1.8英寸微型硬盘、1.3英寸微型硬盘等等，硬盘的尺寸规格是标准化的，随意增大或减小都可能带来不利影响。

所以，增加硬盘容量，最好的方法似乎是提升单个磁盘数据存储的密度。为了实现这个目的，硬盘厂商、工程师们想了很多办法。

在早期，磁盘上每个存储位的磁性粒子是平铺在盘面上的，磁感应的方向也是水平的。这种感应记录方式被称为LMR（Longitudinal magnetic recording），也就是水平磁性记录，如图2-31所示，一个盘片上容纳不下太多的磁性粒子，所以，LMR的时代，单个磁盘能够存储的数据有限，整个硬盘的容量也就存在瓶颈。

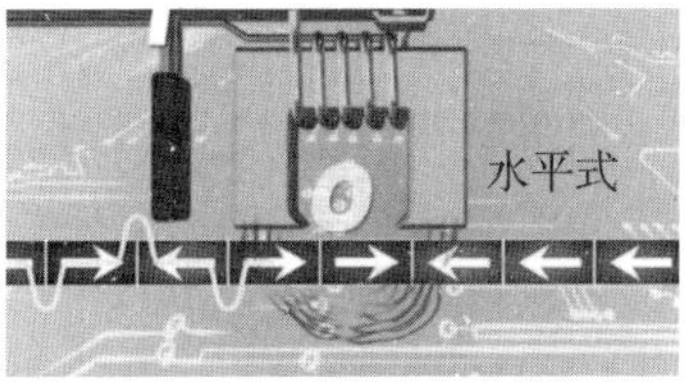

图2-31　水平磁性记录LMR

为了解决这个问题，设想如果让磁性粒子和磁感应的方向相对盘片垂直，这样不就能腾出很多空间了？于是人们发明了被称之为垂直磁性记录的方法PMR（Perpendicular Magnetic Recording），如图2-32所示，在此基础上，科学家还利用了热辅助磁记录技术，来提高在高密度下的信息写入能力。这种技术采用了一种热稳定记录介质，通过在局部进行激光加热，来短暂减小磁阻力，从而有效提高磁头在微场强条件下的高密度信息写入能力。

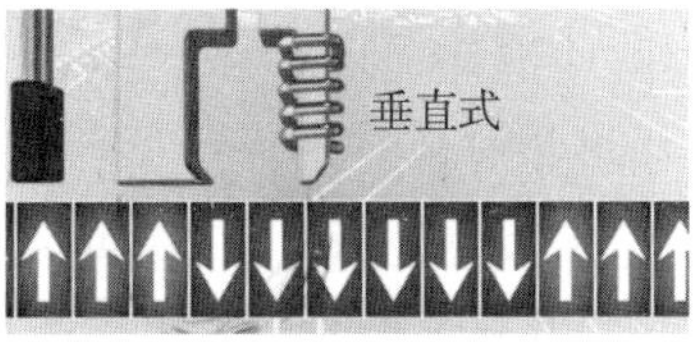

图2-32　垂直磁性记录的方法PMR

在PMR技术的帮助下，硬盘的存储容量得到了很大的提升，3.5英寸的硬盘，单碟磁盘的容量高可达1TB左右，这本质上是磁盘内信息存储的密度大大提升。不过随着互联网信息技术的飞速发展，信息数量爆炸式增长，人们要存储的东西也越来越多，渐渐的，PMR技术的硬盘，容量也不大够用了。

还有没有办法进一步提高磁盘信息记录的密度？有，那就是SMR（Shingled Magneting Recording）技术，如图2-33所示，称之为叠瓦式磁记录技术。SMR将磁道“被浪费”的一小部分重叠起来，就像咱们屋顶上叠加的瓦片一样。写入的时候沿着每条磁道上方进行写入，中间留下一小段保护距离，再写下一条磁道。如此一来，磁盘上磁道的密度大大增加，可以存储的信息量自然也比 PMR 硬盘明显更多。

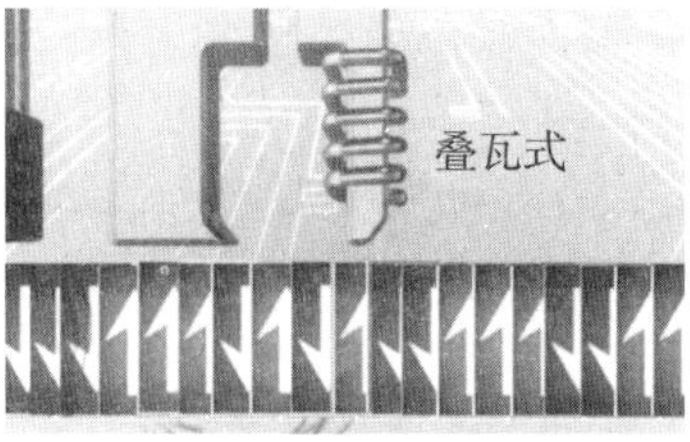

图 2-33　叠瓦式磁记录技术 SMR

SMR 技术下，磁盘可以存储的信息量大大增加了，但是缺点也很明显。

首先，磁盘上的信息变得密度很高，相应的转速不宜太快，所以 SMR 硬盘的转速一般都不快。

其次，对于 SMR 硬盘而言，单纯的读写看起来很完美，但是如果想要修改某个磁道上的数据就比较麻烦了，因为磁道间隙比较小，而磁头比较宽，这样修改一个磁道的数据，就必然会影响相邻的磁道的数据。解决这个问题有两个途径，一个是每重叠一部分磁道时，隔开一些距离，另一个就是设置一些专用的缓冲区，当修改一个磁道的数据时，先把相邻磁道的数据取出来放到缓冲区中，等当前磁道的数据改完了，再将相邻磁道的数据放回去。

所以，SMR 硬盘通常都具有一个特点：大缓存，一般能达到 256MB 的缓存，而普通 PMR 硬盘的缓存通常只有 64MB。

相较于 PMR 的硬盘，SMR 硬盘是不适合用来当做系统盘或者需要频繁读写的硬盘来用的，它更适合当做仓储盘来使用，用来备份、留存一些数据。

小贴士：希捷宣布开发第二代 HAMR 技术，助力机械硬盘突破 30TB

希捷目前已经推出采用 HAMR 热辅助磁记录技术的机械硬盘，容量达到 20TB，2020 年 12 月便已经出货给大客户。根据外媒消息，希捷 CFOGianluca Romano，在花旗银行举办的全球技术会议上宣布，希捷正在开发采用第二代 HAMR 技术的机械硬盘，其容量可以提升至 30TB。

5. 性能指标

容量：容量是硬盘最主要的参数，机械硬盘现阶段的一大优势就是容量大。现在机械硬盘的容量通常以 TB 为单位，1TB＝1024GB。但硬盘厂商在标称硬盘容量时通常取 1TB＝1000GB，因此在计算机中看到的硬盘容量会比厂家的标称值要小。

转速：转速（Rotation Speed 或 Spindle Speed）指硬盘内电机主轴的旋转速度，

也就是硬盘盘片在一分钟内所能完成的最大转数，是决定硬盘内部传输率的关键因素之一，在很大程度上直接影响硬盘的速度。硬盘的转速越快，硬盘寻找文件的速度也就越快，硬盘的传输速度也就得到了提高。转速的单位为 rpm＝r/min（Revolutions Per minute，转/分钟）。家用的普通硬盘的转速一般有 5400rpm、7200rpm 等，高转速硬盘是台式机用户的首选；而对于笔记本电脑用户则是 4200rpm、5400rpm 为主。

传输速率：硬盘的数据传输速率是指硬盘读写数据的速度，单位为 MB/s。硬盘数据传输率又包括内部数据传输率和外部数据传输率。一般 7200r/min 的硬盘，速度为 90～190MB/s，具体速度还要看文件是大文件还是零散的小文件。

缓存：当硬盘存取碎片数据时需要不断在硬盘与内存之间交换数据。缓存则可以将碎片数据暂存在缓存中，减小系统的负荷，也提高了数据的传输速度。目前主流的硬盘缓存容量为 64MB，硬盘标签一般会标识缓存容量的大小，用户在选购时需要注意观察判断。

2.4.2 固态硬盘

固态硬盘（Solid State Drive）简称 SSD，固态硬盘在机械硬盘之后推出的新型硬盘，固态硬盘主要是由多个闪存芯片加主控以及缓存组成的阵列式存储，属于以固态电子存储芯片阵列制成的一种硬盘。它完全突破了传统机械硬盘带来的性能瓶颈，由于固态硬盘具备高速读写性能，通常我们将系统安装在固态硬盘中，大大提升了系统开机速度以及系统流畅性，当然我们将游戏或者软件安装在固态硬盘中也会提升加载速度，久而久之它也成为目前装机首选的硬盘之一，也是未来硬盘发展趋势。

1. 接口

固态硬盘接口，市场常见的可以分为三种，即 SATA（1.0、2.0、3.0）接口、PCIe（M.2、U.2、AIC）接口，SATA 与 PCIe 既可以说是总线（通道）标准，也可以说是接口，当 SATA 和 PCIe 作为接口存在时，物理表现为不同规格和形状。

（1）SATA（1.0、2.0、3.0）接口

SATA 接口形态分为 SATA1.0、SATA2.0 以及最新的 SATA3.0，其外观别无二致，主要区别在于传输速度。目前 SATA3.0 是运用最普遍的接口，主要适用于机械硬盘中，部分 2.5 英寸的 SSD 也在使用该接口。

不过受带宽限制，SATA3.0 接口的传输速度仅在 600MB/s 左右，适用于一些对速度要求不高的用户，但其中也不乏有一些表现不错的固态硬盘产品。在使用 SATA3.0 接口的 SSD 中，aigo 固态硬盘 S500 变现十分亮眼，采用 SATA3.0 高速接口读写速度可达 550MB/s、500MB/s，能够大幅提升电脑性能，电脑开机和运行的速度也非常快。

但是，由于 SATA 接口带宽受限，读写性能无法突破瓶颈，所以 PCIe 接口成为新的发展方向。

(2)PCIe 接口

与 SATA 接口不同，PCIe 的接口形态要更加丰富多样，且突破了 SATA 的带宽限制，速度更快。PCIe 通道物理接口形态主要分为 M.2、U.2 以及 AIC(PCIe)，三者的区别是规格(尺寸、形状)以及能够带来的速度不同，但走的都是 PCIe 通道。

①M.2 接口

M.2 接口，简单来说就是接口规格是 M.2，目前主要适用于企业级和消费级 SSD 中，一般市面上的高速 SSD 都是该接口，如图 2-34 所示。

因为 M.2 接口纤薄小巧，颇受各类超极本以及高性能主机青睐。如果想要更加流畅地运行 Windows 10 核微软新一代操作系统 Windows 11，建议选择走 PCIe 通道的 M.2 固态硬盘。

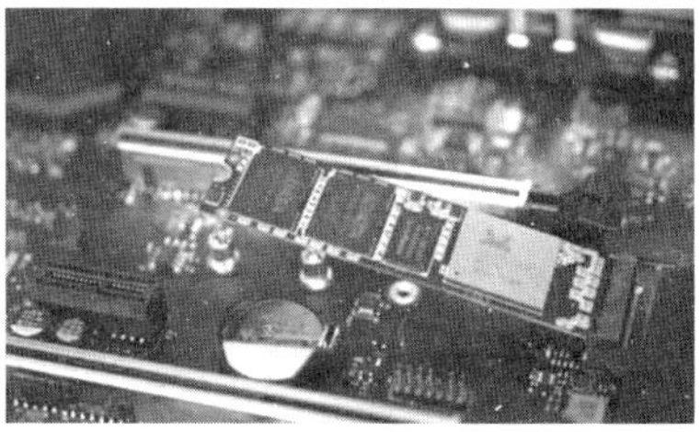

图 2-34　M.2 接口固态硬盘

M.2 有两种接口定义：Socket2 和 Socket3，分别走 PCIe 通道和 SATA 通道，其中 SATA3.0 只有 6G 带宽，与普通 SATA 固态硬盘速度上差异不大，只是接口有区别，而前者走 PCIe 通道，能提供高达 32G 的带宽。此外，现在也有 PCIe 4.0 通道的 M.2 固态硬盘，价格偏贵，适合发烧人群。

使用 M.2 接口的固态硬盘，主板上必须配备 M.2 接口，如图 2-35 所示。M.2 固态硬盘有 2242、2260 和 2280 三种不同长度的规格，目前主流的是 2280 规格。

图 2-35　主板上的 M.2 接口

②AIC 接口

AIC 是一种 SSD 的产品形态，它拥有原生 PCIe 接口，如图 2-36 所示，无需转换可直接链接主板上的 PCIe 插槽，因此采用 AIC 形态的 SSD 拥有最佳的性能。不过 AIC 形态的 SSD 成本高昂，价格不低，多用于高端消费级主机。

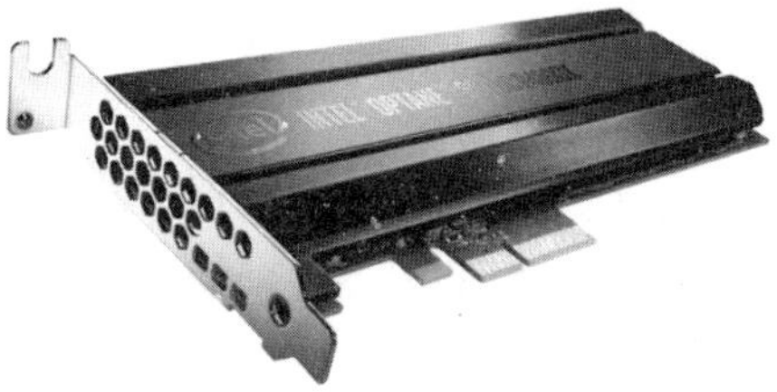

图 2-36　PCIe 接口固态硬盘

2. 传输协议:NVMe 与 AHCI

如果说 SATA 和 PCIe 是传输数据的“路”,那么 NVMe 与 AHCI 就是保障“路”上交通秩序的交通规则,同样也是固态硬盘性能和速度的保证。

AHCI 协议是为了提高传统机械硬盘而生。SATA 接口搭配 AHCI 协议和传统的机械硬盘几乎风靡一时,随着 SSD 的诞生,依然用的是 AHCI 协议,因为早期固态盘性能不高,在 SATA 接口搭配 AHCI 协议下感觉不出性能的提升。

随着 SSD 硬盘速度的提升,SATA 接口搭配 AHCI 协议这对组合却成为 SSD 速度提升的瓶颈。于是由 Intel 领导的小组开发出了 NVME 标准协议,NVME 标准协议使用原生的 PCIe 通道直接与 CPU 直连,接近最大的传输速度,最大的数据量,直接省去了内存调用硬盘的过程,这也注定了依赖于这种标准下的接口速度很快。

NVMe 协议可以同时让多个数据通过,传输效率大幅提高,比较高端的 M2、NMVE 固态硬盘可以达到 3.5GB/s 的传输速率。目前 NVMe 已经升级到 1.3、1.4 版本。

3. 固态硬盘颗粒

固态硬盘主要是颗粒和主控方面,固态硬盘的颗粒与主控好坏决定了一款固态硬盘的性能。目前固态硬盘的颗粒主要有 QLC、SLC、MLC、TLC 颗粒。

(1)SLC(单层存储单元)

SLC(Single-Level Cell),单层电子结构,每个 cell 可以存放 1bit 数据,SLC 达到 1bit/cell,写入数据的时候电压变化区间小,P/E 寿命较长,理论擦写次数在 10 万次以上,但是由于成本最高,所以 SLC 颗粒多数用于企业级高端产品中。

(2)MLC(双层存储单元)

MLC(Multi-Level Cell),使用高低电压的而不同构建的双层电子结构,MLC 达到 2bit/cell,P/E 寿命较长,理论擦写次数在 3000～5000 次左右,成本相对较高,但是对于消费级来说也可以接受,多用于家用级高端产品中。

(3)TLC(三层存储单元)

TLC(Trinary-Level Cell),三层式存储单元,是 MLC 闪存延伸,TLC 达到 3bit/cell,由于存储密度较高,所以容量理论上是 MLC 的 1.5 倍,成本较低,但是 P/E 寿命相对要低一些,理论擦写次数在 1000～3000 次不等,是目前市面上主流的闪存颗粒。

(4)QLC(四层存储单元)

QLC(Quad-Level Cell),四层式存储单元,QLC 闪存颗粒拥有比 TLC 更高的存储密度,同时成本上相比 TLC 更低,优势就是可以将容量做得更大,成本上更低,劣势就是 P/E 寿命更短,理论擦写次数仅 150 次,QLC 必将迎来未来大容量固态硬盘时代。

市场上的闪存芯片可以分为原片(正片)、白片和黑片三种。

①原片

原片指的是闪存颗粒顺利地通过了晶圆厂原厂的筛选以及故障检测,并在芯片的表面上印上了圆厂 LOGO 和型号参数等信息,例如,三星、闪迪、海力士、东芝、镁光等。

②白片

白片指的是通过了晶圆厂筛选,但是没有通过原厂故障检测,硬盘厂商采购后自己进行筛选的合格闪存颗粒。通俗来说,就是有点瑕疵,但是白片还是有品质保障的,一般被二线硬盘厂家所采用。

③黑片

黑片指的是没有通过任何的故障检测,故障率最高的废片,通常会被杂牌的硬盘厂家所采用。

4. 固态硬盘主控

目前,固态硬盘使用的主控芯片主要是群联、慧荣、智威三个芯片厂商提供,而 NAND 芯片主要是三星、海力士、镁光、东芝、Intel、闪迪这些巨头把控。

5. 固态硬盘品牌

常见的品牌有:三星、浦科特、闪迪、英特尔、东芝、英睿达、建兴、创见、金士顿、西部数据等等,选择固态硬盘不能只看品牌,因为每一个品牌都有入门到高端的产品。

小贴士:U 盘和固态硬盘是不是一样的?

两者在原理上是一致的,结构上都包含了主控芯片和存储颗粒。主要区别如下。

主控:主控的区别在于算法,固态硬盘一般有多个存储颗粒,而 U 盘一般只有 1～2 个,固态硬盘通过算法可以多颗粒同时读写,大大提高了读写速度。

寿命:U 盘的存储颗粒只有 1～2 个,反复读写的情况下,不如有这大量存储颗粒的固态硬盘有更长的寿命。

速度:USB 2.0/3.0 和 SATA、PCIe 比起来,差距还是很明显的。除了数据通道的原因外,固态硬盘是可以同时进行读写的。而 U 盘在同一时间只能进行一个读或写的操作。所以固态硬盘相对于 U 盘而言是非常快速的。

2.5 机箱和电源

2.5.1 机箱

机箱即主机箱，主要作用就是放置与固定各种计算机硬件，起承托和保护的作用，有效保护内部硬件免受损伤，一些机箱具有一定的屏蔽电磁辐射、静音等重要作用，如图 2-37 所示。

图 2-37 机箱

机箱的好坏与电脑的性能无关，但是如果一款机箱的板材较差，会导致主板和机箱形成回路，从而导致了短路。

1. 结构

常见的机箱结构主要有 ATX 标准型、Micro-ATX 紧凑型、MINI-ITX 迷你型三种规格。

机箱结构决定了机箱与主板的兼容性，其中 ATX 标准规格的大机箱，除了能够支持 ATX 板型的主板，还能够支持 M-ATX 板型，甚至是 MINI-ITX 迷你型板型的主板，可以向下兼容，如图 2-38 所示。而 Micro-ATX 不能支持 ATX 规格的主板，只能向下兼容，支持 M-ATX 紧凑型主板以及 MINI-ITX。不过 MINI-ITX 的机箱选择，只能选择 ITX 板型的主板，另外电源也是非 ATX 标准的，一般都是 SFX 型小电源。

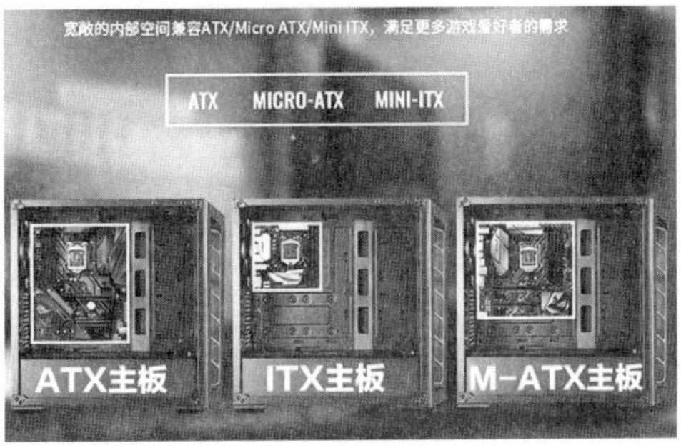

图 2-38 ATX 结构机箱

2. 材质

(1)SPCC(轧碳钢板)

SPCC(轧碳钢板)目前主流的机箱板材,普遍用于性价比级别的机箱,表面麻面,因为有点不美观,大多数情况都会喷涂,具备优越的耐蚀性,并保持了冷轧板的加工性,但是不喷涂比较容易生锈,一般建议 0.4 或者以上厚度。

(2)SECC(镀锌钢板)

SECC(镀锌钢板)是电解亚铅镀锌钢板,它是一种冲压材料,在冷轧板表面镀上了锌层,表面比较光滑,呈灰色,也具备防锈耐腐蚀,SECC 相比 SPCC 钢板更好,但是价格比较高一些,一般多见于高端机箱以及服务器机箱中,一般建议 0.4 或者以上厚度。

(3)铝(合金)

还有一种使用了铝(合金)材质的机箱,铝合金是纯铝加入一些合金元素制成的,一般乔思伯机箱均选用这种材质的机箱,它更轻巧,并不会锈蚀而更耐用,不过因为铝相对柔软,所以板材至少厚 1 mm,大中型机箱的厚度更在 3 mm 以上,价格相对偏贵一些。

3. 接口

机箱的接口常见的是 USB2.0、USB3.0 以及音频接口,如图 2-39 所示,有些入门机箱不带 USB3.0,建议选用带有 USB3.0 接口,因为如果有 USB3.0 的 U 盘或者移动硬盘,速度相对要快上不少,虽然现在的新主板上都有 USB3.0 接口,但是对于 U 盘、移动硬盘之类的,每次到主机后面插拔显得十分不方便。

图 2-39 机箱接口

4. 散热

对于偏高端的硬件,更多的就是考虑机箱散热性,散热性较好的机箱,通常会设立多处通风位,包括机箱前置面板、上置面板,后置面板,如图 2-40 所示,并且可以安装散热风扇以及水冷冷排,提升机箱内部风道,如果安装风扇,一定要注意风道问题,通常前置面板安装的风扇进风,而上置面板和后置面板出风。

图 2-40　机箱散热

小贴士：机箱下置电源设计

传统机箱都是上置电源，而如今越来越多机箱开始流行下置电源设计，目前不少机箱为电源提供了独立仓，下置电源的好处就是让电源和主机内部其他硬件分开，进行独立散热，电源下置风扇朝下是为了吸入更多的冷风，以达到更好的散热，电源自身以及机箱内部散热条件得到了改善，风道更加通畅，所以更建议下置电源设计。

2.5.2　电源

计算机属于弱电产品，也就是说，各部件所需求的工作电压都比较低，一般在正/负 12V 以内，并且使用直流电。由于中国民用交流电的标准电压为 220 V，不能直接使用在计算机的各部件上，因此计算机像许多家用电器一样，需要一个电源，负责将普通市电转换为计算机可使用的电压。电源一般安装在计算机的主机箱内部，由于计算机的工作频率非常高，因此对电源的要求比较高。电源将普通交流电转为直流电，再通过斩波控制电压，将不同的电压分别输出给 CPU、主板、硬盘等设备，如图 2-41 所示。

图 2-41　电源

1. 电源尺寸

电脑电源尺寸市面上分别分为 ATX 和 SFX 两种尺寸规格，如图 2- 42 所示，常用的电源尺寸是 ATX 标准电源，尺寸一般为 150×140×86 mm，有些电源可能适当会短一些，而 SFX 尺寸电源比较小众，尺寸相比 ATX 标准电源偏小，SFX 尺寸为 125×100×63.5 mm，主要用于 ITX、HTPC 机箱。

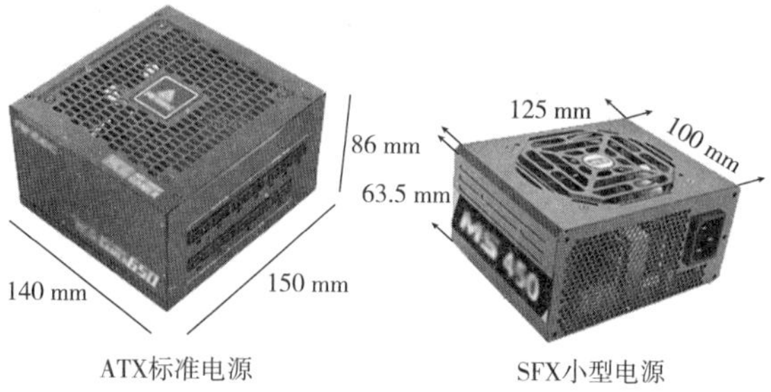

图 2-42　机箱尺寸

2. 电源功率

电源功率主要是看额定功率，一般来说，关于电源的参数除了在商品信息或者中关村产品库可以查询到，我们还可以在电源铭牌上可以查看到电源规格，如图 2-43 所示额定功率 500W 电源铭牌。

图 2-43　电源铭牌

3. 电源接口

电源接口为计算机各部件提供电能供应，常用接口有 24-PIN 接口、8-PIN 接口、4-PIN 接口、SATA 接口等，如图 2-44 所示。

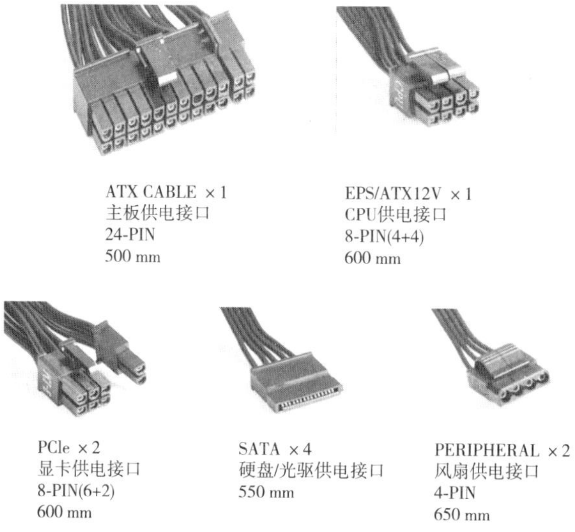

图 2-44　电源接口

(1)SATA 接口:SATA 电源插头是为硬盘提供电能供应的通道。

(2)24-PIN 主板接口:提供主板所需电能的通道。在早期,主电源接口是一个20针的插头,为了满足 PCIe 16X 和 DDR2 内存等设备的电能消耗,目前主流的电源主板接口都在原来20针插头的基础上增加了一个4针的插头。

(3)辅助电源接口:有4-PIN 和8-PIN 两种插头,可以为 CPU 和显卡等硬件提供辅助电源。

4.电源用料

电源用料通常厂家不会介绍太多,我们只有通过拆解电源才可以知道,但是一般电源会介绍所使用的电容,例如“日系电容”“台系电容”“国产电容”。

5.电源品牌

知名电源品牌主要有海盗船、航嘉、长城、安钛克、爱国者、游戏悍将、金河田等,每个品牌又有低端、中端、高端系列之分,性能和样式也有所差别。

2.6 显卡和显示器

计算机主机本身没有显示功能,必须通过外部的显示器显示信息。而要产生并输出视频信号到显示器,就必须用到计算机的另一个关键组件——显卡。

2.6.1 显卡

显卡(Video Card 或 Graphics Card)全称为显示接口卡,又称为显示适配器,是负责输出显示任务的组件。

1.显卡的分类

显卡分为核心显卡(集成显卡)和独立显卡两大类。

(1)核心显卡

核心显卡是指将显示芯片(GPU)集成在 CPU 核心中,由主板提供输出接口,由内存提供显示缓存。相对于传统的集显和独显,核芯显卡则将图形核心整合在处理器当中,进一步加强了图形处理的效率。核心显卡功耗小,发热量小,如今,部分核心显卡的性能已经可以媲美入门级的独立显卡。核心显卡的使用降低了购机成本,但其图形图像处理功能弱、占用系统内存。

(2)独立显卡

独立显卡是指插到主板扩展插槽中的独立板卡,有独立的 GPU、显存及输出接口。独立显卡单独安装有显存,一般不占用系统内存,性能强劲,比核心显卡能够得到更好的显示效果和性能,也容易进行显卡的硬件升级。不过独立显卡系统功耗大，发热量也较大，价格高。

独立显卡，目前分为两大阵营，即NVIDIA和AMD，是显卡芯片的生产厂商，也就是用户经常说的N卡和A卡，其中NVIDIA的市场份额最大，从入门到高端产品线十分全面，而AMD主打性价比，产品线相比之下不算全面，基本上是通过性价比方式来主打一些主流级显卡，高端显卡基本上没有涉足。

2. 显卡的结构

显卡主要由显示芯片、显示内存、BIOS等几个重要部件组成，此外还包括一些接口。

(1)图形处理芯片(Graphic Processing Unit，GPU)

GPU也称为显示芯片，是显卡的“心脏”，相当于CPU在计算机中的作用，它决定了显卡的档次和大部分性能。GPU负责处理由计算机传送过来的数据，将产生的结果显示在显示器上。

决定显示芯片性能的主要是其生产厂商和型号。目前市场上的显卡大多采用NVIDIA和AMD两家公司的显示芯片。

NVIDIA的显示芯片主要以GeForce为前缀名，主要有代表低端的GT和代表高端的GTX系列，系列名后的数值说明了显卡属于第几代和档次。例如，某款显示芯片命名为“GTX650”，其中的“6”表示该显卡为第6代显卡，“5”表示显卡为第5档次，显然，数值越高，代表显卡性能越好。

AMD的GPU主要是Radeon系列，包括以前的X、HD系列，近几年的R9、R7、R5、R3，现在的RX系列等。

(2)显示内存

显示内存(Video RAM)简称显存，用来暂存显示芯片处理的数据。我们在显示器上看到的图像数据都是存放在显存里的。显存越大，可以储存的图像数据就越多，支持的分辨率与颜色数也就越高，游戏运行起来就更加流畅。

与内存相似，目前显存从低端到高端主要有GDDR2、GDDR3、GDDR4和GDDR5① 几种类型，其中GDDR5的显存频率最高。

(3)输出接口

经显卡处理好的图像数据必须通过显卡的输出接口输出到显示器。目前常见的显卡输出接口有VGA、DVI(Digital Visual Interface，数字视频接口)、HDMI和DP(Display Port)等，如图2-45所示。

① GDDR是为了高端显卡特别设计的高性能DDR存储器，有专属的工作频率、时钟频率、电压，因此与市面上标准的DDR存储器有所不同且不能共用。一般比主内存中使用的普通DDR存储器时钟频率更高，发热量更小，所以更适合搭配高端显示芯片。

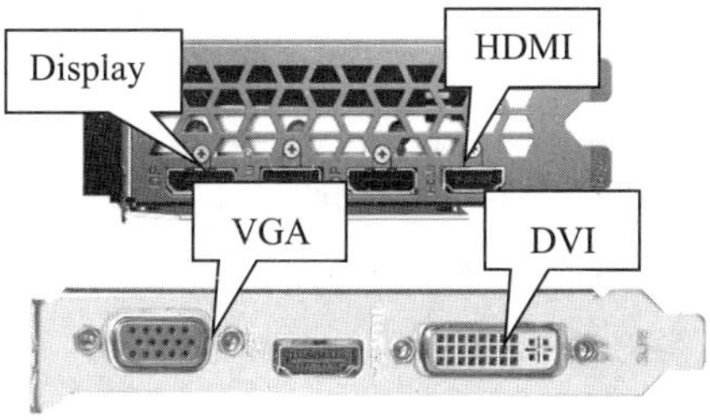

图 2-45 显卡接口

(4)总线接口

显卡需要与主板交换数据才能工作,需要将它接插在主板上,总线接口就是将显卡接插在主板上的接口。目前,显卡的总线接口类型主要有 PCIe 16x,有 2.0、3.0、4.0 版本,如图 2-46 所示。PCIe 16x 3.0 接口,数据总带宽为 32GB/s。显卡与主板连接使用的是显卡的金手指,还可为显卡提供 75W 的电源供给。

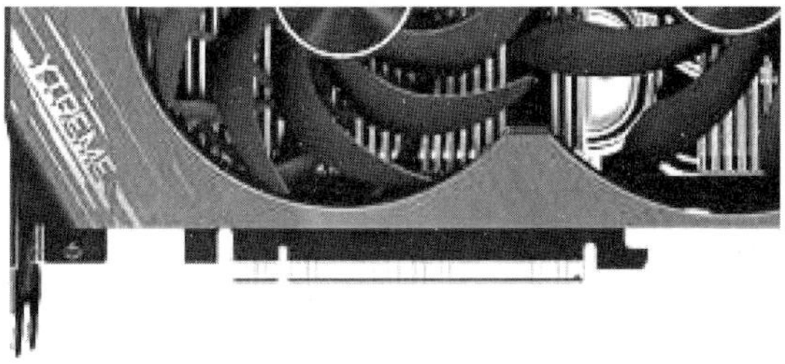

图 2-46 显卡总线接口

(5)散热系统

显卡的散热系统一般包括热管、风扇、外壳等,主要为显示芯片、显存进行有效散热。一般有底座+鳍片、热管+鳍片+风扇、水冷、液氮等散热系统。散热系统的好坏直接影响到显卡的稳定性。

3. 显卡主要性能指标

显卡的主要性能指标包括制造工艺、核心频率、显存位宽、显存容量等。

(1)制造工艺

制造工艺通常用显卡生产的精度(纳米)来表示,精度越高,生产工艺越先进,在同样的材料中可以制造更多的电子元件,连接线也越细,提高芯片的集成度,芯片的功耗也越小。

(2)核心频率

显卡的核心频率是指显示核心的工作频率,其工作频率在一定程度上可以反映出显示核心的性能,但显卡的性能由核心频率、显存、像素管线、像素填充率等多个参数决定,因此在显示核心不同的情况下,核心频率高并不代表此显卡性能强劲。在同样级别的芯片中,核心频率高则性能要强,提高核心频率就是显卡超频的方法之一。显卡也可以超频,但是如果不需要超频,不仅要考察最高频率,还要查看显卡的默认工作频率。

(3)显存位宽

显存位宽是显存在一个时钟周期内所能传送数据的位数,位数越大则相同频率下所能传输的数据量越大,显卡显存位宽主要有 256 位、384 位两种。显存带宽=显存频率×显存位宽/8,代表显存的数据传输速度。在显存频率相当的情况下,显存位宽将决定显存带宽的大小。

(4)显存容量

在其他参数相同的情况下显存容量越大越好,但比较显卡时不能只注意显存。选择显卡时显存容量只是参考之一,核心和带宽等因素的重要性高于显存容量。主流显卡显存容量从 4GB~8GB 不等。

(5)显存类型

与主机内存的类型类似,显存颗粒也划分代数,而且代数已经超过了内存,现在主流的一般是 GDDR5、GDDR6 及 GDDR6X。

(6)显卡流处理器

显卡流处理器即 CUDA 核心,就是所谓的流处理器(渲染管),简称 SP,理论上数量越多代表性能越高,显卡画图的能力就越强,速度也越快。当然我们在对比显卡流处理器数量的时候,必须要同一代显卡进行对比才有意义。

4. 显卡品牌

显卡的知名品牌有七彩虹、影驰、华硕、技嘉、翔升等。

2.6.2 显示器

显示器计算机的主要输出设备,用于显示计算机中处理后的数据、图片和文字等。传统的显示器如 CRT 映像管显示器及 LED 显示板等,受制于体积或耗电量过大等因素,逐渐被淘汰了。如今广泛应用的是液晶显示器。

1. 液晶显示器的分类

根据液晶显示器的外部特征,可以将显示器分为曲面和平面两种类型。从性能参数上来看,曲面显示器和平面显示器并没有太大的区别。

在同一面积下,曲面显示器拥有更大的屏幕尺寸,相比平面显示器可以营造出更广的视角,视觉上更出色。曲面屏显示器可以更加给人一种氛围感,产生一种微妙的裸眼 3D 的效果。

人的眼睛是凹陷有弧度的,曲面屏幕的弧度正好可以从理论上实现每一个像素点和视网膜的距离相等,而平面屏就没有这样的优势。

但是,弯曲后的玻璃物理及光学特性发生改变,灌注在玻璃基板中的液晶分子也会由于应力作用产生形变和排列不均,导致屏幕亮度、色彩、清晰度受到影响。

另外，面板的光学与电气特性也发生变化，从而影响液晶分子偏转速度，屏幕上不同区域的动态响应速度甚至有可能会不一致。

曲面显示器的屏幕是曲面的，本身就有形变，对于要求更加精确的专业如CAD设计来说，这样的视觉误差是不能容忍的。

2. 液晶显示器的内部结构

液晶显示器内部由驱动板（主控板）、电源电路板、电源高压一体板（有些与电源电路板设计在一起）、视频输入接口、背光灯管供电接口、液晶屏排线及液晶面板等组成，如图2- 所示为液晶显示器内部组成。

（1）驱动板

驱动板用于接收、处理从外部送进来的模拟信号或数字信号，通过屏线送出驱动信号，控制液晶板工作。驱动板上主要包括微处理器、图像处理器、时序控制芯片、晶振、各种接口及电压转换电路等，是液晶显示器检测控制中心。

（2）电源电路板

将90～240V交流电转变为12V、5V、3V等直流电，为驱动板及液晶面板提供工作电压。

（3）电源高压一体板

电源板的12V直流电压在背光灯管启动时，转换并提供1500V左右高频电压激发内部气体，然后提供600～800V，9mA左右的电流供其一直发光工作。

（4）液晶面板

主要由玻璃基板、液晶材料、导光板、驱动电路、背光灯管组成。背光灯管产生用于显示颜色的白色光源。

（5）液晶屏排线：用来为液晶屏传输信号的信号线。

（6）背光灯管供电接口：为液晶屏背光灯管供电的接口。

（7）视频输入接口：用来连接计算机显卡接口，用来接收信号的接口。

3. 液晶显示器性能指标

（1）屏幕尺寸

显示器的屏幕尺寸指显示器屏幕对角线的尺寸，单位是英吋。目前显示器主流尺寸是23～27寸，尤其是玩游戏人群，个人建议是23～27寸最合适，32寸有点太大，看个人选择而定了，否则头脑会有左顾右盼的情况，有点累。对于目前而言19.5和21.5寸尺寸也慢慢选择少了，对屏幕尺寸要求不高，也可以使用。

（2）分辨率

分辨率是指显示器所能显示的像素有多少，通常用显示器在水平和垂直显示方面能够达到的最大像素点来表示。标清720P为1280×720像素，高清1080P为1920×1080像素，超清1440P为2560×1 440像素，超高清4K为4096×2 160像素，也就是说，4K 的清晰度是 1080P 的 4 倍，而 1080P 的清晰度是 720P 的 4 倍。分辨率代表了图像的清晰程度，同一尺寸下，分辨率越大，画面越清晰精细；分辨率越小，画面越粗糙，颗粒感越重。所以一般 24 英寸以下显示器建议 1080P，而建议是超过 27 寸的显示器就要使用 2k 分辨率的屏幕了，屏幕过大，分辨率低的话，容易看出颗粒感。

小贴士：4K 及 4K 显示器

4K(4K Resolution)是一种新兴的数字电影及数字内容的解析度标准，4K 的名称得自其横向解析度约为 4000 像素(pixel)，电影行业常见的 4K 分辨率包括 Full Aperture 4K(4096×3112)和 Academy 4K(3656×2664)等多种标准。

4K 显示器是指最大分辨率达到 4K 标准的显示器 4K 分辨率的清晰度非常高，4K 显示器显示的图像和画面能最真实地还原事物本来的形状。

(3)面板类型

液晶面板关系着液晶显示器的响应时间、色彩、可视角度、对比度等重要参数，因此从液晶面板可以看出这款液晶显示器的性能、质量如何。目前，液晶面板的常用类型有 TN、IPS、VA (PVA 和 MVA)。各面板的性能对比如表 2-4 所示。

表 2-4 不同液晶面板性能对比

面板种类	响应时间	对比度	亮度	可视角度	价格
TN	短	普通	普通	小	便宜
IPS	普通	普通	高	大	较高
PVA	较长	高	高	较大	昂贵
MVA	较长	普通	高	较大	一般

• TN 面板

TN 面板的优势在于输出灰阶级数较少，液晶分子偏转速度快，响应时间容易提高，几年前能做到 5ms 以内的只有 TN 屏幕，近些年提高到了 1ms，甚至 0.4ms，对于重度游戏爱好者是很好的选择，很多高达 240Hz 刷新率的显示器使用的都是 TN 面板。缺点是画面色彩比较差和可视角度小，色彩差会出现屏幕颜色泛白，可视角度小就是当偏离了中心看屏幕时会出现明显的色偏和亮度差别，所以这类屏幕主要是用于游戏电竞选手，对于日常办公使用不适合。TN 面板属于软屏，只要用手轻轻划会出现类似的水纹。

• IPS 面板

IPS 面板可以说是 TN 面板的升级版，是很多厂商首选的面板。IPS 面板是把控制液晶的电场方向从原来的纵向转换成横向，使液晶分子不管在加电还是不加电的情况下都与屏幕平行，而且在结构上进行了优化，最终使屏幕的可视度达到 178°。优势是其画面色彩强，可视度广，缺点是会出现漏光现象。不过只会在纯黑色的屏幕画面下才会看得到，所以只要漏光不是很严重就可以接受。

IPS又可细分为S-IPS、H-IPS、E-IPS等，所以有些IPS面板卖得很便宜，但是也需要了解是哪个类型，其排名是P-IPS＞H-IPS＞S-IPS＞AH-IPS＞E-IPS，排名越低的面板越差。

·VA面板

VA面板主要用于曲面屏幕，优点是有着高对比度，是三种面板中最高的。黑色更纯粹，画面层次感更强，漏光情况基本没有；缺点是响应时间略差，玩FPS类游戏有可能出现拖影的情况，VA面板主要是针对喜欢大屏、影音的用户。

(4)刷新率

目前一般显示器的刷新率为60Hz，120Hz及以上的显示器一般称作高刷显示器。更高的刷新率每秒显示的画面更多，直观感受画面会更加流畅与顺滑，同时一般也会带来更低的延迟与响应时间。不过对于主流办公用户来说60Hz刷新率是足够的，而对于游戏玩家来说高刷新率显示器可以带来更好的体验。

目前常见的高刷显示器刷新率分为不同范围，QHD集中120～180Hz左右兼顾画面细腻程度与刷新率，4K 120～144Hz画质拉满但对显卡(整机)有非常高的要求。FHD从120～360Hz均有覆盖，120～165Hz覆盖低端，240Hz～360Hz则对标高刷TN屏。

虽然理论上刷新率越高越好，但是刷新率在提高到特定刷新率之后，提高同样的刷新率对于流畅度的改善是递减甚至指数级衰减的(但是对降低响应时间依然有一定效果)，目前主流高刷显示器集中在120～165Hz左右，产品相对来说性价比最高。

(5)响应时间

响应时间指的是显示器屏幕像素点对输入信号的反应速度，即像素点色彩过渡所需要的时间，单位为ms。可以简单地理解为刷新率是每秒显示器能显示多少帧图片，而响应时间指的这一帧画面到来之后，屏幕需要花多长时间从上一帧画面切换过来。

以前的响应时间指的是黑白响应时间，而目前显示器标注的基本上都是灰阶响应时间(Grey To Grey，GTG)。所谓黑白响应时间指的是像素点由黑到白再到黑的全程响应时间，实际屏幕内容不可能只在黑和白之间过渡，而是在不同色彩层次即不同灰阶之间切换，因此灰阶响应时间更能代表显示器的实际反应速度。响应时间短的显示器，画面切换干脆利落，不容易留下拖影。

响应时间TN最快，VA最慢，而IPS、VA为了达到更快的响应速度，厂商一般会使用OverDrive(OD)技术，用更高的电压来驱动液晶，加快切换速度，获得更快的响应速度。

4. 显示器品牌

显示器整体品牌较多，主流大厂有 DELL（戴尔）、HP（惠普）、AOC、LG、Samsung、Benq、ASUS、Acer、HKC（惠科）等，以及一些专门面向高端和特殊领域的高端厂商（例如 EIZO 等）。

2.7 键盘和鼠标

鼠标和键盘是计算机的主要输入设备，其外观结构也比较简单。

2.7.1 键盘

键盘的主要作用是输入数据、文字、指令等，用来与计算机交互，是计算机最重要的输入设备。

1. 键盘的分类

(1)薄膜键盘

薄膜键盘上方是按键，内部有橡胶模，下方有三层塑料薄膜，三层塑料薄膜的上下两层有导线，按键位置有触点，中间的塑料薄膜没有导线，并将上下两层膜分离，在按键位置有圆孔。按下键盘按键后，按键下方的橡胶模会将三层塑料薄膜的上下两层连通，从而产生一个信号。

薄膜键盘无机械磨损、价格低、噪音也小，但长期使用后，由于材质问题手感会变差，橡胶膜也会老化。

(2)机械键盘

机械键盘如图 2-47 所示，与薄膜键盘不同，机械键盘每一个按键有一个单独的开关控制，也就是常说的“机械轴”。每一个按键由一个独立的微动组成，按下即反馈信号，与其他按键几乎没有冲突，好的机械键盘可以做到全键盘无冲突，而且段落感强，适合游戏娱乐和打字。好的机械键盘寿命非常长，即使某个按键损坏，单独更换该机械轴即可。由于机械轴的成本较高，该类键盘的售价都不低，而且防水性能没有薄膜键盘好。

图 2-47　机械键盘

机械键盘键帽

机械键盘的键帽按材质分类，常见的有 ABS、POM、PBT 三种。

· ABS 键帽

ABS 键帽在机械键盘中采用最广，其成本较低，而且因为材质本身能够做半透明，所以也被 RGB 键盘所青睐，不过 ABS 键帽比较容易打油，该键帽使用一段时间之后会出现油光闪闪的。

· POM 键帽

POM 键帽材质十分耐磨，不容易打油，材质的硬度很高，没有 ABS 耐热，在键帽中采用这种材质比较少，一般多见于大品牌原厂键盘，例如 Cherry 原厂机械键盘就有使用 POM 材质的。

· PBT 键帽

PBT 键帽是除了 ABS 键帽之外采用最广的键帽之一，近年 PBT 抗打油的特性以及磨砂手感让越来越多的键盘厂商所使用，这也是成本较高的原因之一，所以不可能使用上低价格的机械键盘上，是我们重点考虑的键帽材质。

小贴士：常见机械键盘轴体

黑轴：黑轴的段落感最不明显，声音较小，轴的寿命较长，在游戏中有上佳的表现，并且键程极短，比较适合游戏玩家，不过我们在使用黑轴机械键盘的时候往往需要很大力才能按下去。

红轴：红轴就是为了解决黑轴的问题而诞生的，不同于黑轴的大力，红轴的力度比较软，而且轻盈，但是按压的感觉又告诉你这不是薄膜键盘，能够很好兼顾游戏和打字的使用需求。

青轴：青轴的打字的时候，会发出较大的咔哒咔哒声音，家中宝宝睡觉而电脑同一个卧室不建议推荐，估计宝宝会被吵醒。青轴打字节奏感十足，并且回弹力度很大，触发较慢，只适合打字，但是不太推荐游戏使用。

茶轴：茶轴介于红轴和青轴之间，有段落感，但是没有青轴那么重，而且需要按压太大力，和青轴完全不同的体验，不弹手，十分适合想要段落感的人，适合办公，也适合游戏，属于万能轴，比较奢侈的机械轴，结合了青轴与黑轴的特点。

2. 键盘的连接方式

键盘与主机的连接方式有有线连接和无线连接两种。

有线连接是最普遍，最常见的连接方式，其优点是价格相对较低，由电脑主机供电不需要额外的电源，而且信号传输稳定，不容易受到干扰；缺点是使用范围要受到键盘连线长度的制约，在某些场合应用不方便。

无线连接方式没有键盘连线的束缚，可在离电脑主机较远距离的较大范围使用，特别适用于某些特殊场合；其缺点是价格相对较高，需要额外的电源，必须定期更换电池或充电，而且信号传输相对易受干扰。无线连接的具体方式可分为 2.4GHz 和 5GHz 频率的无线和蓝牙等。

3. 键盘的性能指标

(1)接口

指有线键盘与主机连接所用的接口，主要有 PS/2 接口、USB 接口 2 种，如图 2-48 所示键盘接口及插头。USB 键盘接口支持热插拔，如今，键盘大多采用 USB 接口。

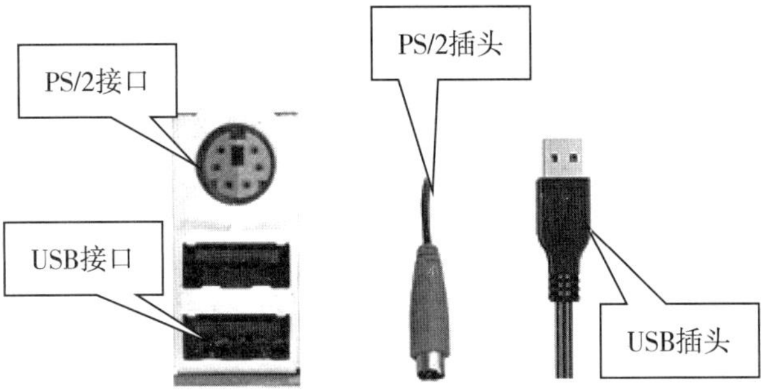

图 2-48　键盘接口及插头

(2)按键布局

最常见的是美式 ANSI 标准 104 键布局键盘，由主键盘区、功能区、编辑区和 Pad 区组成，Win 三键放置在主键盘区域，108 键则是在右上角额外添加的 4 颗功能键。

同样常见的美式 ANSI 标准 87 键，相对于标准全尺寸的 104 键去掉了右侧 Pad 数字区，扩大了右侧鼠标活动区域。这种布局国外通常称之为 TKL 布局(Ten Key Less)。

除了 104 键、108 键和 87 键布局，还有标准 61 按键、左移 64 键、标准 68 键、71 键、75 键、78 键和 84 键布局等，不再赘述。

(3)键程

键盘的键程是指按下一个按键到按键恢复正常状态的时间，如果敲击键盘时感到按键上下起伏比较明显，就说明它的键程较长。键程的长短关系到键盘的使用手感，较长的键程会让人感到弹性十足，但比较费劲；适中的键程，则让人感到柔软舒服；较短的键程长时间使用会让人感到疲惫。

4. 键盘品牌

知名的机械键盘品牌有 Cherry(樱桃)、Filco(斐尔可)、CORSAIR(海盗船)、SteelSeries(赛睿)、Razer(雷蛇)和 Logitech(罗技)等。

2.7.2　鼠标

鼠标是计算机的两大输入设备之一，因其外形似一只拖着尾巴的老鼠而得名。通过鼠标控制屏幕上的光标移动、选取和单击操作，实现各种控制信息的输入。

1. 鼠标的分类

(1)按鼠标引擎的工作原理分类

· 传统光学鼠标

传统光学鼠标的工作原理是其底部的LED灯光(一般是红色)以30°射向桌面(或鼠标垫),桌面反射的光线通过透镜传到传感器上,由于桌面表面粗糙,鼠标移动时传感器将得到变化的光线,由此判断鼠标的移动。光学鼠标是当前的主流。

· 激光鼠标

激光鼠标也是光电鼠标,只不过是用激光代替了普通的LED光。因为激光几乎是单一的波长,其特性比LED光好。激光鼠标传感器获得影像的过程是根据激光照射在物体表面所产生的干涉条纹而形成的光斑点反射到传感器上获得的,而传统的光学鼠标是通过照射粗糙的表面所产生的阴影来获得的,因此激光能对表面的图像产生更大的反差,使得"CMOS成像传感器"得到的图像更容易辨别,从而提高鼠标的定位精准性。

· 蓝影鼠标

蓝影(BlueTrack)技术是微软公司独有的。采用蓝影技术的鼠标产品使用的是可见的蓝色光源,因此它看上去更像是使用传统的光学引擎,可它并非利用光学引擎的漫反射阴影成像原理,而是利用目前激光引擎的镜面反射点成像原理,因此蓝影鼠标的性能与激光鼠标十分相近。

小贴士:不可见光源

大部分的光电鼠标底部都是亮的,但有些鼠标采用了"不可见光"作为光源。目前越来越多的鼠标厂商均采用了这种技术,包括无线电波、微波、红外光、紫外光、x射线、γ射线、远红外线等都属于不可见光。采用该技术的鼠标产品可以拥有更出色的节能表现,这也是厂商们使用此技术的主要原因。另外,在性能方面,不可见光技术依然保持着不俗的竞争力,完全可以满足主流用户的需求。

2. 鼠标的连接方式

按传输介质不同可以分为有线鼠标和无线鼠标,如图2-49所示。有线鼠标的接口与有线键盘一样分为USB接口和PSJS2接口。无线鼠标按照无线的标准,又分为使用2.4GHz和5GHz频率的无线鼠标和蓝牙鼠标。

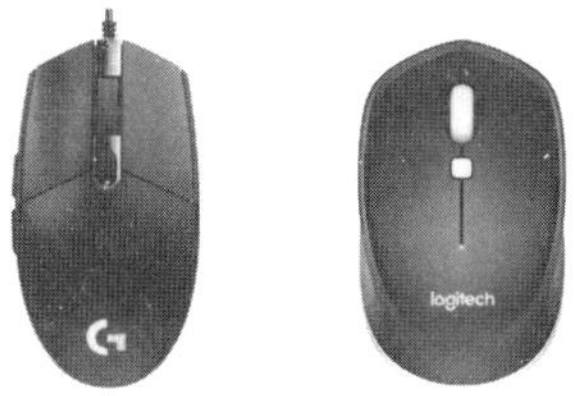

图2-49　有线鼠标(左)和无线鼠标(右)

3. 鼠标性能指标

(1)分辨率

DPI(dots per inch,每英寸的像素数),指鼠标内的解码装置所能辨认的每英寸内的像素数。数值越高鼠标定位越精准。DPI 是鼠标移动的静态指标。

(2)采样率

CPI(Count Per Inch,每英寸的测量次数),是由鼠标核心芯片生产厂商安捷伦定义的标准,可以用来表示光电鼠标在物理表面上每移动 1in(1in≈2.54 cm)时其传感器所能接收到的坐标数量。每秒钟移动采集的像素点越多,就代表鼠标的移动速度越快。例如鼠标在桌面移动 1 cm,低 CPI 的鼠标可能在屏幕上移动 3 cm,高 CPI 的鼠标则移动了 9 cm。CPI 是鼠标移动的动态指标,CPI 高的鼠标更适合配合高分辨率的屏幕使用。

现在的一些鼠标可以通过滚轮后方的 CPI 调节按钮来切换 3 种采样率,以适用不同的使用场景,如图 2-50 所示。

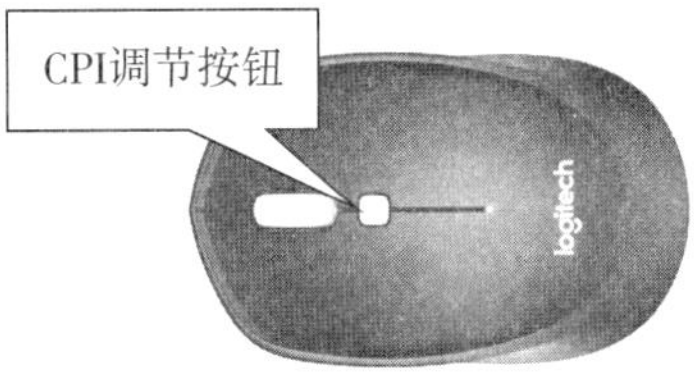

图 2-50　鼠标 CPI 调节按钮

(3)微动

鼠标微动是衡量一款鼠标性能优劣重要标准,它很大程度上决定了鼠标按键的手感和使用寿命和保证长时间统一的手感,目前主流的微动开关种类可以分为传统微动、静音微动、光学微动,下面简单介绍这三种微动。

· 传统微动采用金属簧片触发结构,当按键按下一次后,微动开关内的金属簧片触发一次,并且向电脑传送出一个电讯号,之后再复位,从而达成触发效果。不过长时间使用后,存在着物理磨损以及氧化的问题,会导致接触不良,或者触点位置偏移造成无法触发、双击等问题。

· 静音微动多采用了方形原点微动,多数用于办公使用,按键手感更加沉闷、偏软,不过却没有传统微动"Click"声,更加适合办公场所、图书馆等需要保持安静的场所内。

· 光微动是近几年推出的新型微动开关,利用光学原理和光耦合技术实现连通,物理磨损以及损耗更小,使用寿命也更长。光磁微动则是在光微动通过光线阻隔/导通来实现信号变化,能够更好地避免灰尘和触点氧化的问题,强磁部件也能迅速吸附遮光组件,避免颤动,解决了金属弹片的老化问题,能够大幅提高微动开关的寿命并降低故障率。

4. 鼠标品牌

鼠标的知名品牌有罗技、雷蛇、双飞燕等。

2.8 声卡和音箱

声卡与音箱共同组成了计算机的音频系统，完成输出设备的功能。

2.8.1 声卡

声卡的作用与显卡类似，它首先要完成信号的转换工作。由于音箱和麦克风都是使用模拟信号，而计算机所能处理的是数字信号，所以必须要通过声卡实现两者之间的转换。

- 数/模转换：将计算机内的数字声音信号转换为音箱等设备能使用的模拟信号。
- 模/数转换：将麦克风等声音输入设备采集到的模拟声音信号转换成计算机所能处理的数字信号。

其次，声卡也要完成音频数据的处理工作，这主要是由声卡上的声卡处理芯片负责的，声卡芯片是声卡的核心，它的好坏决定着声卡的档次。

1. 声卡的分类

声卡主要分为板卡式声卡、集成式声卡和外置式声卡三种。

(1)板卡式声卡

早期的板卡式声卡多采用 ISA 接口，随后被 PCI 接口所代替。现在的板卡式声卡大都是 PCIe 的接口，如图 2-51 所示。

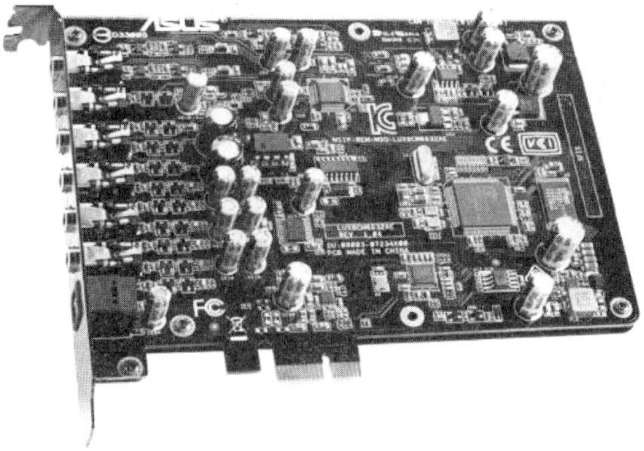

图 2-51　板卡式声卡

(2)集成式声卡

集成式声卡集成在主板上，具有不占用 PCI 接口、成本更为低廉、兼容性更好等优势，能够满足普通用户的绝大多数音频需求，自然就受到市场青睐。

集成式声卡大致可分为软声卡和硬声卡，软声卡仅集成了一块信号采集编码的 Audio CODEC 芯片，声音部分的数据处理运算由 CPU 来完成，因此对 CPU 的占有率相对较高。硬声卡的设计与 PCI 声卡相同，只是将两块芯片集成在主板上。

因为现在的 CPU 性能已经非常强大，处理集成声卡的这点音频数据对整体性能影响可以忽略不计。集成声卡的性能已经可以满足我们的基本需求，目前几乎所有的主板上都集成有声卡芯片，如图 2-52 所示。

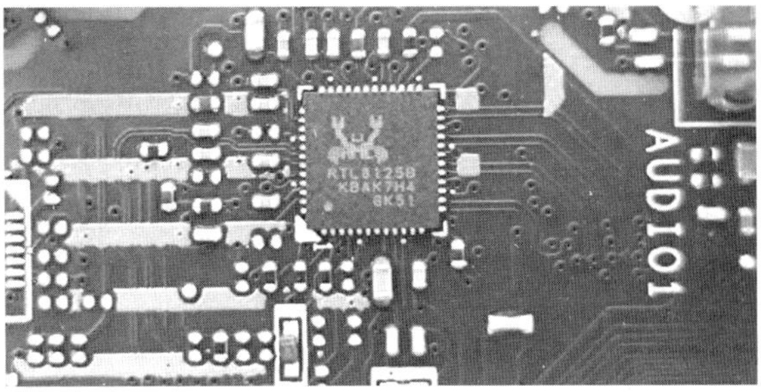

图 2-52　集成声卡芯片 ALC897

(3)外置式声卡

外置声卡，也称 USB 声卡。一种有别于主板集成，或者通过 PCI、ISA、PCIe 等接口与主板相连的内置的板卡式声卡。

现在流行一种直播使用的声音处理设备，可以将话筒、电子乐器、计算机等声音输入手机中，用于现场直播、演唱歌曲、录制歌曲时使用，还可以增加特效、变声等功能，如图 2-53 所示。具有接口丰富、音色可调、音频信号清晰稳定、音质细腻饱满等优点，比直接用耳麦的音质好很多。

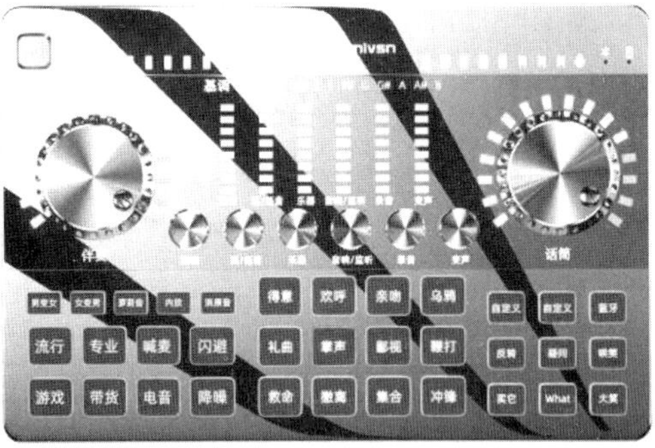

图 2-53　直播声卡

2. 声卡的性能指标

(1)信噪比

信噪比是声卡抑制噪声的能力，单位是分贝(dB)，是有用信号的功率和噪声信号的功率的比值。信噪比的值越高说明声卡的滤波性能越好。更高的信噪比可以将噪声减少到更低程度，保证音色的纯正优美。

(2)频率响应

频率响应是对声卡D/A(数字/模拟)与A/D(模拟/数字)转换器频率响应能力的评价。人耳的听觉范围为20Hz～20kHz,声卡只有对这个范围内的音频信号响应良好,才能最大限度地重现声音信号。

(3)总谐波失真

总谐波失真代表声卡的保真度,也就是声卡输入信号和输出信号的波形吻合程度。在理想状态下的声波完全吻合即可实现100%的声音重现。但是信号在经过D/A转换器和非线性放大器之后,必然会出现不同程度的失真,原因便是产生了谐波。总谐波失真便代表失真的程度,单位是dB,数值越低说明声卡失真越小,性能也越好。

(4)复音数量

复音数量代表声卡能够同时发出多少种声音。复音数量越大,音色越好,可以听到的声音就越多、越细腻。

(5)采样位数

声卡在采集和处理声音时,所使用的数字信号的二进制位数。采样位数越多,声卡记录和处理声音的准确度就越高,该值反映数字信号对模拟信号描述的准确程度。

(6)采样频率

采样频率指计算机每秒采集声音样本的数量。标准的采样频率有11.025kHz(语音)、22.05kHz(音乐)和44.1kHz(高保真)。采样频率越高,记录声音的波形就越准确,保真度就越高,但采样产生的数据量也越大,要求的存储空间也越多。

(7)多声道输出

早期的声卡只有单声道输出,后来发展到左右声道分离的立体声输出。随着3D环绕音效技术的不断发展和成熟,又陆续出现了多声道输出声卡。目前常见的多声道输出主要有2.1、4.1、5.1、6.0、7.1声道等多种形式。

3. 声卡品牌

集成声卡芯片的生产厂商主要有瑞昱(RealItek)、华讯(C-Media)、威盛(VIA)和美国模拟器件(AnaIog Devices)公司,其中瑞昱(ReaItek)的产品最为常见。

板卡式声卡的主流品牌包括创新、华硕、声擎和坦克等。

外置声卡的主流品牌包括森然、坦克、华硕和创新等。

2.8.2 音箱

音箱负责将音频信号经过放大处理之后再还原为声音,如图2-54所示。

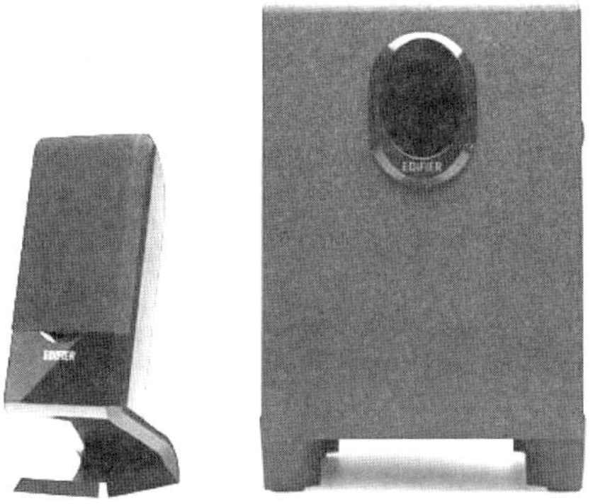

图 2-54　音箱

1. 音箱的性能指标

(1)声道数

音箱所支持的声道数是衡量音箱档次的重要指标之一。音箱按照声道数量分有 2.0(双声道立体声)、2.1(双声道另加一超重低音声道)、4.1(四声道加一超重低音声道)、5.1(五声道加一超重低音独立声道)、6.1(在 5.1 声道的基础上再加一个后中置声道)和 7.1(在标准 5.1 声道的基础上增加一对侧后置声道)音箱等。

(2)信噪比

信噪比是指音箱回放过程中的正常声音信号与无信号时噪声信号的比值,单位为 dB。一般信噪比越大音箱回放质量就越高,如果信噪比很低,音箱声音会明显感觉到混浊不清,因此在选购音箱时最好选择信噪比不低于 80 dB 的。

(3)灵敏度

灵敏度是指当音箱获得 1W 的输入功率时,在音箱正前方距离音箱 1 m 处,人耳能够接收到的音压值。在输入功率相同的情况下,灵敏度越高,对功放输出功率的要求就越低。对于音质没有过高要求的用户,可以选购灵敏度在 85～90 dB 之间的音箱。

(4)阻抗

阻抗是指扬声器出入信号时产生的电压与电流的比值,以 Ω 为单位。输出功率与功放相同时,音箱的阻抗值越小其收获的输出功率越大,但是如果阻抗值过低,同样会影响到音箱的音质。音箱的标准阻抗值为 8Ω,低于 8Ω 的属于低阻抗,高于 16Ω 属于高阻抗。

(5)频率响应

频率响应是指音箱产生的声压随频率的变化而发生增大或衰减、相位随频率而发生变化的现象,单位分贝(dB)。频率响应是考查音箱性能优劣的一个重要指标,其分贝值越小说明音箱的频响曲线越平坦、失真越小、性能越高。

(6)失真度

音箱的失真度是指电声信号转换的失真。一般人耳对 5% 以内的失真不敏感，因此大家最好不要购买失真度大于5%的音箱。

(7)功率

这里的功率是指音箱能发出声音的最大功率。音质的好坏和功率没有直接的关系，功率决定的是音箱所能发出的最大声强。

2. 品牌

目前，市场上较知名的音箱品牌包括惠威、漫步者、飞利浦、麦博等。

2.9 网 卡

网卡(Network Interface Card，NIC)又称为网络卡或者网络接口卡，主要功能是帮助计算机接入网络中，但其他的各种有线和无线网卡的使用仍非常普遍。

1. 网卡的类别

(1)集成网卡

集成网卡也就是集成在主板上的网络芯片，现在的很多主板上都集成了网络芯片，如图2-55所示，现在很多集成网卡也包括了WIFI模块，我们可以通过该芯片控制的RJ45接口连接到有线网络或通过自带的WIFI模块连接无线网络。

图2-55 主板上集成的Realtek千兆网卡控制芯片

(2)PCI网卡

PCI网卡分为PCI、PCIe和PCI-X 3种，具有价格低廉和工作稳定等优点。主要由用于控制网卡的数据交换，对数据信号进行编码传送和解码接收等的网络芯片、网线接口和金手指等组成，如图2-56所示。PCI网卡分为有线网卡和无线网卡两种。

PCI有线网卡常见的网卡接口是RJ45，用于双绞线的连接，现在很多网卡也采用光纤接口(有SFP和LC两种接口类型)，如图2-56所示为光纤接口的网卡。

图 2-56　PCI 网卡

PCIe 无线网卡如图 2-57 所示。

图 2-57　PCIe 无线网卡

(3)USB 网卡

USB 网卡体积小巧,携带方便,可以插在计算机的 USB 接口中,用于扩展计算机的有线网络接口,包括 USB 有线网卡和 USB 无线网卡两种。

USB 有线网卡适合于受限于体积而接口不足的笔记本电脑或平板电脑使用,如图 2-58 所示。

图 2-58　USB 网卡

USB 无线网卡一般用于不方便进行有线接入的台式机,如图 2-59 所示。

图 2-59　USB 无线网卡

2. 网卡的性能指标

(1)无线或有线

在支持有线网络的情况下,有线网卡更稳定性,性价比也较高。无线网卡无须布线,但其性能受信号范围的约束,在有无线网络、信号比较稳定的地方,才考虑使用无线网卡。

(2)传输速率

指网卡与网络交换数据的速度频率,主要有 10Mbit/s、100Mbit/s 和 1000Mbit/s 等。

3. 网卡的品牌

主流的网卡品牌有 Winyao、Intel、TP-LINK、LR-Link、D-Link、腾达、光润通、飞迈瑞克、Unicaca、华为、华硕、NETGEAR、贝尔金和斐讯等。

2.10 打印机和扫描仪

2.10.1 打印机

打印机(Printer) 是计算机的输出设备之一,属于计算机外部设备,用于将计算机处理结果打印在相关介质上。

1. 打印机分类

打印机按成像方式分,可分为如下几类。

(1)针式打印机

针式打印机是一种击打式打印机,主板驱动打印头中的打印针出针,穿过色带击打在纸上,如图 2-60 所示。针式打印机每根针可打印一个点,点组成线,形成文字。针式打印机主要用于财务部门,财务上需要一式三联、四联、五联甚至六联的单据,这种单据是压感打印纸,加压后纸会变色形成文字,所以利用针式打印机的针击打第一联,在第二联以后的压感纸上就会出现与第一联一样的文字了。

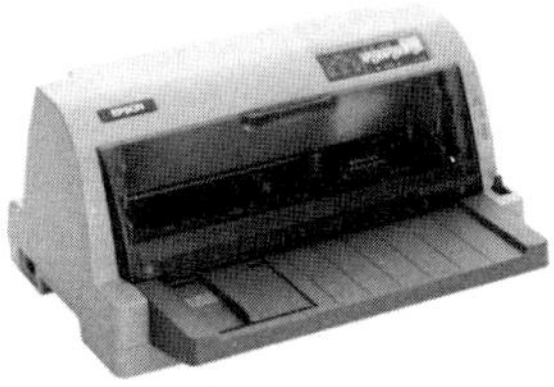

图 2-60 针式打印机

(2)喷墨打印机

喷墨打印机如图 2-61 所示。在喷墨打印机中最重要的一个部件就是喷头,喷头上有很多喷孔,这些孔很小很小。打印时喷头将墨盒中的墨水从喷孔中喷射到纸上,每一个喷孔喷出去的墨在纸上形成一个点,从而组成图像。对于彩色喷墨打印机来说,墨水至少有四色:黑色、青色、品红与黄色,四色组成彩色图像。

图 2-61　喷墨打印机

(3)激光打印机

激光打印机是一种激光成像方式的打印机，主要部件是激光器、感光鼓等。利用激光器在感光鼓上形成静电潜像后，由墨粉成像，再转印到纸上的原理。激光打印机是在复印机的理论基础上形成的，有黑白也有彩色，是目前办公、家用最多的一种打印机，如图 2-62 所示。

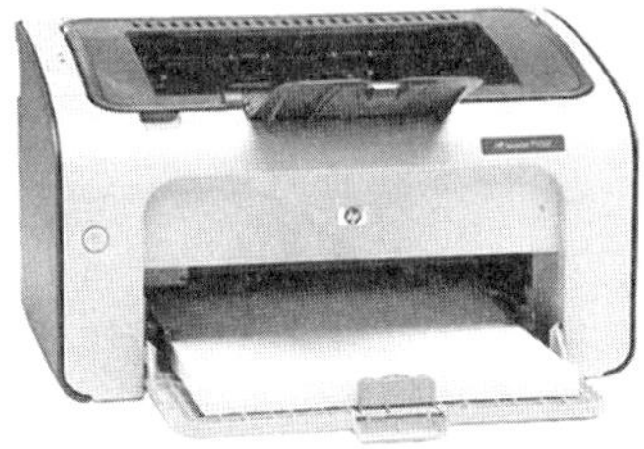

图 2-62　激光打印机

(4)热敏打印机

热敏打印机是一种以热敏纸成像的打印机，主要部件是热敏打印头。热敏打印头上有数以千计的发热元件，发热元件发热后会引起压在热敏头上的热敏纸变色，每个发热元件可以在纸上产生一个点，一排发热元件的热敏头可以制造一条线。这种打印机主要用在条形码打印、超市称重器等商业设备上，如图 2-63 所示。

图 2-63　热敏打印机

此外，还有热升华打印机、LED 打印机等，市面上并不多见，在此不作介绍。

2. 打印机性能指标

(1)打印幅面

打印幅面就是能打多大的纸。普通办公 A4 即可，专业公司可以选择 A3、A2 等大幅面的打印机。

(2)打印速度

打印速度指每分钟打印多少页。如果大批量打印，这个参数就非常重要，普通用途可以不将其作为选择指标。

(3)打印耗材

打印耗材包括激光打印机的硒鼓、针式打印机的色带、喷墨打印机的墨水、热敏打印机的热敏纸等，一般根据用户打印的使用率及耗材成本进行考虑，按照耗材比重选择对应的打印机。

(4)分辨率

激光打印机一般为600dpi，增强型激光打印机可以达到1200dpi，喷墨打印机从普通型的1000dpi到增强型的5000dpi，针式打印机的分辨率为300dpi。

(5)连接方式

有线打印机连接电源后，将数据线连接到计算机的USB接口即可。无线打印机只要安装好无线客户端就可以连接到该打印机。

3. 打印机品牌

市场主流的打印机品牌有惠普(HP)、佳能(Canon)、兄弟(brother)、爱普生(Epson)等。

2.10.2 扫描仪

扫描仪(scanner)，是一种捕获影像的装置，作为一种光机电一体化的电脑外设产品，扫描仪是继鼠标和键盘之后的第三大计算机输入设备，它可将影像转换为计算机可以显示、编辑、存储和输出的数字格式，是功能很强的一种输入设备。

1. 基本工作原理

利用光感器件，将检测到的光信号转换成电信号，再将电信号通过模拟/数字(A/D)转换器转化为数字信号，传输到计算机就中。

2. 扫描仪的分类

扫描仪正在向专业化领域发展，按照应用领域分为以下几种。

(1)平板扫描仪

平板扫描仪主要应用于日常办公。

(2)便携式扫描仪

便携式扫描仪也叫高拍仪，主要应用在银行业、图书馆等，与滚筒式扫描仪不同，镜头采用了类似摄像头的部件，只需将要扫描的部件放置在扫描仪下方的平台上即可扫描。

(3)手持扫码仪

现在付款二维码、商品条码、快递条码、票据验证码等，可以使用专业的手持扫码仪进行扫描，如图2-所示，快速反馈到终端系统中，用于收付款、入库、出库、登记、记录等场景。

(4)三维扫描仪

三维扫描仪(3D scaner)是一种科学仪器,用来侦测并分析现实世界中物体或环境的形状(几何构造)与外观数据(如颜色、表面反照率等性质),用于快速建模、航空航天、汽车制造、模具检测、逆向设计等多个领域。

3. 扫描仪的性能指标

(1)分辨率

分辨率显示扫描仪对图像细节的表现能力,通常用每英寸长度上扫描图像所含的像素点的多少来表示,即 DPI(Dot Per Inch)。

小贴士:扫描仪的 dpi

dpi 每英寸的像素数,代表了扫描仪的扫描精度,和鼠标 dpi 类似,是一个静态参数,cpi 是鼠标专有的动态参数指标,如现在的扫描仪是 2400×1200dpi,代表纵向×横向的像素数量。这个数值的计算方法为,假设一个有 10000 个感光单元的摄像头的 A4 幅面扫描仪,因为 A4 纸宽度是 8.3in,所以光学分辨率为 10 000÷8.3≈1200dpi。

(2)扫描幅面

表示扫描图稿尺寸的大小,最常见的有 A4 幅面,其他有 A3、A0 等幅面。

(3)灰度级

灰度级表示灰度图像的亮度层次范围。级数越多说明扫描仪图像亮度范围越大、层次越丰富。

(4)色彩数

色彩数表示彩色扫描仪所能产生颜色的范围。通常用表示每个像素点颜色的数据闰数即比特位(bit)表示。比如 36bit,就是表示每个像素点上有 2^{36} 种颜色。

(5)扫描速度

扫描速度通常用一定分辨率和图像尺寸下的扫描时间表示。

4. 扫描仪的品牌

市场主流的扫描仪品牌有中晶(MICROTEK)、惠普(HP)、佳能(Canon)、方正(Founder)、爱普生(Epson)等。

学 习 小 结

通过本章的学习,对计算机硬件常识已有所了解,包括对主机箱内的 CPU、主板、内存、硬盘、显卡、机箱、电源等设备的认识,以及与主机箱相连,用于输入/输出的设备的了解,如显示器、键盘、鼠标、音箱等,还有对网卡相关知识的学习,以及对办公室常用的输入设备扫描仪和输出设备打印机的初步学习了解。

计算机硬件更新换代的速度很快,本书中所介绍的知识也仅限于2021年左右的相关硬件常识,如果需要动手配置一台计算机,一定要先了解相关硬件的发展新趋势,如新的架构、新的功能、新的理念,以及全新的设备,或全新的接入方式。

本章内容包含了认识计算机主要硬件等劳动技能的介绍,旨在调动学生主动学习的兴趣,培养学生信息检索能力。

思 考 题

有型号为"华硕(ASUS)PRIME Z590-P主板"的主板,主芯片为Intel Z590,带有2个PCIe 16X插槽,4个SATA接口,板型结构为ATX。请完成下列要求。

(1)这块主板能够支持什么类型的CPU?

(2)分别指出上述插槽和接口能用于安装什么设备,以及这些插槽接口的主要特点。

(3)请指出ATX主板的主要特点。

拓 展 练 习

1. 上网登录中关村在线(https://zj.zol.com.cn),查看最新的硬件信息。

2. 将一台打印机连接到计算机。

关 键 词 语

CPU	中央处理器
动态随机存取内存	DRAM
静态随机存取内存	SRAM
同步动态随机存取内存	SDRAM
DDR	Double Data Rate
DDR SDRAM	Double Data Rate SDRAM
主板	mainboard
基本输入输出系统	Basic Input and Output System,BIOS
主板芯片组	Chipset
印刷电路板	PCB
PCIe	PCI Express
高清多媒体接口	High Definition Multimedia Interface,HDMI
数字视频接口	Digital Visual Interface,DVI

DP	DisplayPort
固态硬盘	Solid State Disk，SSD
SATA	Serial ATA
显卡	Video Card/Graphics Card
GPU	Graphic Processing Unit
流处理器	CUDA
显示内存	Video RAM
分辨率	Dot Per Inch，DPI
采样率	Count Per Inch，CPI
网卡	Network Interface Card，NIC

第3章　计算机选配

本章导读

本章主要讲述计算机硬件，包括CPU、主板、内存条、显卡、显示器、机箱、电源、键盘、鼠标等的选配策略和品牌机、笔记本电脑的选购策略，使学生初步了解组装计算机的硬件选择方法。通过动手实践项目着重提升学生的实践能力，为后续的组装与维护实践做好准备。

3.1　必要的准备

1.确定整机用途

选配、购买计算机之前，首先要明确自己所购置的计算机的用途，根据不同的用途选择不同的配置。

2.明确预算

“量体裁衣、量力而行”是古今真理，所以一定要清楚要花多少钱来购置计算机。

3.笔记本还是台式机

笔记本和台式机从本质上来说都是计算机，所以我们需要从它的价格、配置和自己的实际情况或者工作学习的需求等方面去考量。

从性能上考虑，伴随着技术的进步，不可否认的是，笔记本和台式机的差距在缩小，已经没有以前那么大差距了。应对日常学习、娱乐、办公，台式机和笔记本性能上都能满足需求。

笔记本的拓展性较弱，对于一般的用户来讲，处理器、显卡等部件通常都是板载的，如果更换的话，难度比较高；台式机屏幕更大，并且每款硬件都能够自行更换，拓展性更强。

如果经常外出或对移动学习、办公有明确的需求，那么笔记本的便携性就决定了它必须是你的第一首选。

如果使用电脑的地点相对比较固定的话，那么建议选择台式机，同样的价格台式机性能会更强。

4. 组装机还是品牌机

如果决定购买笔记本，无需考虑组装问题，如果决定购买台式机，我们就要在组装机和品牌机之间做出选择了。

组装机和品牌机，二者的内部结构相同，都是由主板、CPU、内存、硬盘等这些配件组装而成。那么，什么是组装机、什么是品牌机？为什么会有品牌机和组装机之分呢？所谓组装机就是自己动手或者是经营组装电脑的商家制定装机方案，把主板、CPU、内存、硬盘等配件组装在一起，这样的电脑就称之为组装机。而品牌机是指由那些规模很大的厂家（比如联想、戴尔等）按装机方案把计算机配件组装在一起，这样就称之为品牌机了。

我们可以从以下几个角度去考虑，做出选择。

（1）稳定性

稳定性方面，品牌机的配件都是大批量采购的，且厂商都有自己独立的技术部门，会针对品牌机的各部件进行严格的测试和检验，所以兼容性非常好，不容易出现故障，也就是稳定性好。组装机是按照自己的需求订购不同的电脑部件进行组装，就目前的技术而言，大部分部件都能相互兼容。但是组装机在使用的过程中多少会出现一些小问题，比如内存插槽很容易松动等等。

（2）灵活性

灵活性方面，虽然有些品牌机也有针对不同群体的定制产品品牌机的大部分配置是无法自己来选择的，而个人组装机的配置完全可以依靠个人的需要和经济条件来进行选择。

（3）价格

价格方面，品牌机比相同配置的组装机价格要高出一些，因为品牌机越是大品牌其价格越高。众所周知，品牌机就像笔记本一样，是厂家完整出库完整售卖的机器，里面所有的硬件都是厂家生产搭配好，不会有其他杂牌的机器，所以品牌机包含了品牌价值在里面。而组装机是组装者在众多硬件品牌中择优挑选搭配而成的，根本无法称为是哪个品牌的机器，不包含品牌价值，自然就有了一定的价格优势。

（4）研发组装手段

组装机是由组装者利用主板、硬盘、CPU、显卡等一个个硬件组装而成的，硬件成本之外的成本较少，而作为一体化的品牌机，它的组装和研发机制需要全线协调，研发成本以及折损会加进来，此外还有运输、分销、经销等过程，所以从源头和过程中来讲，品牌机的成本就要远远大于组装机。

(5)外观

品牌机在外观方面,搭配比较协调。组装电脑在外观上能个性化的东西很多,厂家为了迎合外观控的需求,具有特色的漂亮机箱和显示器等层出不穷。

(6)售后服务

品牌机一般售后都比较完善,很多厂家还有上门维修的服务,既使你不知道计算机哪里出问题了,也完全可以由厂家售后来处理,省时省力。一般来说,正规的品牌机都会厂家质保两到三年,但对于组装机来说,通常由商家提供短期有限质保。

3.2 选购 CPU 和散热器

3.2.1 选购 CPU

选购 CPU 必须先了解其性能参数,具体内容请参考 2.1 中央处理器——CPU。下面简述 CPU 选购策略。

1.确定品牌

目前 CPU 市场中,可选的无疑就是 Intel 和 AMD 两大阵营,可以参考天梯图,确定好心仪的品牌。

早期 AMD 工艺一直十分落后,温度也偏高,无论主流还是高端领域都落后于 Intel。自从 AMD 一代锐龙推出,工艺、功耗有着突飞猛进的改善,首次将工艺与 Intel 14NM 持平,对标 Intel 酷睿各款处理器,然后到 12 纳米的二代锐龙,甚至是 7 纳米工艺的三代锐龙,工艺和功耗以及性能不断提升,现在的 AMD 已经与 Intel 差距越来越小了。其中 AMD 相比 Intel 同级别的处理器相对便宜一些,这是 AMD 的最大优势,就是所谓的性价比优势。

但是,虽然 AMD 工艺已经提升至 7 纳米,不过温度控制依然不如 Intel,Intel 处理器更加稳定,兼容性很出色,在优化方面也是超前的。在功耗和温度控制表现上,Intel 相比 AMD 更出色。

在同级别的处理器,抛开价格差异,Intel 在单核性能普遍比 AMD 强,对于一些单核性能要求较高的游戏、制图、渲染等场景或者对稳定性要求高的,Intel 处理器依然也有着自己的优势,在稳定性方面表现更成熟。不过 AMD 三代锐龙推出之后,IPC 性能提升让单核性能与 Intel 缩小的很多。

AMD在多核性能表现一直是优势，不过对游戏来说，没有太大优势，因为众多游戏依靠的是单核性能，除非你是用作CPU渲染、多任务处理才是AMD的强项

总的来说，AMD的CPU在游戏方面的性能更加出色，且性价比高，而Intel的CPU在办公、图形设计等方面的表现更胜一筹。因此，如果是普通家用或玩游戏，不妨多考虑一下AMD CPU；如果是用来办公或者进行一些设计工作，Intel CPU将是最佳选择。

2.在主频和核心数量之间做出选择

CPU主频与核心数量都是CPU的核心参数。一般来说，大多数的游戏偏向CPU主频，由于游戏需要的是最简单粗暴的计算工作，这方面多核心无用武之地。主流游戏都是双核/四核心调用，因此我们优先考虑高主频的CPU，这样单核更强，游戏方面更具优势。如果是程序多开，需要多任务处理，或者视频渲染，是那么对CPU核心数量的要求就高一些，这种情况下，核心数量会显得十分重要。

3.CPU型号的选择

由于计算机硬件设备不断更新换代，随着处理器的代系更迭，性能会不断提升，对应的支持CPU的其他硬件也会随之改变。我们需要参考专业网站的性能排行，得到最新产品的信息和不同产品的定位，学会查看“天梯图”，如图3-1所示。(这里不特指CPU天梯图，其他设备也有相应的天梯图)，计算机主要硬件的天梯图通常每月都会更新，在选购时一定要查看最新的天梯图，参考天梯图，选择心仪的CPU。

CPU的性能取决于架构、主频、核心数量、缓存、工艺等多种因素，选择时不能单凭主频或核心数量一项指标判断CPU的优劣。例如Intel酷睿i76900K拥有八核心/十六线程，但其性能远逊于拥有六核心/十二线程的Intel酷睿i5 11600K。

选购CPU还需要考虑是否需要搭配独立显卡，如没有独立显卡搭配需求，可以考虑内置核显的CPU。如Intel酷睿i5-11600K和Intel酷睿i5-11600KF规格基本相同，两者性能也是一样的，前者内置了UHD750核显，而后者无内置核显，所以装机选配Intel酷睿i5-11600KF必须要搭配独立显卡。

小贴士：i5性能一定比i3强，i7性能一定比i5强？

通常，同一代CPU，酷睿i7无疑是比i5、i3的性能都要强的！比如Intel第九代处理器，i3-9100F、i5-9400F、i7-9700F中i7-9700F性能最强，其次是i5-9400F，最后是i3-9100F，但是不同代的情况下，随着产品不断更新换代，每一代CPU都有性能提升，例如，目前的Intel第十一代i5-11600K/KF，性能还略超Intel第九代i7-9700K/KF。

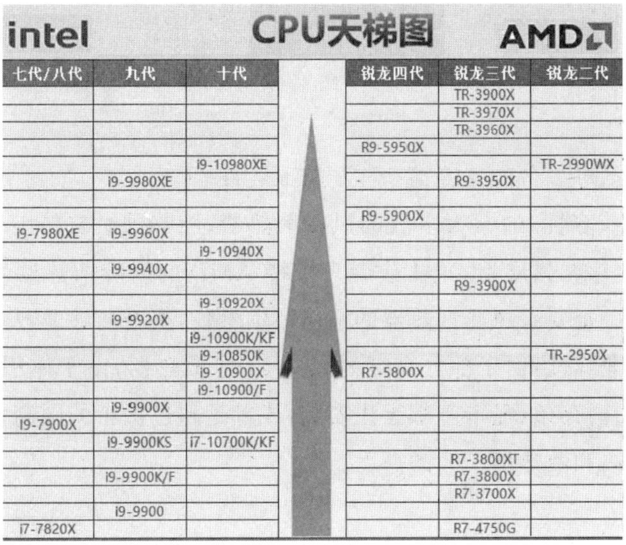

intel
CPU天梯图
AMD
七代/八代
九代
十代
锐龙四代
锐龙三代
锐龙二代
TR-3900X
TR-3970X
TR-3960X
R9-5950X
i9-10980XE
TR-2990WX
i9-9980XE
R9-3950X
R9-5900X
i9-7980XE
i9-9960X
i9-10940X
i9-9940X
R9-3900X
i9-10920X
i9-9920X
i9-10900K/KF
i9-10850K
TR-2950X
i9-10900X
R7-5800X
i9-10900/F
i9-9900X
I9-7900X
i9-9900KS
i7-10700K/KF
R7-3800XT
i9-9900K/F
R7-3800X
R7-3700X
i9-9900
i7-7820X
R7-4750G

图 3-1　部分台式机 CPU 产品天梯图(2021-08)

4.选择散片或盒装

CPU 两大阵营,AMD 处理器一般都是盒装形式的,目前基本没有散片 CPU,而 Intel 散片 CPU 比较常见,基本上每一款 CPU 都会有散装和盒装之分,不同型号的 CPU,盒装和散装 CPU 的差价也不同,在价位上 散装 CPU 更加便宜。

盒装 CPU,不仅有 CPU,正规包装盒,售后说明书,通常自带原装 Intel 散热器,官方认可的零售产品,正规渠道,享受正规官方三年售后服务。

散装 CPU,一般只有一个裸 CPU,没有任何正规包装盒,也没有自带原装散热器,由于渠道特殊,例如戴尔、联想、HP 品牌机之类的厂商流通出来,或者走私,所以官方不认可,无法享受正规官方三年售后服务,只能享受店保一年服务,但是由于价格更便宜,提升了性价比。

虽然 CPU 损坏的概率极小,对于较贵的 CPU,例如超过两千元的 CPU 来说,还是盒装比较稳妥,相当于给自己的 CPU 投了一个多 2 年的保险,但是对于千元或者几百元的 CPU 来说,就需要从实际情况而定了,如果两者差距不大,建议盒装,如果价格差距大,那么就选择散片 CPU。

需要注意的是,散片 CPU,一定要购买正式版的,不要购买 ES 和 QS 版本,类似测试版,可能会有 BUG,例如蓝屏、死机等问题。

3.2.2　选购 CPU 散热器

CPU 在工作的时候会产生大量的热量,这些热量如果不能及时散发出去,轻则会导致死机,重则可能会将 CPU 烧毁,CPU 散热器就是用来为 CPU 散热的。

购买盒装 CPU 时会自带 CPU 散热器,无需另行购买。购买散装 CPU,就需要单独购买 CPU 散热器。CPU 散热器,目前常见的基本可以分为两种散热方式,一种是风冷散热器，另一种是水冷散热器。

1. 风冷散热器选购策略

(1)兼容性

兼容性包括对平台的兼容性和体积的兼容性。

· 平台的兼容性：通常大多数的风冷散热器，能够同时支持 Intel 和 AMD 两大平台，但是也存在只支持 Intel 或者只支持 AMD 的风冷散热器，所以我们选购散热器的时候一定要看风冷散热器的适用范围参数，是否能够兼容。

· 体积的兼容性：由于部分高端的风冷 CPU 散热器，由于体积庞大且设计不良，会导致周边内存条、显卡等都无法安装，或者是超过机箱的限高，所以我们一定对比机箱的限高和散热器尺寸的高度。

(2)材质

铜的导热性能最好的，但是由于铜金属成本太高，中高端散热器，通常会将底座和热管做成铜的，而其他部位采用铝材料，其实这种设计比较合理，并且散热效果更好，因为铜材料的导热性能强，而铝材料的散热能力强，铝制散热鳍片和铜管是最佳搭配。

(3)热管

理论上热管数量越多越好，热管数量会影响导热能力，例如相对便宜的塔式风冷散热器，只有两根热管，导热效果也会差一些，但是对于入门级电脑配置其实也已经满足了。

(4)底座

散热器是否能快速导热，取决于散热器与 CPU 处理器的底座接触面，由于工艺的不同，不同的 CPU 散热器的底座不同，高端散热器产品以镜面底座为主，但这并不能代表镜面底座平所以性能好，实际上这是对于散热器底座设计的误解。

(5)鳍片

通常散热器都是铝鳍片，一般来说，鳍片越多，鳍片面积越大，散热越好。而鳍片越厚，鳍片越密集，散热越差。

(6)灯效

散热器的灯效有 LED 单色光，RGB、ARGB 等，灯效与散热没有关联，可凭个人爱好来选择。

小贴士：PWM 智能温控风扇

PWM 智能温控根据主板侦测的 CPU 温度而自动调节风扇转速，在温度正常情况下，处于低转速的安静状态，当 CPU 负荷突然增加而温度瞬间升高的时候，风扇也同时提高转速来实现散热，当散热降温后又及时返回正常情况下低转速的安静状态。

2. 风冷散热器品牌推荐

九州风神、酷冷至尊、超频三、ID-COOLING、利民、猫头鹰、安钛克、乔思伯、大镰刀，其中每个品牌都有低端到高端产品，其中九州风神、酷冷至尊、超频三、ID-COOLING这几个品牌为当下主流选择，猫头鹰在风冷散热器中定位偏高端。

3. 水冷散热器选购策略

水冷散热器一般常见分为两种类型，分别是分体式水冷散热器和一体式水冷散热器。

分体式水冷自身成本较高，安装复杂、耗时，同时会产生昂贵的安装费用，还存在安装不到位导致的漏液风险，并且后期需要增加冷却液，所以一般用户不做考虑。

相比分体式水冷散热器一体式水冷散热器门槛大大降低，安装简易，后期无需换冷却液，由于是一体式设计，不用担心漏液问题，一体式水冷散热器的水冷液在出厂时已经灌装完成，安装时只需拧几个螺丝就可以完成。

经测试，同价位的风冷散热器和一体式水冷散热器对比，一体式水冷散热器的效果相比风冷散热器效果差距不大，大多数用户使用风冷散热器都可以满足要求，没必要一味追求水冷。

4. 水冷散热器品牌推荐

分体式水冷散热器：ek、bitspower，xspc、OCOOL，bykski、barrow、boom、TT等。

一体式水冷散热器：九州风神、酷冷至尊、ID-COOLING、海盗船、恩杰、乔思伯、爱国者、华硕、安钛克、TT、超频三等。

动动手——选购CPU和散热器

进入模拟攒机网站(https://zj.zol.com.cn/)选择配件CPU，在页面中查询CPU报价信息，如图3-2所示，完成以下实践任务。

图3-2　ZOL模拟攒机-挑选CPU

【任务 3.2.1】小李是某大学大一新生，购买计算机主要是为了学习和娱乐，如处理文档，上网查资料、购物、看视频和玩儿简单游戏等，请为小李分别推荐一款 Intel CPU 和 AMD CPU(集成显示芯片)，并填写表 3-1。

提示：此学生用户，购买计算机无太高性能要求，一款中低端 CPU 即可满足需要。

【任务 3.2.2】小董是某大学艺术设计专业新生，购买计算机为了图形设计和视频处理等，请为小董推荐一款 CPU，并填写表 3-1。

提示：图形设计和视频处理对 CPU 的要求很高，需要高端 Intel CPU 才能满足需要。

【任务 3.3.3】小才选购了散装的 Intel 酷睿 i5 11400F CPU，请为小才推荐一款 CPU 散热器，并填写表 3-2。

提示：购买散热器时首先要考虑与 CPU 配套。此外，Intel 酷睿 i5 i5 11400F CPU 是一款高端 CPU，功耗大，发热量高，需要为其配备高性能的散热器。

表 3-1　CPU 选购记录表

用户：　　　　　　　　　　　　　　　　　　选购日期：

品牌型号	主频	插槽类型	核心数量	缓存	制造工艺	参考价格
选购理由						

表 3-2　CPU 散热器选购记录表

用户：　　　　　　　　　　　　　　　　　　选购日期：

品牌型号	散热方式	适用范围	材质	参考价格
选购理由				

3.3　选购主板和内存条

3.3.1　选购主板

主板作为计算机系统中 CPU、内存、显卡、声卡和网卡等各部件的载体，它还为硬盘、光驱、打印机、扫描仪等设备提供接口，因此，主板的品质将直接影响到整个机器的性能和稳定性。

主板的选择，往往是由 CPU 的型号决定的，使 CPU 与主板接口保持兼容，CPU 选定之后，才可以选择主板。

选购主板应从以下几个方面考虑。

1. 主板的技术指标要与所选 CPU 的品牌、规格和档次配套

选购主板之前首先要明确 CPU 的型号，确定主板使用的芯片组情况和支持的 CPU 和插槽类型。如 Intel 酷睿 i5-11600KF 采用了全新 Cypress Cove 架构，核心代号为 Rocket Lake-S，全新的 LGA 1200 接口设计，型号后缀 K 说明支持超频

英特尔十一代处理器配套并同步上市的主板是 500 系列主板，在 Intel 500 系列中，分别有 Z590、H570、B560 以及入门的 H510 芯片组等，这些主板均配备 LGA 1200 插槽，所以它们都可以支持并最佳兼容 i5-11600KF 处理器，不过最佳搭配是哪一款呢？

Intel 酷睿 i5-11600KF 是一款支持超频的 CPU，H510 定位入门级主板，不支持超频，基本可以排除，H570 这种中间定位比较尴尬的主板，也不支持超频，基本是被市场忽视的产品，而 B560 主板虽然定位主流级也不支持 CPU 频率超频，但是这一代的 B560 支持内存频率超频，而定位高规格的 Z590 主板支持超频，为这款 CPU 解锁超频特性，所以 i5-11600K 和 i5-11600KF 最佳搭配是 Z590 主板，而我们知道 Z590 主板成本偏高，所以对于 i5-11600KF 这类中端主流级的 CPU 来说，可能包含了两种搭配方案，如下：

方案一：i5-11600KF 配 B560 主板（推荐）

这个方案就是放弃超频 CPU，毕竟这款 CPU 的性能完全是够用的，超频也会带来温度变高，影响电脑的使用寿命，还可能会出现一系列不稳定的现象，并且超频出现的任何问题是无法享受官方质保的，再者，即使 CPU 超频了，也只能带来 5%～10%左右的性能提升，性能提升并不大。

方案二：i5-11600KF 配相对价格便宜的 Z590 主板

市面上也有相对便宜的 Z590，可以使用小板的 Z590 主板，这样的搭配又可以满足 i5-11600KF 高频率需求，又可以满足超频 CPU 频率需求。

2. 明确接口和扩展槽需求

例如，内存插槽有几根，是否有 M.2 接口，如果不搭配独立显卡，查看主板支持什么视频接口，以免出现显示器与主板提供的接口不同的情况。

3. 根据接口和扩展性需求选择板型

主板选择 ATX（大板）或者 M-ATX（小板）板型都可以，例如同样是 B560 主板，相较 M-ATX 板型而言，ATX 板型扩展性更强，接口更多，但 M-ATX 的接口已经可以满足大多数需求，完全够用，价格也相对便宜。另外需要注意，选择 ATX 主板的时候，后续选购机箱要看否支持 ATX 板型的主板，很多小机箱是不支持 ATX 主板的。

4. 品牌推荐

主板品牌建议首选华硕和技嘉，如果预算有限，也可以考虑选择微星、华擎等。品牌十分关键，一款好的品牌决定了品质的好坏、稳定性、售后等方面。

小贴士：高端主板相比低端主板速度是否更快

一般来说，主板只是一个承载平台，无论搭配高端主板还是低端主板在性能差距上基本没有，最大的区别在于扩展性和是否支持超频的区别。就拿 B560 和 Z590 芯片组来举个例子，B560 主板是无法超频 CPU 频率的，但是 Z590 支持超频 CPU 频率的，当然 CPU 也需要支持超频才可以实现。想要速度更快提升电脑性能，应该需要注重 CPU、内存、固态。

3.3.2 选购内存条

内存也被称为内部存储器，其作用是用于暂时存放需要 CPU 处理的数据。内存的性能和质量是影响计算机运行速度和稳定性的关键，下面就来了解内存的选购策略。

选购内存应从品牌、规格和容量等方面考虑。

1. 选择名牌

内存品牌众多，目前热销品牌，主要是金士顿、威刚、海盗船、芝奇这几个品牌，当然各个品牌中也有低端到高端系列，例如金士顿普通内存和金士顿骇客神条系列，威刚万紫千红系列和威刚 XPG-威龙系列，性能差异不大，无需纠结。

2. 根据主板选择内存类型

内存类型有 SDRAM、DDR、DDR2、DDR3、DDR4 等，目前 SDRAM、DDR、DDR2、DDR3 已经淘汰，新装机或者笔记本都是 DDR 4 代内存，选购内存的时候一定先了解主板支持的内存类型，据此选择内存类型。

例如，若 B560 主板支持的是 DDR4 内存，则应选择 DDR4 规格内存。

我们可以网上查询主板的详细参数就可以了解主板支持的 DDR 代数，有些主板也会有支持的内存代数的标注，那就直接查看主板标注的内存插槽类型。

3. 按需选择内存容量

根据个人需求选择合适容量的内存条。对于普通用户来说 8GB 是够用的，如果是专业作图设计或者高特效大型单机游戏，可以选择 2 根 8GB 组双通道。

4. 选择内存频率

选购内存的时候，看到 16GB(8G×2)套装 DDR4 4266，这里的 4266 就是内存频率，我们可以理解成是内存的数据传输速度，理论上内存频率越高，速度越快，但是同代同容量的内存，频率不同，性能差距并不明显。我们只有在跑分上感受它的提升，日常使用上，并不能感受到它的性能差异，不过有些游戏在高频内存下有一定的帧数提升，一般在 5 到 10 帧左右，内存条天梯图如图 2-所示。

我们在购买内存条的时候，也要注意一点，并不是所有的 CPU 或主板都支持高内存频率。

Intel 的 CPU 一般都有内存频率限制，如 Intel 酷睿 10400F 最多支持 2666 的内存频率，10700F 最多支持 2999 的内存频率，而带 K 的可以超频的 CPU 不受内存频率限制，即内存超频，但是要配备相应的主板，如 Intel 酷睿 i5-11600KF 支持 DDR4 3200 频率的内存，但其支持超频，建议选择 DDR4 3600 内存条。

AMD 的 CPU 全员不受内存频率限制，越高越好，当前，对于 AMD 的 CPU 来说，最佳内存频率当然是 3600Mhz，如果你想买 4000Mhz 以上的，也是可以的，只是成本提升。

5. 内存颗粒

目前主流的内存颗粒生产商有三星、海力士、镁光三家，每一家都有高中低不同档次的内存颗粒。

6. 考虑内存单通道和双通道

通常单根内存只能组建单通道，内存想要组建双通道至少需要两根内存。

7. 关注内存 PCB 板

PCB 板就是电路板，一般内存厂家会说自家的内存是 8 层或者 10 层 PCB 板，PCB 板子层数增加后，不仅厚实，电路板内部的电路走线层数增加，这样电路走线就不会那么拥挤，可以适当增加每根铜线的宽度，这样就会有更好的电气性能，使得超频更加稳定。

动动手——选购主板和内存条

进入模拟攒机网站(https://zj.zol.com.cn/)选择配件主板，在页面中查询主板报价信息，如图 3-3 所示，完成以下实践任务。

【任务 3.3.1】小董基于图形设计和视频处理等需求选择了 Intel 酷睿 i5 11600KF CPU，请为他推荐一款主板，并填写表 3-3。

【任务 2】为小董推荐内存方案，并填写表 3-4。

表 3-3　主板选购记录表

用户：　　　　　　　　　　　　　　　　选购日期：

品牌型号	芯片组	CPU 插槽	内存插槽/数量	显卡插槽/数量
其他插槽	SATA 接口数量	USB 接口数量	其他接口	参考价格
选购理由				

表 3-4　主板选购记录表

用户：　　　　　　　　　　　　　　　　　　　　选购日期：

品牌型号	类型	容量	主频	CL 延迟	数量	参考价格
选购理由						

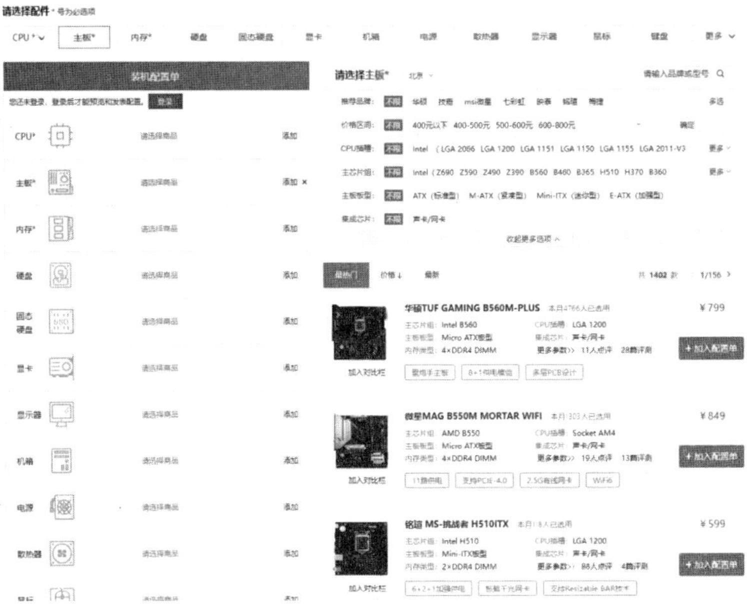

图 3-3　模拟攒机-挑选主板

3.4　选购显卡和显示器

3.4.1　选购显卡

选购一款显卡，主要是由预算和用途来决定的，如果对显卡要求不高，例如没有游戏需求，日常办公、娱乐影音，或者轻量级网游，例如 CF、LOL、DNF 等，对显卡要求较小，可以选择性能较好的核显平台即可。而对于有大型 3D 游戏需求，例如绝地求生、APEX 英雄等网络游戏或者单机大作，就要选择主流级独立显卡才可以获得高特效流畅运行。

我们在选购独立显卡的时候，该如何选择？

(1)显示芯片选择

显卡芯片厂商有 AMD 和 NVIDIA。搭载 AMD 显卡芯片的显卡就叫 A 卡，搭载 NVIDIA 显卡芯片的显卡就叫 N 卡，如图 3-4 所示。

图 3-4　A卡和N卡

N卡(绿):N卡对游戏优化好,市场占比大,适合玩游戏。RTX系列支持光线追踪,游戏的体验效果更逼真。

A卡(红):A卡适合剪辑渲染,玩游戏也可以,游戏优化较差,但性价比较高,显存更大。

(2)关注显存参数

· 显存频率在一定程度上反映该显存的速度。频率越高,工作效率就越高。

· 显存类型:常见的显存类型性能排名 GDDR5＜GDDR5X＜GDDR6＜GDDR6X。

· 显存容量:显卡绘制好画面之后,并不是直接映射到显示器上的,而是临时存储起来,供显示器依次调用,一般显示器分辨率越高或者游戏的画面质量越高,显存容量就需要越高。

(3)确定输出接口

显卡与显示器要有对应的接口才能显示,显卡输出接口主要有Type-C、DP、HDMI、DVI、VGA五种,目前大部分显卡和显示器都支持HDMI。

(4)显卡的游戏性能

我们判断游戏流畅度的方法就是帧数,帧数越高,画面越流畅。

可玩＞30帧;流畅＞60帧;玩家＞90帧;电竞＞144帧。

(5)品牌推荐

N卡建议选用华硕、技嘉、微星、索泰、映众、七彩虹、影驰、铭瑄、耕升等;A卡建议选用蓝宝石、迪兰,专业卡建议选用丽台,对于相同显示芯片的显卡,每个品牌都有低到高的版本,主要是在做工用料上的区别。

小贴士:显卡与CPU的搭配

CPU和显卡之间是相互辅助工作的,只有合理搭配,才能发挥出两者最佳的性能。如果使用低端CPU搭配高端显卡,就会导致显卡无法100%运行;反之,如果使用高端CPU搭配低端显卡,就会出现显卡满载,CPU空闲的情况。例如:Intel酷睿i5-11600KF建议搭配NVIDIA的3060,3060TI,或3070显卡,AMD的6600XT,6700XT也不错。

3.4.2　选购显示器

显示器是计算机外部设备中非常重要的一个部件,是计算机的主要输出设备,用于显示计算机中处理后的数据、图片和文字等，那么如何选购电脑显示器？

1.选择显示器大小

常规显示器尺寸有19吋，21.5吋，23.5吋，27吋，30吋，32吋等等。19寸以下在2020年，已经基本退出历史舞台了。考虑到一般我们都是坐在显示器前办公、游戏又或者是看视频，显示器太小肯定不行，但太大的话会导致左右不能相顾，会影响工作或游戏体验（分屏工作及股市等多屏特殊需求除外）。

比较科学的计算方法，人的肉眼可视角度的度数，通常是120°，当集中注意力时约为五分之一，即25°。人单眼的水平视角最大可达156°，双眼的水平视角最大可达188°。人两眼重合视域为124°，单眼舒适视域为60°。人双瞳之间的距离差不多是6～7 cm，如图3-5所示，A区域是我们人眼比较舒适的区域，也就是我们人眼不需太大幅度运动下能观看到的屏幕大小。

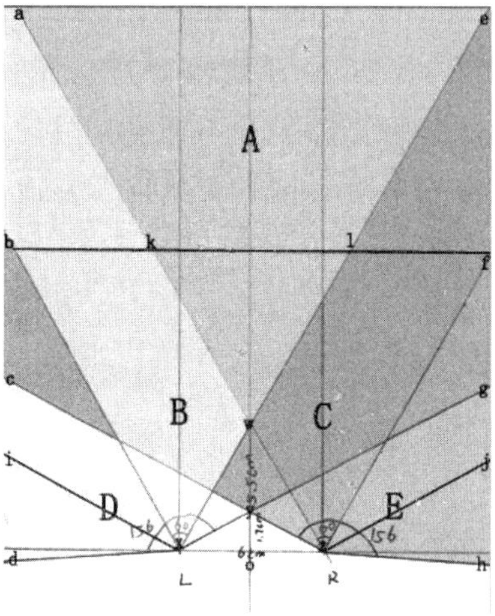

图3-5　肉眼可视角度示意图

省略复杂的三角函数计算过程，大致可以得出如表3-5所示结论。

表3-5　显示器尺寸选择表

双眼离显示器的距离	显示器建议尺寸
40～55 cm	20～24吋
55～70 cm	24～27吋
70～80 cm	27～32吋
80～100 cm	34吋

这里计算出的是理论数据，仅做参考，实际选择时还要参考具体的使用需求，比如在看图修图等工作中我们只关注屏幕上很小的一块区域，在一些游戏中我们可能需要看到全屏细节变化，使用办公、设计类软件，需要界面宽松，操作、预览空间更大等，需求不同，选择不同。

2. 显示器分辨率、长宽比和点距

简单来说，在同样尺寸的屏幕下分辨率越高，也就是 ppi 越高，清晰度越高，画面越精细。长宽比之间没有优劣之分，适合设备和自己使用需求，能很好地匹配需要的软件/视频资源就好。

主流显示器分辨率、PPI 以及尺寸汇总如图 3-6 所示。可以看到 25 英寸 21∶9 宽屏显示器高度与 18.5 英寸 16∶9 显示器类似，29 英寸宽屏则与 23～24 英寸 16∶9 显示器接近，34 英寸显示器高度则对应 27 英寸 16∶9 显示器。

尺寸	分辨率		PPI	长宽比	宽度(cm)	高度(cm)
25	2560	1080	111.1	21:9	58.51	24.68
29	2560	1080	95.8	21:9	67.87	28.63
34	2560	1080	81.7	21:9	79.57	33.57
34	3440	1440	109.7	21:9	79.66	33.35
37.5	3840	1600	110.9	21:9	87.92	36.63
43	3840	1200	93.6	28.8:9	104.25	32.58
48.9	3840	1080	81.6	32:9	119.57	33.63
48.9	5120	1440	108.8	32:9	119.57	33.63

图 3-6　主流显示器分辨率、PPI 以及尺寸汇总

小贴士：显示器分辨率选购建议

1080P，仍是目前大多数笔记本的分辨率，显示器方面，预算较低也可以选购；预算在 1000＋可以考虑 2K，精细度比 1080p 有明显提升，27 英寸以上的显示器建议选 2K；4K，精细度又有了不少提升，对于修图建模十分友好，同样地，想要在这个分辨率下流畅运行需要搭配高端显卡。

3. 响应时间

响应时间应认准 GTG（灰阶响应时间），有些低端显示器标注 1ms 响应时间，往往后面有括号 MPRT 或 VRB，也有的干脆不标，都是以牺牲画面来提升响应速度的。一般 8ms 以内的响应时间就可以满足日常使用需求，高端一点可以要求响应时间在 5ms 内，专为 FPS 游戏打造在 3ms，甚至 1ms 内。如果要追求响应速度，一般要搭配高刷新率。

4. 选择合适的面板

目前，液晶面板的常用类型有 TN、IPS、VA（PVA 和 MVA），TN 面板成本最低但是综合素质最差，IPS 和 VA 各有优缺点成本相对都会更高，OLED 目前寿命问题还未得到解决，但是在其他参数上相比 IPS、VA、TN 这些液晶显示器都有不小的优势。

小贴士：显示器面板选购建议

IPS 适合绝大多数用户，无论是游戏办公、看电影或者是修图、设计等都可以胜任；VA 适合想要曲面屏或预算不高想要看日常办公娱乐、非重度 FPS 游戏玩家用户；TN 除非你是专业 FPS 游戏玩家，对响应时间有极致追求，否则都不推荐。

5. 刷新率

目前大多数显示器的刷新率是 60Hz，这个刷新率人眼已经感觉不到画面闪烁了，而高刷新率每秒切换的图片更多，能带来更顺畅细腻的画面。

小贴士：显示器刷新率选购建议

60Hz，目前大多数显示器都是这个刷新率，平常看电影、玩游戏、办公都够用；75Hz/100Hz 等，商家的折中方案，相比于 60Hz 流畅度有一定的提升，差距并不大；144Hz+，想要畅快地玩 FPS 类游戏的小伙伴可以考虑。

6. 接口的选择

目前，主流显示器接口为 DP（DisplayPort）和 HDMI，少数低端机型会配备 VGA 接口，有些机器会配备 USB-C（Type-C），可根据需求自行选择，但是要注意和显卡的输出接口相匹配。

7. 支架

支架也是在选购中容易忽略的点，显示器的支架决定了显示器调节的灵活性，灵活性好的显示器可以调节上下高度与视线齐平，底座可以左右旋转便于分享，可以垂直旋转看文档看代码，可以调节俯仰获得更加的观看角度。

8. 边框

由于封装工艺的限制，和手机一样，显示器的上、左、右边框可以做得比下边框窄，较窄的边框可以使我们获得更佳的视觉沉浸体验。但有些商家宣称的 2 mm 窄边框或更小，实际上是显示器的实际边框，也就是外边框，而内侧还有边框，俗称“黑边”，由于商家放的图多为深色背景，让我们分辨不出来，实际买来点亮之后就会发现和宣传的不一样。

9. 护眼

现在不少显示器都有滤蓝光、不频闪的 DC 调光等护眼手段，经常长时间盯着显示器的小伙伴在选购时可以注意一下。还可以在使用过程中调节色温、亮度等也能达到护眼的效果，当然更重要的是不要长时间沉浸，适时眺望放松眼部才是最重要的。

动动手——选购显卡和显示器

1. 进入模拟攒机网站（https://zj.zol.com.cn/）选择配件主板，在页面中查询显卡报价信息，如图 3-7 所示，完成以下实践任务。

【任务 3.4.1】请为动动手任务 3.2.1 中的小董推荐一款显卡，用于图形设计和视频处理，并填写表 3-6。

表 3-6　显卡选购记录表

用户：　　　　　　　　　　　　　　　　　　　　　　选购日期：

品牌型号	显示芯片	显存容量	核心频率	接口类型	参考价格
选购理由					

图 3-7　模拟攒机-选择主板

2. 进入模拟攒机网站(https://zj.zol.com.cn/)选择配件显示器，在页面中查询主板报价信息，如图 3-8 所示，完成以下实践任务。

【任务 3.4.2】请为继续为小董服务，为他推荐一款显示器，并填写表 3-7。

提示：对于专业的图形图像设计、三维设计和多媒体设计用计算机，显示器的颜色一定要纯正、细腻，因此应选择一款高端显示器。

表 3-7　主板选购记录表

用户：　　　　　　　　　　　　　　　　　　　　　　选购日期：

品牌型号	尺寸	最佳分辨率	长宽比	面板类型	接口	参考价格
其他参数						
选购理由						

图 3-8　模拟攒机-选择显示器

3.5　选购硬盘

硬盘是计算机中最主要的外部存储器，保存着用户的操作系统、应用软件和各种数据等，这些数据一旦丢失，将造成巨大的损失。那么，如何才能选购一款适合自己的硬盘呢。

购买计算机时，我们既要考虑硬盘的空间大小，也要考虑其读写速度，所以最优的方案就是，购买一款固态硬盘作为系统盘，存放操作系统和最常用的应用程序，这样可以极大地提升计算机的开机速度和软件启动速度；另外再购买一款机械式硬盘，作为仓库盘，用来备份、留存一些数据，如文档，照片、视频等。

3.5.1　选购固态硬盘

固态硬盘(Solid State Drive，简称 SSD)是在机械硬盘之后推出的新型硬盘，固态硬盘主要是由多个闪存芯片加主控以及缓存组成的阵列式存储，属于以固态电子存储芯片阵列制成的一种硬盘。

固态硬盘完全突破了传统机械硬盘带来的性能瓶颈，由于固态硬盘具备高速读写性能，通常我们将系统安装在固态硬盘中，大大提升了系统开机速度以及系统流畅性，当然我们将游戏或者软件安装在固态硬盘中也会提升加载速度，成为目前装机首选的硬盘之一，也是未来硬盘发展趋势。

1. 接口选择

目前，市场常见的可以分为三种类型，即 SATA 接口、M.2 接口、PCIe 接口，目前装机最主流选用最多的就是 SATA 和 M.2 接口，PCIe 接口定位高性能发烧人群，在价格上也偏贵。

对于固态硬盘，如果主板支持，尽量选择采用 PCIe 总线的固态硬盘，如 M.2 接口或者 PCIe 接口的固态硬盘，只有这种固态硬盘才有可能搭载 NVMe 协议，其读写速度极快，不过价格稍高。如果预算不足，也可以考虑购买采用 SATA 总线的固态硬盘，比单独使用机械硬盘的性能要好得多。

2. 关注主控

主控是 SSD 的控制中心，在主控的选择上尽量选择主流品牌的主控产品。一定要避免选择使用 U 盘主控的产品，这种产品就是人们口中所说的“大号 U 盘”。另外，有些主控因为成本的原因不支持外置缓存，所以选购时也要特别注意。

3. 闪存颗粒

原片的闪存颗粒是最好的选择，要避免白片和黑片，作为上游的原厂厂商一般会把最好的闪存颗粒用到自家旗舰的固态硬盘上。

4. 品牌推荐

常见的品牌有：三星、浦科特、闪迪、英特尔、东芝、英睿达、建兴、创见、金士顿、西部数据等等。

品牌选择上要尽量选择一线品牌或者二线品牌，要尽量避免一些山寨品牌。一线大厂有着自己的核心技术支撑，品质和售后都是有保障的。山寨品牌的产品自家没有什么技术支持，闪存颗粒的来源可能是白片，甚至有可能是黑片，唯一的优势也就是价格！

3.5.2 选购机械硬盘

相比固态硬盘，机械硬盘的优势在于容量大，价格便宜、数据存储安全可靠。所以机械硬盘多被用来存储大容量数据，比如视频、电影、游戏等。由于其安全性比较高，也非常适合存储比较重要的数据。

1. 接口规格

如今，SATA 接口是主流，SATA 硬盘接口分 SATA1、2、3，其中 SATA2.0 最大传输速度为 300M/s(3Gb/s)，而 SATA3.0 最大传输速率为 600M/s(6Gb/s)。就硬盘接口而言，SATA3.0 具备更高的传输速率，并且都是可以向下兼容的。我们在选可以选择现在最为主流高效的 SATA3 接口。

2. 容量

目前，主流使用的还是 1T-4T 左右，容量自然是越大越好，更多的还是看个人使用需求。如果无特殊需求，一般 2TB 硬盘基本能满足日常学习、办公、娱乐的储存需求。

3. 转速

从性能上看，7200 转比 5400 转有了不小的提升，所以 7200 转的硬盘更适合电脑发烧友、3D 游戏爱好者、专业作图和进行音频视频处理工作的人使用，而 5400 转硬盘则比较适合于笔记本电脑。并不是转速的参数越大越好，主流台式机转速为 7200 转，以前很多笔记本转数为 5400 转，但是实际使用起来的话差别是不大的，当然 7200 转会稍快些，硬盘工作时运行的速度越快，耗功方面则会越大，散热也会比较低转速的要高出许多。

4. 缓存

台式机硬盘缓存有 16MB、64MB、128MB、256MB 几种规格。是不是缓存越大越好呢？答案是否定的，我们还要参考机械硬盘的盘片采用的是直式磁记录技术(PMR)还是叠瓦式磁记录技术(SMR)。

相较于 PMR 的硬盘，SMR 硬盘是不适合用来当成系统盘或者需要频繁读写的硬盘来用，它更适合当做仓储盘来使用，用来备份、留存一些数据。尽管现在硬盘的整体寿命已经有了很大的提升，但是选购硬盘作为计算机主力硬盘时，还是应该尽可能避免买到 SMR 硬盘。

如何区分自己的硬盘是 PMR 还是 SMR？

比较尴尬的是，目前硬盘企业在产品包装上基本上不会告诉我们硬盘采用的是 PMR 还是 SMR 技术。区分硬盘是 PMR 还是 SMR 最好的方法还是尽可能联系硬盘所属品牌的官方客服进行询问，这样得到的答案更为准确。也可以通过查看硬盘缓存大小做初步判断，SMR 的技术特点导致它的缓存通常比较大，一般能达到 256MB。

例如，西数蓝盘 1TB 64MB 缓存，2TB 256MB 缓存，3TB/4TB 都是 64MB。表面来看 2TB 版本缓存最大，貌似性价比最高，实际上 2TB 版本的是叠瓦式的。

此方法仅作参考，并不能百分百确定硬盘是 PMR 还是 SMR 技术。比如也有些 SMR 硬盘产品缓存比较小，只有 64MB，但很少见，同时也有一些高端的 PMR 硬盘容量很大，缓存也能达到 256MB。

5. 品牌推荐

目前，市面上常见的机械硬盘品牌有西数、希捷、东芝 3 种。

动动手——选购硬盘

进入模拟攒机网站(https://zj.zol.com.cn/)选择配件硬盘，在页面中查询显卡报价信息，如图 3-9 所示，完成以下任务。

【任务 3.5.1】请为动动手任务 3.2.1 中的小李推荐硬盘，用于学习和娱乐，并填写表 3-8。

提示：小李主要使用计算机用于学习和娱乐，处理日常文档、上网、视频等，数据存储量不会太大，对存储容量要求不高，可以视情况选购一块 200～256G 固态硬盘作为系统盘，另购一块 1TGB 或 2TGB 的机械硬盘作为资料盘。

表 3-8　硬盘选购记录 1

用户：　　　　　　　　　　　　　　　选购日期：

品牌型号	尺寸	容量	缓存	转速	接口/速率	参考价格
选购理由						

【任务 3.6.2】请为动动手任务 3.2.1 中的小董推荐硬盘，用于图形设计和视频处理，并填写表 3-9。

提示：小董因图像、视频处理需求，他会存储众多的音频、视频、图像文件等，因此需要选购一款高性能、大容量的机械硬盘来存储这些文件，还应该选购一款 300～500GB 的高性能固态硬盘来安装操作系统和应用程序。

表 3-9　硬盘选购记录 2

用户：　　　　　　　　　　　　　　　选购日期：

品牌型号	尺寸	容量	缓存	转速	接口/速率	参考价格
选购理由						

图 3-9　模拟攒机——挑选硬盘

3.6 选购机箱和电源

3.6.1 选购机箱

选购机箱可以从以下几个角度来考虑。

1. 机箱兼容性考虑

机箱的兼容性是非常重要的,会造成无法安装的情况,是我们在选择机箱的时候一定需要考虑的问题。

(1)机箱结构与主板尺寸规格兼容性

机箱的结构主要有 ATX 标准型、Micro-ATX 紧凑型、MINI-ITX 迷你型三种规格,ATX 结构机箱除了支持 ATX,还可以向下兼容。支持 Micro-ATX 和 MINI-ITX,如果是 Micro-ATX 结构的机箱,就无法兼容 ATX 大板了,支持 Micro-ATX,MINI-ITX 主板,只能向下兼容。

(2)独立显卡长度

一些偏小尺寸的机箱都有独立显卡长度限制的,特别是高端显卡,尺寸较长,一定要查看下机箱的独立显卡支持长度,是否满足该独立显卡长度需求。

(3)CPU 散热器的高度

有些入门的机箱或者尺寸较小的机箱,对 CPU 散热器的高度也有限制,选择的 CPU 散热器一定要在机箱的 CPU 散热器限高范围中,否则出现无法盖上机箱侧板的情况。

(4)机箱是否有光驱位

由于目前光驱的使用率不高,基本属于淘汰期,所以导致了目前大多数的机箱取消了光驱位,不过也有特殊人群需要光驱,这时选择机箱一定要选支持光驱位的(PS:我们也可以选择购买 USB 外置光驱解决这个问题)。

(5)机箱是否水冷

对于一些高端人群,可能会有水冷散热需求,无论是一体式水冷还是分体式水冷,都有一个冷排,冷排的规格有 120 MM、240 MM、280 MM、360 MM,也需要机箱支持才可以。

2. 机箱材质选择

SPCC(轧碳钢板)是目前主流的机箱板材,有着较高的性价比,一般建议 0.4 或者以上厚度。

SECC(镀锌钢板)比 SPCC 要更好,价格较高,一般多见于高端机箱以及服务器机箱中，一般建议 0.4 或者以上厚度。

铝(合金)材质的机箱更轻巧，并不会锈蚀而更耐用，不过因为铝相对柔软，所以板材至少厚 1 mm，大中型机箱的厚度更在 3 mm 以上，价格相对偏贵一些。

3. 机箱接口

机箱的接口一般设计在前面板，常见的是 USB2.0、USB3.0 以及音频接口，有些入门机箱不带 USB3.0 接口。

建议选用带有 USB3.0 接口的机箱，如果使用 USB3.0 的 U 盘或者移动硬盘，速度相对要快上不少。

4. 机箱散热性

散热性较好的机箱，通常会设立多处通风位，包括机箱前置面板、上置面板，后置面板，并且可以安装散热风扇以及水冷冷排，提升机箱内部风道。

5. 品牌推荐

选购机箱可以考虑的中高端品牌有海盗船、乔思伯、迎广、九州风神、恩杰、酷冷至尊等，如果想用分体式水冷可以考虑迎广。

关注性价比的话可以考虑安钛克、航嘉、长城、爱国者等，喜欢装 RGB 灯的可以考虑长城，喜欢透视机箱的可以考虑爱国者。

家用、办公也可以考虑金河田、先马、鑫谷等入门级品牌。

3.6.2 选购电源

电源的选购也是十分重要的，一旦选购了质量较差的电源就会影响系统的稳定性和硬件的使用寿命。在选购电源时应注意以下几个方面。

1. 电源功率

计算机各硬件包装上都标有功耗规划，如 i5 8400CPU 的功耗是 65W，GTX 1066 显卡的功耗是 120W，把所有配件的功耗加起来再加 100W 得到的数值就是适合自己计算机的电源额定功耗。加上 100W 电压的原因是考虑到将来电源可能会老化或功率衰减，这样整机的安全性更高，也便于硬件的扩展。

一般核显(无独立显卡)计算机的电源额定功率为 300W 就足够了，但考虑到可能会增加独立显卡，所以电源建议选择额定功率为 400W 左右的；一般酷睿平台双核/四核独显的中、低端主机，其电源额定为 500W 功率也就够用了，中、高端六核/八核独显及以上的主机建议电源额定功率为 650W 左右，至于高端发烧级、超频主机，电源功率的要求会更高。

另外，版本高的电源具有更多的输出接头，非常有利于系统的升级和扩容。

2. 电源模组和非模组

装机时如果是常规的电源线，由于机箱情况不一，线路长短不标准，有时走线并不是那么完美。这时全模组电源就有了用武之地，其分体式的电源线，甚至可以网上个性化定制不同颜色的线路，使机箱的颜值大大提升，尤其是有内部光源的机箱采用模组电源走线会更方便。普通用户使用普通电源就足够了，而且价格亲民，当然如果预算充裕，对主机内部的整洁性，要求比较高的话，也可以选择模组电源可带来更好的机箱走背线的体验。

3. 品牌推荐

一般来说，知名品牌电源意味着产品采用的是高品质元器件，制造工艺先进，并且产品在出厂前会经过严格的测试，售价相对也会高一些。目前，国内知名品牌电源有航嘉、多彩、长城、大水牛等。

动动手——选购机箱和电源

进入模拟攒机网站（https://zj.zol.com.cn/）选择配件机箱/电源，在页面中查询显卡报价信息，如图 3-10 和图 3-11 所示，完成以下任务。

【任务 3.6.1】请为动动手任务 3.2.1 中的小李推荐机箱和电源，用于学习和娱乐，并填写表 3-10。

提示：小李主要使用计算机用于学习和娱乐，处理日常文档、上网、视频等，计算机配置一般，且挂接的设备不多，因此选购额定功率为 350W 左右的电源即可满足需求。

表 3-10　机箱、电源选购记录 1

用户：　　　　　　　　　　　　　　　　　　选购日期：

机箱			电源			
品牌型号	适用主板	参考价格	品牌型号	电源版本	额定功率	参考价格
选购理由						

【任务 3.6.2】请为动动手任务 3.2.1 中的小董推荐机箱和电源，用于图形设计和视频处理，并填写表 3-11。

提示：小董因图像、视频处理需求，他的计算机配置较高，配置了高性能 CPU、独立显卡，同时可能会安装采集卡或多块硬盘，因此需要选购一款高性能、大功率的电源即来满足需求。

表 3-11　机箱、电源选购记录 2

用户：　　　　　　　　　　　　　　　　　　选购日期：

机箱			电源			
品牌型号	适用主板	参考价格	品牌型号	电源版本	额定功率	参考价格
选购理由						

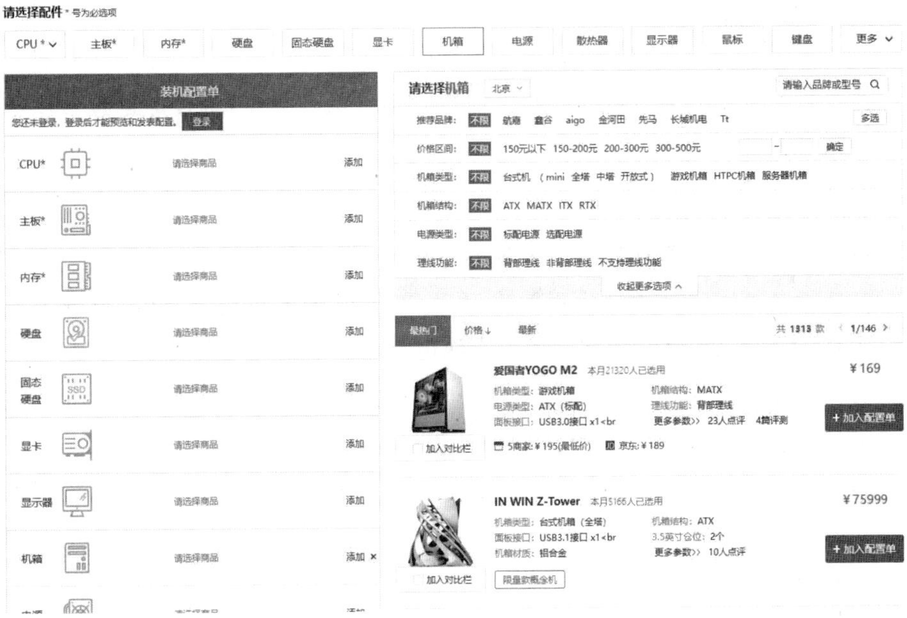

图 3-10　模拟攒机——选择机箱

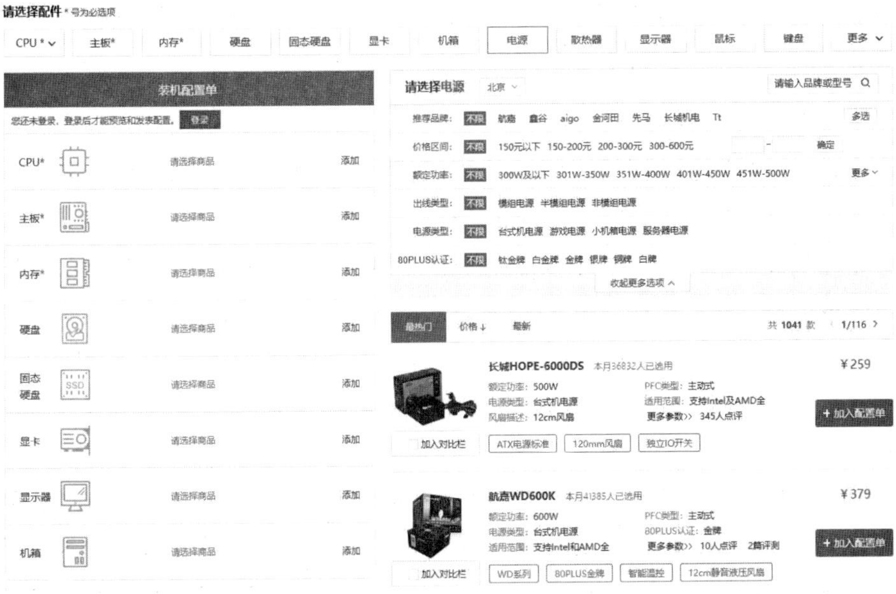

图 3-11　模拟攒机——选择电源

3.7　选购键盘鼠标

键盘和鼠标是最常见的计算机输入设备，选购键盘和鼠标时，也要掌握一定的技巧，确保选购适合自己的键盘和鼠标。

3.7.1 选购键盘

键盘目前主要分为机械键盘和普通薄膜键盘两种类型，键盘的选购可以从以下几方面考虑。

1. 连接方式

键盘连接方式主要有有线连接和无线连接两种。

有线键盘可以流畅地使用而没有延迟，有线键盘反应迅速，可以很舒适地输入，一般商务办公、游戏玩家多数使用有线键盘。

省去了线的约束，无线键盘能够提升桌面的简洁度，摆放也更灵活。无线键盘需要另外安装电池，选择时最好选择有自动断电的省电功能的键盘为好。

目前，有线键盘仍然占据 80% 的份额，无线键盘选择面相对窄一点，价格也比同款的有线版要贵一些，具体是否有必要选择无线。

2. 按键布局

目前，主流市场除了常见的美式 104 键布局和 TKL 的 87 键布局之外，各种不同的紧凑配列布局也越来越受到玩家们的欢迎。至于怎么去取舍其实没有太多的讲究，不同布局各有优劣，按照自己的喜好和需求选择即可。

3. 正确选择机械键盘

大部分薄膜键盘都使用了塑料薄膜按键设计，手感较差，机械键盘，相比薄膜键盘拥有更好的反馈，逐渐成为市场的新宠。

单纯从键盘的外观上来看，无法直观地看出机械键盘和普通键盘的区别，机械键盘最大的特点在于其独特的手感、多键无冲突和超长的寿命，并且触发单元是轴体，每一个键都是独立的轴体，而普通薄膜键盘之间的则是采用的三层塑料薄膜，使用起来就更偏绵软，回弹力稍显不足了，一般是 3 键无冲突，手感一般，寿命短，造价低。

对于机械键盘的选择，我们需要更加注重轴体，推荐 Cherry 轴体，当然雷蛇轴、凯华轴、冠泰轴、高特轴等也是不错之选，千万不要贪图便宜选择杂牌轴体。对于游戏玩家，我们更建议选用全无冲模式，从入门到高端都有这种功能，而对于键帽、RGB 灯效要就要看个人需求了。

4. 品牌推荐

对于薄膜键盘，雷柏/RAPOO、惠普/HP、雷蛇 Razer、达尔优/DAREU、罗技/Logitech、双飞燕/A4TECH、黑爵、微软、戴尔、美商海盗船/CORSAIR 等都是不错的品牌。

对于机械键盘，如果说，不同品牌轴体会影响你的敲击手感，那么不同品牌的机械键盘，则可以让你感受到不一样设计风格、使用体验等。目前，主流的机械键盘厂商有 Cherry、ikbc、filco、罗技、雷蛇等，这些在设计风格、产品质量、产品可选性方面都有着比较好的口碑。建议尽量还是购买一些主流的品牌，不仅用起来更轻松，而且质量也更有保证。

3.7.2 选购鼠标

1. 连接方式

鼠标的连接方式分为有线和无线两种，无线鼠标现在主要有 2.4G 频段无线和蓝牙，两种的接受编码方式不同，但是 2.4G 的通信距离相对于蓝牙要短。

蓝牙鼠标的优缺点体现在蓝牙鼠标不需接收器但要求主机有蓝牙模块，更适合有蓝牙功能的笔记本的小伙伴们使用。而无线鼠标优缺点是需要有接收器，虽然体积不大但要占用一个 USB 接口，优点是技术相对成熟，价格比蓝牙的便宜。

2. 传感器

目前，鼠标的传感器主要分为光电传感器与激光传感器，激光传感器相对于光电传感器来讲有着不错的精确度、能够有更高的 DPI，以及对不同类型的表现都有较好的适应性。

3. 背光

在鼠标背光这方面主要看个人喜好了，当前大部分的游戏鼠标可通过自家的驱动软件调节 1680 万色，如果喜欢背光炫酷的鼠标，可推荐雷蛇的鼠标。

4. 板载内存

鼠标的板载内存主要是为了记录一些自定义功能键，可以存储鼠标的各种参数设置，移动速度，双击速度，在鼠标上面设置之后换到任何一台机器上使用都不需要再次调节，也就是说鼠标能自己存储了设置，不需要再依赖系统的数据存储，但是板载内存一般有只有几 MB，用来储存各种宏设置。

5. 按键数

传统的鼠标只包括左键、右键和滚轮，但是游戏鼠标一般都配备额外的按键，通过软件宏设置，实现各种常用连招一键完成的功能。(例如：LOL 中瑞文的光速 QA 的设置)对于按键的个数小伙伴们也要根据自己的需求进行选择，并不是按键越多越好。

6. 手感

(1)材质

鼠标有三种常见的表面材质：镜面、类肤、磨砂。下面简述每种材质的优缺点。

- 镜面材质：优点：美观好看，抗磨损性较好，鼠标易于清洁。缺点：长时间使用易沾手汗，残留指纹，使用时手感比较一般。

• 类肤材质：优点：表面触感细腻舒适，长时间使用时手上有汗也容易继续控制使用鼠标。缺点：长时间使用容易沾染手汗导致鼠标不耐磨，可能会导致鼠标的手感发生小的变化。

• 磨砂材质：优点：在保证良好手感的前提下，长时间使用不易沾染手汗，表面触感干爽、不易打油。缺点：因为鼠标外壳材质的原因，手感会略微差一些。长时间的使用也可能会影响手感。

(2)大小尺寸

根据现在鼠标尺寸大体分为下面三个区间：11 cm 以下的鼠标为小型鼠标，11 cm 至 12 cm 之间的鼠标，为中型鼠标，大于 12 cm 的鼠标为大型鼠标。我们在购买鼠标的时候注意下图鼠标的尺寸参数，对比一下当前鼠标的尺寸大小适不适合自己的手形。

(3)重量

鼠标的重量也是影响手感的重要因素。鼠标的轻重要看个人爱好了，不过建议尽量使用轻量的鼠标。

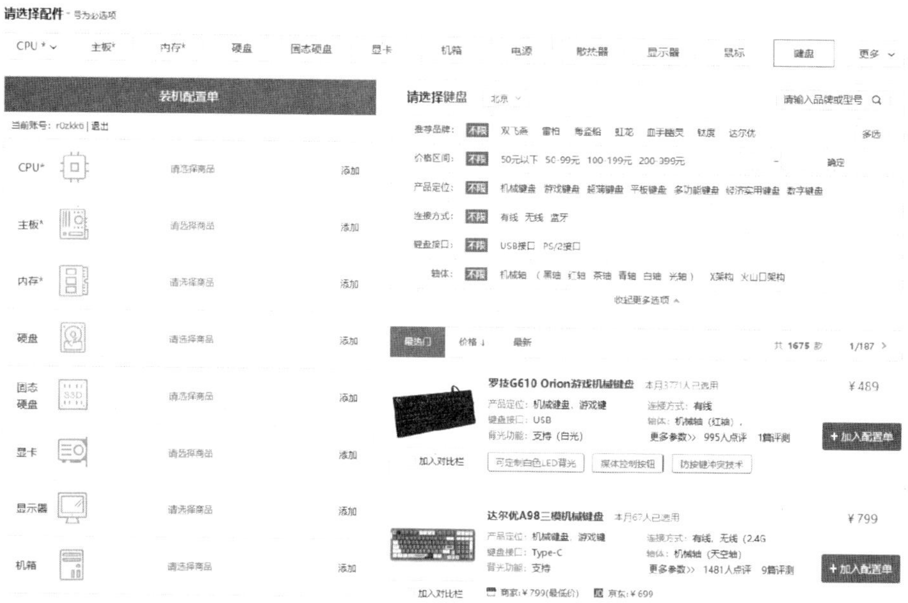

图 3-12　模拟攒机——选择键盘

7. 品牌推荐

如今的鼠标知名品牌有罗技、雷蛇、赛睿、雷柏、达尔优、双飞燕、卓威、冰豹等相对主流品牌，其他的诸如联想、戴尔等一些电脑厂商的品牌，这些厂商鼠标其实只适合办公用。

动动手——选购键盘和鼠标

进入模拟攒机网站(https://zj.zol.com.cn/)选择配件键盘/鼠

标，在页面中查询显卡报价信息，如图 3-12 和图 3-13 所示，完成以下任务。

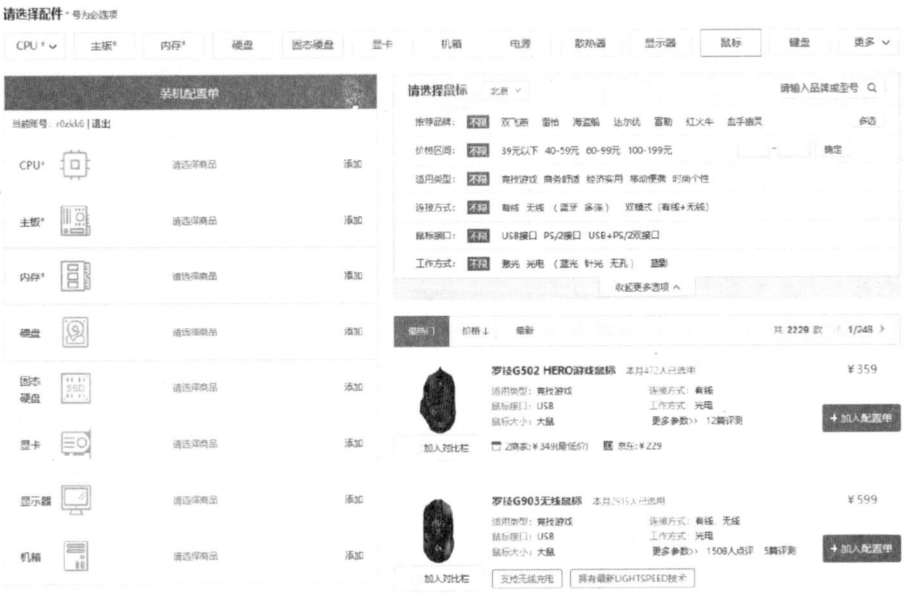

图 3-13　模拟攒机——选择鼠标

【任务 3.7.1】请为动动手任务 3.2.1 中的小李推荐键盘和鼠标，用于学习和娱乐，并填写表 3-12 和表 3-13。

提示：小李主要使用计算机用于学习和娱乐，处理日常文档、上网、视频等，一般键盘和鼠标即可满足其要求，因此从节约成本角度考虑，可以选购键鼠套装，如果资金允许可以考虑购买无线键鼠套装。

表 3-12　键盘选购记录 1

用户：　　　　　　　　　　　　　　选购日期：

品牌型号	产品定位	连接方式	接收范围	按键数	是否防水	参考价格
选购理由						

表 3-13　鼠标选购记录 1

用户：　　　　　　　　　　　　　　选购日期：

品牌型号	产品定位	连接方式	接收范围	工作方式	分辨率	参考价格
选购理由						

【任务 3.7.2】请为动动手任务 3.2.1 中的小董推荐机箱和电源，用于图形设计和视频处理，并填写表 3-14 和表 3-15。

提示：小董的计算机主要用于专业的图像设计、三维设计和多媒体设计，对鼠标和键盘要求较高，建议购买中高档键盘、鼠标以满足其需求。

表 3-14　键盘选购记录 2

用户：　　　　　　　　　　　　　　　　　　　　　选购日期：

品牌型号	产品定位	连接方式	接收范围	按键数	是否防水	参考价格
选购理由						

表 3-15　鼠标选购记录 2

用户：　　　　　　　　　　　　　　　　　　　　　选购日期：

品牌型号	产品定位	连接方式	接收范围	工作方式	分辨率	参考价格
选购理由						

3.8　选购品牌机

组装机的优势在于配置灵活，但难度较大，需要了解各种电脑硬件，购买组装机的目的就是追求高性能和后续升级空间。

对于大部分电脑用户，尤其是较少玩游戏的用户来说，直接购买品牌机是更好的选择，上手难度小，保修也比较方便，而且自带正版 Windows 10 系统和 Office 软件，有较好的用户体验。

品牌机厂商都有着深厚的市场积累和成熟的产品线，相较于组装机，品牌机在稳定性及售后服务方面更具优势。整体来说，目前购买品牌机的性价比甚至高出组装机。

选购品牌机时，我们可以从如下关注点入手，做出选择。

1. 关注硬件配置

在硬件组成、性能评价方面品牌机和组装机没什么区别，需要考虑的是许多品牌机为了降低成本，多用高端 CPU 加低端主板和显卡的配置，我们知道，决定一台电脑的性能的主要因素，不仅要有高速的 CPU，还要有良好的主板芯片组和显示子系统等许多因素，所以在选择品牌电脑的时候，一定要看清楚其各个配件的搭配，便于今后升级。如主板采用的芯片组、插槽数目和类型，要多注重主板的升级空间。我们尽量选择那些配置比较合理而没有“瓶颈”的配置。

2. 关注厂家 ISO 国际认证

购买品牌机不能仅是比配置，还要看生产厂家是否通过了 ISO 国际质量体系认证，这个指标说明了其质量和实力。通过了认证标志着企业产品和服务达到国际水平。这是购买品牌机时消费者的一个重要参考指标。

3. 关注品牌机售后服务

品牌机的最大优势就在于良好的售后服务。同是品牌机，其售后服务水平却是不一样的，故在选购时，比较不同厂商的售后服务就非常重要。如有些厂商对于保修期内的产品是进行免费更换的，而有些则是免费的维修；有些厂商在保修期内上门维修是免费的，超过保修期也只收部件的成本费，而有些则还要加收上门服务费。对于理性的消费者来说，选择一家售后服务质量好，维修水平高，承诺能够完全实现的商家，有的时候比挑选品牌机的配置还重要。

4. 品牌推荐

品牌家用台式机推荐选择联想、戴尔和惠普这三个品牌。

动动手——选购键盘和鼠标

进入中关村在线“台式电脑”频道(https://pc.zol.com.cn/)完成以下任务。

【任务 3.8.1】查询台式机配置机报价，参考评测文章为，从自身需求出发为自己选择一款台式机，填写表 3-16。

表 3-16　品牌台式机选购记录表

品牌	
型号	
配置	
CPU	
主板	
内存	
硬盘	
显卡	
显示器	
网卡	
声卡	
参考价格	

3.9 选购笔记本电脑

如今随着移动办公需求的不断增长,不管是对于公司还是个人,笔记本相较于台式都是更好地选择。由于笔记本电脑更新很快,加之每个人对机器配置要求不一,在此主要进行方向性的引导。

3.9.1 关于笔记本电脑品牌

我们需要先明确,不能单凭品牌判断一款笔记本的优劣,任何一个品牌都有不同档次的机型,笔记本作为消耗品,后期的售后服务同等重要。正规厂商生产的笔记本,一般都带有1～3年的保修服务,而这个时候选择售后服务网点分布广的,显然要更方便。

推荐品牌:联想、惠普、戴尔、苹果、华为、华硕、宏碁、小米。如图3-14所示Canalys统计的2020年度全球PC市场品牌出货排行。

Company	2020 shipments	2020 market share	2019 shipments	Annual growth
Lenovo	72,629	24.50%	64,894	11.90%
HP	67,573	22.80%	63,102	7.10%
Dell	50,290	16.90%	46,485	8.20%
Apple	22,592	7.60%	19,380	16.60%
Acer	20,008	6.70%	17,040	17.40%
Others	63,924	21.50%	56,649	12.80%
Total	**297,016**	**100.00%**	**267,550**	**11.00%**

Note: Unit shipments in thousands. Percentages may not add up to 100% due to rounding. Source: Canalys PC Analysis (sell-in shipments), January 2021

图3-14 Canalys统计的2020年度全球PC市场品牌出货排行

具体到厂商来看,联想依旧是最大的玩家,出货量达到了约7263万台,占据着四分之一的市场;惠普紧随其后,出货量为约6760万台,占据22.8%的市场;戴尔则以5030万台位列第三;苹果和Acer为第四和第五,不过它们的出货量和市场份额对比前三名的差距都比较大了,从出货量排名上来看,与2019年保持一致,甚至市场份额都基本没变化,而得益于整体市场的良好表现,前五大厂商也都迎来了不错的增长。

3.9.2 关于笔记本电脑选购渠道

线上渠道推荐京东的品牌自营旗舰店、品牌的官方商城、京东和天猫上的品牌官方旗舰店及苏宁/国美自营,这些基本都是官方直销,购买时可以自行比价。

线下渠道主要包括各品牌线下体验店、电脑城等，电脑城购买笔记本电脑建议参考线上、货比三家、远离陷阱。

3.9.3 笔记本电脑选购分类

选购笔记本首先要根据自己的主要用途、功能需求，明确要选购的笔记本类型。

1. 轻薄本

轻薄笔记本外观小巧颜值高，电脑尺寸在14～15.6英寸之间，重量不超过2kg；由于体积变小，因此在性能及功能上不用过多追求。中规中矩的配置，可满足日常使用需求即可，且外出会更加便携。

2. 商务本

安全稳定性是商务笔记本的立身之本，能够保障用户的数据信息安全，提升工作效率。同时要求外观简洁大气，符合商务人群的审美，机器便携性极佳，性能上要求均衡稳定、安全和易用。

3. 娱乐本

侧重于家庭影音笔记本电脑屏幕尺寸最好选择15.6～17.3英寸左右的尺寸，分辨率为1080P甚至2K全高清。配备优良的音效处理系统好提供丰富多彩的画面，同时带来更好的影音娱乐体验。

4. 游戏本

主打游戏性能的笔记本，硬件配置要达到一定的游戏性能，比如高性能CPU、独立显卡、2K分辨率和超高刷新率屏幕。加上玩游戏发热大，所以其散热性能也很关键。此外还需要有比较强大的生产力，对于代码编程和视频剪辑都有更好的支持。

小贴士：游戏本只能用来打游戏吗？

说到游戏本，可能家长大都不愿意给孩子买。其实所谓的“游戏本”只是一个代称，并不是说孩子买了所谓的“游戏本”就只是为了打游戏，这个观念无论是学生还是家长都应该改变。

游戏本往往都配备了标压CPU和高性能独立显卡，这样大部分的游戏本性能都比同期轻薄本要高不少，这样如果大一学生直接买了一台游戏本的话，那么这台笔记本或许可以坚持更长时间不落伍，而很多同价位的轻薄本可能用了两年就开始各种卡顿，想要升级个内存可能都很难。

3.9.4 笔记本电脑选购要点

1. CPU 选购要点

现在市面上最常见两大 CPU 阵营就是英特尔和 AMD。和台式机 CPU 一样，对于笔记本 CPU 而言，不能简单地用 i3、i5、i7 或是 Ryzen 3、Ryzen 5、Ryzen 7 来定义它的性能高低。但是笔记本电脑的 CPU 的型号太过复杂，每款 CPU 型号又带有不同的后缀，所以不能像台式机 CPU 那样绘制 CPU 天梯图一目了然。

(1)AMD 移动 CPU 选购

AMD 移动 CPU 的型号后缀很好分辨，主要有两大类，分别是性能取向的标压版本，CPU 型号会有"H"的后缀，比如 Ryzen 7 5800H；另一类则是轻薄省电取向的低压版本，CPU 型号会有"U"的后缀，比如 Ryzen 7 5800U(见图 3-17)。

表 3-17　AMD 笔记本 CPU 型号后缀含义

后缀	含义	举例
H	标压版	Ryzen 7 5800H
U	低压版	Ryzen 7 5800U
HX	支持超频(不锁倍频)标压版	Ryzen 9 5980HX
HS	下调一点点功耗标压版	Ryzen 9 5980HS

AMD 移动 CPU 的 U 和 H 后缀是以功耗为划分，标压版本的 H 处理器通常都会用在电竞本或更高端的笔记本上，而且扩展性也通常更好一些，比如可以扩展更大的内存，硬盘等。不过强大的性能就会伴随着更高的功耗及发热量，所以往往都会通过更大规模的散热器来压制，所以本子的体积和重量都要更大一些，并且续航能力也都很一般。当然也有高端的本子可以同时兼顾性能和续航，不过价格也要上一个大台阶。

其他后缀是 U 和 H 这两类的延伸版本，比如标压版的还有"HX"以及"HS"。HX 代表不锁倍频，也就是支持超频，而 HS 则是在 H 版本的基础上下调一点点功耗，可以用于高性能的轻薄本，它的性能依然要比 U 系列强很多。

AMD 移动 CPU 有形如 Ryzen 3、Ryzen 5、Ryzen 7 以及 Ryzen 9 这样不同等级划分，Ryzen 3 是 4 核心，Ryzen 5 是 6 核心，Ryzen 7 和 Ryzen 9 都是 8 核心。

如果主要用来办公、上网，选择 U 系列的 Ryzen 3 或 Ryzen 5 就足够了。如果想拥有一定的性能，并且又兼顾轻薄续航，那可以考虑 U 系列的 Ryzen 7。8 核心的 Ryzen 7 除了能轻松应对日常办公外，甚至可以进行 1080P 的视频剪辑，由于是低压版的处理器，所以它的续航能力也非常不错，非常适合经常外出的用户。

如果要用来打游戏，对画质有一定要求的，建议从 H 系列开始选，如六核心的 Ryzen 5 就很适合那些高性价比的电竞本，能提供一定的游戏性能，但价格又不会太高。

如果有剪辑或者更高的绘图需求，那么 H 系列的 Ryzen 7 就更加合适，比如 Ryzen 7 5800H+RTX3050 显卡的笔记本，并且这个类型的本子扩展性也很不错，后期可以添加内存、硬盘进行升级，延长使用寿命。

(2)Intel 移动 CPU 选购

和 AMD 一样，Intel 移动 CPU 也有标压的性能版和低压的省电版两大类。标压版一样常用于电竞本及高性能本上，低压版用于办公本及轻薄本等产品上。

Intel 早期的笔记本 CPU 命名比较清晰的，跟现在的 AMD 相似，带 H 字尾的是标压版本，H 是 High performance 的缩写，即高性能版本，一般用于游戏本等产品。带 U 字尾的是低压版本，U 是超低功耗(Ultra-low power)的意思，牺牲性能，尽量降低功耗，一般 TDP 仅有 15W，适合轻薄本、追求长续航的商务本等。

新一代 Intel 移动 CPU 的型号命名很复杂。自从 Ice Lake 架构的笔记本处理器出来后，Intel 移动 CPU 的命名规则发生了改变，低压版本的处理器不再带有 U 字尾，而是前边标有 i3、i5、i7，后边的型号变成了形如“10XX GX”的后缀，如图 3-15 所示。

	处理器编号	内核/线程数	图形执行单元EU	高速缓存	标称TDP/配置TDP	基本频率(GHz)	最大单核睿频频率(GHz)	最大全核睿频频率(GHz)	显卡最大频率(GHz)	英特尔DL加速/英特尔GNA
U系列	英特尔酷睿 i7-1068G7	4/8	64	8MB	28W	2.3	4.1	3.6	1.10	√
	英特尔酷睿 i7-1065G7	4/8	64	8MB	15W/25W	1.3	3.9	3.5	1.10	√
	英特尔酷睿 i5-1035G7	4/8	64	6MB	15W/25W	1.2	3.7	3.3	1.05	√
	英特尔酷睿 i5-1035G4	4/8	48	6MB	15W/25W	1.1	3.7	3.3	1.05	√
	英特尔酷睿 i5-1035G1	4/8	32	6MB	15W/25W	1.0	3.6	3.3	1.05	√
	英特尔酷睿 i3-1005G1	2/4	32	4MB	15W/25W	1.2	3.4	3.4	0.90	√
Y系列	英特尔酷睿 i7-1060G7	4/8	64	8MB	9W/12W	1.0	3.8	3.4	1.10	√
	英特尔酷睿 i5-1030G7	4/8	64	6MB	9W/12W	0.8	3.5	3.2	1.05	√
	英特尔酷睿 i5-1030G4	4/8	48	6MB	9W/12W	0.7	3.5	3.2	1.05	√
	英特尔酷睿 i3-1000G4	2/4	48	4MB	9W/12W	1.1	3.2	3.2	0.90	√
	英特尔酷睿 i3-1000G1	2/4	32	4MB	9W/12W	1.1	3.2	3.2	0.90	√

图 3-15　部分 10 代 Intel 移动 CPU 型号

图 3-15 分为上下两个部分，上边是 U 系列，下边是 Y 系列。U 系列就是低功耗版本，Y 系列则是在 U 系列的基础上进一步去压低它的频率及功耗，Y 系列主

要是用于一些追求超长续航或是散热空间有限的产品上。市面上常见的主要是U系列CPU,除非有特殊需求,否则一般很少有人会去购买Y系列产品。

那我们如何去看Ice Lake处理器的型号呢？i3、i5、i7,用于分类处理器的等级。U系列i3系列是双核心规格,属于入门等级,可以满足办公需求。U系列的i5、i7都是4核8线程规格,i7除了三级缓存更大之外,它的性能和i5差不了多少,毕竟核心数都一样,功耗也没明显的区别,除了i7-1068G7稍微拉高了频率和功耗,一般来说我们建议选择i5性价比会更高一些,有些笔记本搭配i7处理器后价格比i5贵一大截,但性能却没提升多少。

Intel笔记本CPU型号,如图3-10中型号“Intel Core i7-1068G7”的后缀“1068G7”中“10”代表CPU的代数,即Intel第10代CPU;第三个数字“6”对应CPU的等级,0对应的是i3,3对应的是i5,6对应的是i7,这个数字越大,CPU等级就越高。第四个数字“8”代表的是CPU的功耗,0是最低的,所以Y系列这个位置的数字都是0,而5是U系列的正常功耗,8则是功耗提升至28W的版本。最后的字符“G”+数字代表CPU核显的等级,分为G1、G4以及最高的G7。它们的区别在于核显运算单元的数量,G1有32个EU单元,是3个里边最入门的,再加上它是沿用上一代UHD的架构,性能只是略强于UHD620,玩LOL都有点勉强。而G4和G7就不一样了,它们属于IRIS PLUS显卡,采用最新Xe架构,性能要强不少。比如i5-1035G4,它可以在720P分辨率下,低特效运行GTA5,平均帧数可以达到40帧左右。而G7则可以在1080P下低特效跑GTA5,甚至可以在720P分辨率下勉强跑个PUBG。而且Xe显卡对编码支持也很完善,像硬解AV1编码,应付Premiere 4k调色等都可以,以核显来说已经算是非常强大了。如果你打算用核显的笔记本的话,那么G4或者G7都是不错的选择。

目前,Intel移动CPU低压版最新的11代版本,命名规则和前述Intel 10代移动CPU命名规则基本一样,不过G7核显的规格有所升级,i5的G7拥有80个EU单元,i7的G7有96个EU单元,性能也是最强的,如果要挑选高性能轻薄本的话,就可以往这个方向去挑选。

Intel最新一代移动标压处理器是H45处理器,采用Willow Cove核心架构,并使用10nm制程,处理器6核起步,最高核心数量为8核,如图3-16所示。H45主要应用在高性能游戏本上面,因此它的核显规模并不高,只有32EU Xe。32EU Xe的核显规模跟代号为“Rocket Lake”的英特尔第11代台式机处理器是一样的。

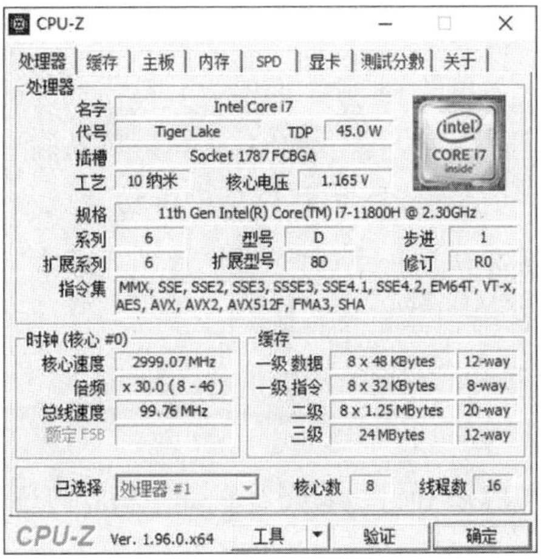

图 3-16　H45——8C、16T Willow Cove，核芯显卡 32EU Xe

提起 H45，就不得不说一下 H35。第 11 代智能英特尔酷睿高性能移动版处理器 H35 于 2021 年 1 月推出，最高规格 4 核心 8 线程设计，主要面向的是不带独显的便携式笔记本平台，因此它加强了核芯显卡的性能，配备了 96EU Xe。96EU 目前也是英格尔 Xe 架构核芯显卡的最高规格，如图 3-17 所示。出于产品定位上的考虑，11 代酷睿 H35 处理器虽然用上了 10nm 工艺，不过最多是 4 个核心，主打轻薄游戏本、创作本等产品。

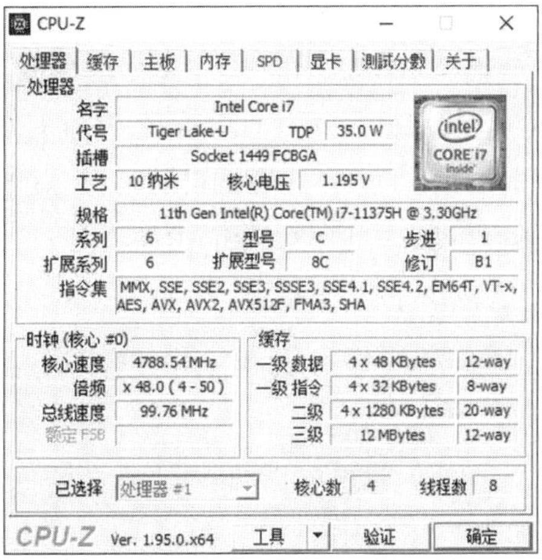

图 3-17　H35——4C、8T Willow Cove，核芯显卡 96EU Xe

H35、H45 各有所长，也是 Intel 产品和市场进一步细分的结果，可以更灵活地满足用户的不同需求，H35 的优势就在于单核性能强劲，而且功耗低，更适合打造轻薄的高性能笔记本。

如果对性能有一定要求，比如打游戏、视频剪辑、绘图渲染等，并且对续航或者轻薄要求不高，那就推荐使用 H45，它的性能要比前述低压版的 U、Y 系列好很多，即便是最低规格的 i5-11260H，它的性能也要比 i7-1165G7 强得多。但是 H45 处理器内置的核显性能并不强，它采用的是 UHD 系列，会比我们刚才提到的 Xe 核显性能弱。不过搭载 H45 系列 CPU 的笔记本电脑基本都会搭配中高端以上的独立显卡，最入门的也是 RTX3050 Ti 等级的，所以核显也就基本可以忽略。H45 标压系列 i5 处理器六核心的综合性能，不论是中度游戏或是较为进阶的生产力工作，它都可以应付。预算稍微高一点的话，可以选到 8 核心的 i7，性能会更加全面。至于 i9 系列的处理器，除非预算相当充足，并且需要一台性能最好的笔记本，才需要去考虑，因为 i9 以上的笔记本价格一般很高，但是性能对比 i7 的提升并不大，而且还要考虑它的功耗和发热量。

总结：挑选笔记本 CPU 的时候，要先看它是标压版的还是低压版的，还要看自己是否需要轻薄本，然后再根据自己的预算考虑是用 i3、i5 还是 i7。追求极致性能的话就用标压版的，对性能要求不高就考虑低压版，普通办公看视频之类就不用顾虑太多，只要不是太老型号的 CPU 就行。

2. 内存选购要点

关于笔记本内存，建议考虑其拓展性，拓展性指的是笔记本内存可插拔或有同时有空闲的内存插槽，有需要的用户可以自行升级扩充内存容量，预算充足的话还可以组成双通道内存。

但是，现在大部分笔记本电脑不支持内存扩充，而笔记本电脑不是消耗品，很多时候我们会用 3-5 年甚至更久，为了保证笔记本在后期的正常使用，只要预算允许，笔记本不再推荐 4-8GB 的内存，16GB 可以说是如今的最低标准。

另外，也建议购买搭配标压 DDR4 内存的电脑，其优点表现如下。

(1)更高的工作频率。DDR3 的很少有工作频率超过 2000Mhz 的，而 DDR4 的起步工作频率 2133Mhz，基本产品定格在 2400Mhz、3000Mhz、3200Mhz。

(2)更低的功耗。DDR4 的工作电压为 1.2V，而 DDR3 的工作电压为 1.5V（节能版也有 1.35V）。

(3)16bit 预取机制。DDR3 的预取机制为 8bit，在相同的工作频率下，DDR4 比 DDR3 速率快一倍，如表 3-18 所示。

表 3-18　DDR3 核 DDR4 对比

DDR 代数	频率	容量	工作电压	价格
DDR3	1600-2133	2-8GB	1.35-1.5v	一般
DDR4	2133-2400	4-16GB	1.2v	较高

3. 显卡选购要点

对游戏和图形、图像处理性能需求较大的用户需要额外关注笔记本电脑的显卡，这样图像处理能力更强，也可以更好的协助 CPU 工作，提高整体的运行速度。

移动端显卡也是分为独立显卡和核心显卡两种。

独立显卡主流品牌也是NVIDIA(N卡)和AMD(A卡)。相比于台式机,笔记本的显卡由于本身就是要在更小的空间释放极致性能,并且散热条件还一般,所以整体性能肯定是有削弱的。

目前,Intel主流的轻薄本常配独显是MX450,而AMD处理器的轻薄机型基本都不会再去配备独显。另外游戏本方面则是N卡的天下,现在入手建议从GTX1650Ti往上到RTX3080,但最好选择20系以上的,毕竟30系没有Max-Q和Max-P的标注,注意必要时找客服咨询。

4. 屏幕选购要点

对于笔记本屏幕,我们主要从屏幕材质、色域、分辨率、亮度几个方面来考虑。

- 材质:如果不是超高刷新率的电竞屏,就尽量选择IPS材质的屏。
- 色域:笔记本电脑的屏幕色域最低要在45%NTSC以上。
- 分辨率:屏幕分辨率现在的主流是1920×1080,更低分辨率的就不推荐了。
- 亮度:屏幕亮度也很重要,亮度太低了在强光下根本无法使用,现在大部分IPS屏幕最高亮度在300nit左右,尽量不要选300nit以下的。

5. 关注笔记本电脑的售后服务

通过正规的渠道购买的笔记本电脑产品,一般都会享受官方提供的1~3年的售后服务,有的款式还会有上门服务、意外保修等特殊的售后服务,想知道自己购买的笔记本电脑具体有哪些售后服务可以询问客服。

一般情况下保修服务都是不需要购买的,如果想购买额外的售后服务更推荐官方提供的。

选购笔记本电脑推荐选择售后服务点分布较广的品牌,如联想、惠普、戴尔、苹果、华硕、宏碁等,因为笔记本电脑一旦出了一些问题,在线上联系售后发现无法解决问题后,这个时候你就必须把电脑送到实体的售后点去维修,当地某品牌笔记本的售后服务点可以登录官网查或者直接询问客服。

6. 关于笔记本电脑的使用寿命:

排除意外情况,笔记本电脑的寿命都在3~5年左右,笔记本电脑作为一种电子产品,更新换代很快,现在的主流款式和5年后的主流款式一定会有很大的差距,就算你的笔记本电脑用了5年还能接着用,如果有条件也会选择换当时新的款式。

动动手——选购键盘和鼠标

进入中关村在线“笔记本”频道(https://nb.zol.com.cn/)完成以

下任务。

【任务 3.9.1】查询台式机配置机报价，参考评测文章为，从自身需求出发为自己选择一款台式机，填写表 3-19。

表 3-19 笔记本式机选购记录表

品牌	
型号	
配置	
CPU	
主板	
内存	
硬盘	
显卡	
显示器	
网卡	
声卡	
参考价格	

学 习 小 结

通过对本章的学习，对计算机硬件选购策略已有所了解，包括 CPU、主板、内存、硬盘、显卡、机箱、电源等硬件设备的选购策略，以及品牌机、笔记本电脑的选购策略。

计算机硬件更新换代的速度很快，加之每个人对机器配置要求不一，这里主要也只是进行方向性的引导。如果需要选购配件动手组装台式机或购买品牌机、笔记本电脑，一定要关注相关硬件的新发展及市场走向。

本章内容包含了 CPU、主板、内存等计算机设备的选购以及台式机、笔记本电脑选购、测试等劳动技能。旨在培养学生动手实践、沟通交流能力，培养学生自主思维意识和习惯。

思 考 题

1. Intel 带 K 支持超频的 CPU 可以选择不支持超频的中端主流主板吗?。

2. 在选购计算机时，应该最先选购哪个部件，其次选购哪个部件，剩下的部件是否仍要有选购的次序？如果有，请说出这样排序的理由；如果没有，请说出最先选购和其次选购设备的理由（请至少从价格、接口、难易程度这三方面考虑，考虑层面越多越好）。

拓展练习

1. 参考淘宝、京东、中关村在线的报价完成以下任务。

假设你的朋友小豆豆在得知你正在学习“计算机组装与维护”这门课程后，希望你能帮他装配一部台式计算机。为了朋友，让我们大展身手，秀一秀你的实力吧。

要求：请从下列三种情境中任选一种，为你的朋友小豆豆装配一部台式计算机，并撰写图文并茂的“计算机选配方案”（参见附录 2 计算机选配方案模版）。

情境一：小豆豆是一位大一新生，软件技术专业，他的装机预算是 4000 元。

情境二：小豆豆是一位游戏发烧友，他的装机预算是 6000 元。

情境三：小豆豆是一位广告设计师，他的装机预算是 8000 元。

关键词语

灰阶响应时间	GTG

第 4 章　台式机组装

本 章 导 读

本章介绍计算机组装前的准备工作，包括工具的准备以及对操作规范的了解，着重培养学生的规范意识、安全意识；阐述台式计算机组装、拆卸过程及注意事项，使读者掌握台式机组装方面的知识，进一步加深对计算机硬件系统的认识，培养学生动手实践、问题处理、团队意识和沟通交流能力。

4.1　组装前的准备

4.1.1　工作环境的准备

现代计算机各个部件都是由大规模、超大规模集成电路构成，静电(static electricity)极易损坏集成电路，因此在拆装计算机之前首先要清除静电，这也是工作环境准备的主要任务。

1. 清除操作者身上的静电

操作者可以通过触摸金属管道(如暖气片、金属自来水管等)或洗手来释放身上的静电。规范的操作是操作者手腕上佩戴防静电手环，将该手环引线的金属夹子夹在接地的金属件上或者佩戴防静电腕带(无绳)，如图 4-1 所示。

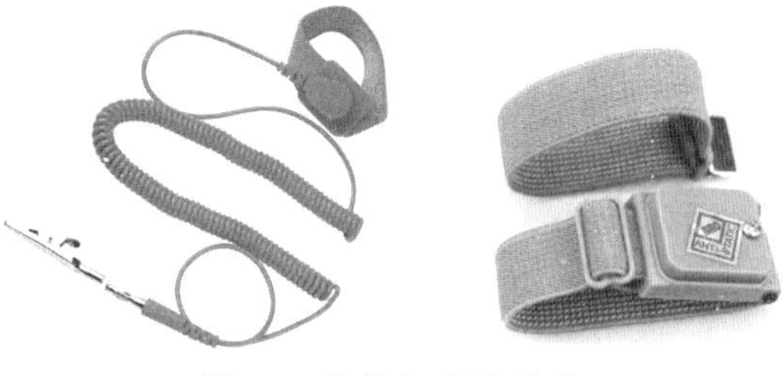

图 4-1　防静电手环、腕带

2. 工作台防静电措施

在工作台上铺专用的静电防护布，以防止静电对主板芯片或电容造成的影响。

小贴士:静电对计算机的危害

人体对静电放电的感知电压约为 3kV,而许多电子元器件在几百伏甚至几十伏时就会损坏。通常电子器件被 ESD(静电放电)损坏后没有明显的界线,分析也相当困难。特别是潜在损坏,即使用精密仪器也很难测量出其性能有明显的变化,但是这种潜在损坏在一定时间以后,会使电子产品的可靠性明显下降。

4.1.2 工具的准备

拆装计算机一般常用的工具包括螺丝刀、尖嘴钳、镊子、扎带、防静电手套等,如表 4-1 所示。

表 4-1 拆装计算机常用工具

工具名称	图片	简介
螺丝刀		螺丝刀包括十字螺丝刀和一字螺丝刀,拆装计算机一般准备十字螺丝刀和一字螺丝刀中号、小号各一把,并尽量选择带磁性的螺丝刀
尖嘴钳	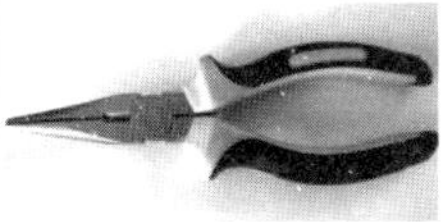	尖嘴钳用户拆卸机箱上的挡板和比较紧的螺丝或固定拧不紧的螺丝
镊子		镊子用于调整元器件位置、夹取掉入机箱内的细小零件,也可以用于插拔主板、硬盘上的跳线。使用镊子时尽量选用防静电镊子
扎带		扎带用于整理机箱内的数据线、电源线、跳线,优化机箱内部空间
防静电手套	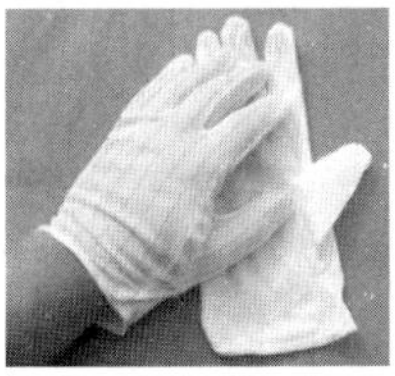	防静电手套用于徒手操作时防护计算机元器件,避免静电对其造成损害

4.1.3 组装注意事项

组装计算机之前,我们需要了解组装计算机过程中的一些注意事项。

(1)防静电:通过布置防静电工作环境、使用防静电工具,尽量避免静电对计算机元器件造成损害。

(2)防潮:计算机组装过程应在干燥的环境中完成,因为遇潮后加电会损坏元器件。

(3)阅读说明书:组装计算机之前,我们应该自习阅读各配件的说明书,了解配件的接口及其使用时的注意事项。

(4)制订安装流程:组装计算机时安装流程不是唯一的,我们可以根据自己的实际情况制订一个安装流程,按流程实施操作。

(5)轻拿轻放:组装过程中计算机配件轻拿轻放、避免跌落,以免损坏元件。

(6)禁止带电操作:不能带电插拔各种配件,以免造成配件损坏。

4.1.4 台式机装机流程示例

台式机组装的装机流程不是唯一的,我们给出一个常用的装机流程示例。

装机流程如下:

(1)清点、准备计算机配件;

(2)安装 CPU、CPU 散热风扇;

(3)安装内存条;

(4)打开机箱、安装电源;

(5)将主板安装在机箱内;

(6)安装硬盘;

(7)安装显卡;

(8)安装其他 PCI 部件;

(9)连接机箱内部电源线、数据线、跳线;

(10)连接外部设备(显示器、键盘、鼠标等);

(11)开机检测。

4.2 台式计算机的组装

做好装机前的准备工作后,我们就可以开始计算机的组装工作了,本小节我们主要针对台式计算机组装的主要流程展开讨论。计算机组装操作性比较强,需要操作者理论联系实践并严格遵守操作规范,同时注意团队交流与协作。

计算机组装并没有固定的操作步骤,通常由个人习惯和硬件类型决定,这里按照专业装机人员最常用的装机步骤进行操作。

4.2.1 清点、准备计算机配件

装机之前我们先要检查自己的配件及装机辅助工具是否齐全，装机配件可参考2.2计算机零部件介绍小节内容，装机辅助工具可参考4.1.2工具的准备。

4.2.2 安装CPU和CPU散热风扇

通常，计算机组装的第一步就是将CPU安装到主板的CPU插槽上，同时安装CPU风扇(CPU Fan)，在此我们以Intel CPU为例说明一下CPU的安装方法，AMD CPU安装方法大同小异，也可参考此过程。

(1)推开主板CPU插槽旁的金属拉杆，先向下摁，然后向右上方抬起。此时CPU插槽的保护盖已打开，如图4-2所示，注意不要触碰CPU插槽中针脚，以免弄弯针脚。

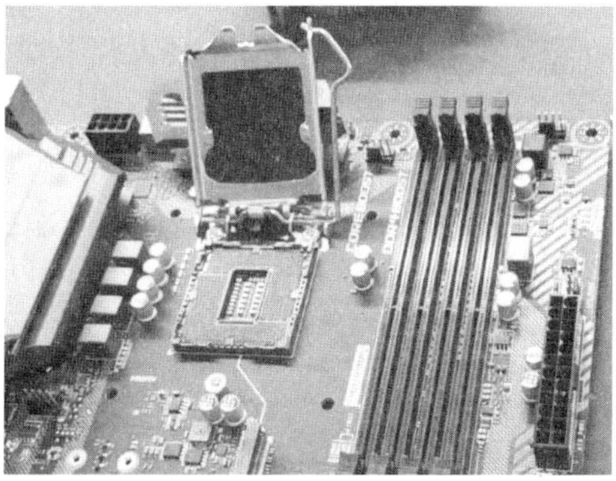

图4-2 打开CPU插槽保护盖

(2)取出CPU，将CPU上的三角标志对准主板CPU插槽上的小半圆标志将CPU小心的装入CPU插槽，直上直下装入，注意CPU的针脚要和CPU插槽底座的针脚接口对应，CPU上的缺口和插槽上的卡扣完全吻合，如图4-3所示。

图4-3 安装CPU

(3)轻压CPU，确认CPU安装到位后，将CPU插槽旁的拉杆向下压，扣在扣

环上，黑色保护盖就会自动弹出来，如图 4-4 所示，至此，CPU 安装完成。

图 4-4 固定 CPU

(4)在 CPU 表面涂抹导热硅脂(heat-conducting silicone grease)，一般原装风扇底部自带硅脂，也可以使用第三方的导热硅脂，不要涂太多，刮匀；如图 4-5 所示。

图 4-5 涂抹导热硅脂

(5)取出 CPU 风扇，对准主板上对应的螺丝孔位，轻轻用力下按，拧紧 CPU 风扇的 4 个螺钉，确保风扇和 CPU 紧密接触，如图 4-6 所示。

图 4-6 固定 CPU 风扇

(6)将 CPU 风扇的电源接头插入 CPU 插槽旁的 3 针电源插孔上,如图 4-7 所示,CPU 风扇安装完成。

图 4-7　连接 CPU 风扇电源线

4.2.3　安装内存条

找到主板上的内存条插槽,如图 4-8 所示,轻微用力将内存条插槽两端的卡扣向外扳开,将内存条上的缺口和插槽中的防插反凸起对齐,均匀用力向下按压,将其水平插入插槽中,使金手指和插槽完全接触,此时卡扣自动扳回,将内存条固定在插槽中。

图 4-8　主板上的内存插槽

小贴士:内存插槽的颜色

内存插槽一般用两种颜色表示不同的通道,如果需要安装两根内存条来组成双通道,则需要将两根内存条插入相同颜色的插槽。同理,如果组成三通道,则要将三根内存条插入相同颜色的插槽。

4.2.4 打开机箱、安装电源

1.打开机箱侧面板

不同机箱打开机箱的方式是截然不同的，有直接拧4个螺丝就能拆下的，也有向上提的，也有和门一样侧开的，具体以所购机箱为准。我们以某机箱为例做简要介绍，机箱如图4-9所示。

图4-9 机箱

握住图4-8中红圈处把手将面板打开，旋转超过90°，向上提拉，如图4-10所示，即可摘下一侧面板，同理摘下另一侧面板，如图4-11所示。

图4-10 拆卸机箱侧面板

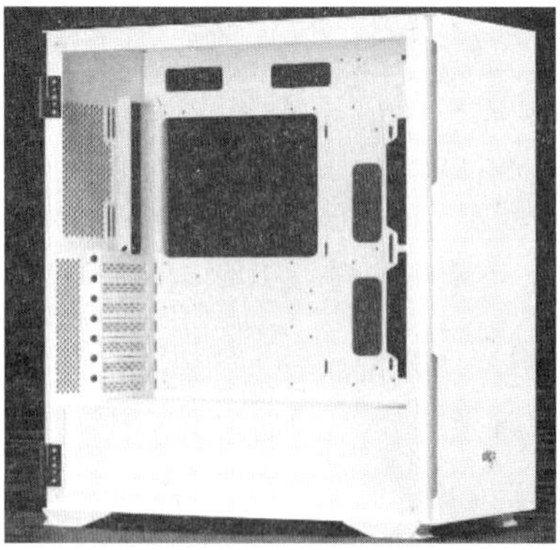

图4-11 拆掉侧面板的机箱

2. 安装电源

如所购机箱自带电源，此步骤可省略。如果需要安装独立电源，可参考如下步骤。

(1)将电源有风扇一面朝向机箱后侧预留孔，放置于电源支架上，如图 4-12 所示。

图 4-12　安装电源

(2)将电源螺丝孔与机箱预留螺丝孔对齐，使用机箱附带的粗牙螺钉将电源固定在机箱电源支架上，同时检查安装是否稳固。

小贴士：电源的安装位置

早期的电源固定支架大多在机箱顶部，现在，很多机箱电源固定之家置于机箱底部，电源下置更便于安装。

4.2.5 将主板安装在机箱内

1. 安装外部接口挡板

不同主板的外部接口不尽相同，因此，我们需要将主板附带的专用挡板安装在机箱后侧，如图 4-13 所示。

图 4-13　机箱后侧安装 I/O 接口挡板

2. 整理线缆

安装主板前，我们需要整理下机箱内安装的电源所带的电源线及机箱自带的各种跳线。现在主板多采用框架式结构，我们可以通过不同的框架进行线缆的走位和固定，如图 4-14 所示。

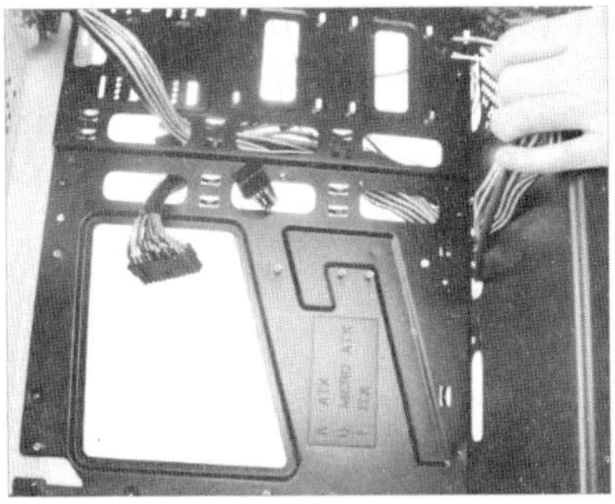

图 4-14　整理线缆

3. 安装主板

机箱平放在工作台上，之前安装的 I/O 接口挡板朝下，将主板平稳地放入机箱内，使主板上的螺钉孔与机箱上的六角螺栓对齐，同时使主板的 I/O 接口与机箱后部安装好的专用挡板孔位对齐，如图 4-15 所示。

图 4-15　安装主板

小贴士：安装六角螺栓

如果机箱内没有预装固定主板的六角螺栓，我们需要先观察主板上螺栓孔位的位置，将六角螺栓安装在机箱底部。

4. 用螺钉穿过主板螺钉孔位将主板固定在机箱的主板支架上，如图 4-16 所示。

图 4-16　固定主板

4.2.6 安装硬盘

1.SATA 接口硬盘安装

SATA 接口硬盘,可以是 2.5 吋 SATA3 固态硬盘、2.5 吋机械 SATA 硬盘或 3.5 吋 SATA 机械硬盘,安装步骤如下。

(1)准备 SATA 接口硬盘,如图 4-17 所示,这三种硬盘都是同样的安装方法。

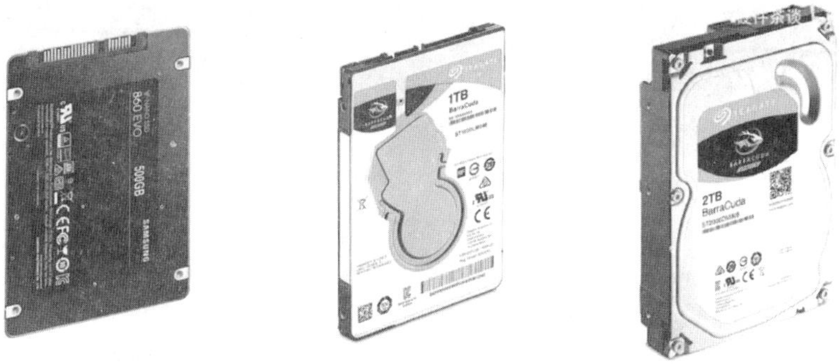

2.5寸 SATA3固态　　2.5寸 机械硬盘　　3.5寸 机械硬盘

图 4-17　STA 接口硬盘

2)将硬盘装入支架,接口朝外,如图 4-18 所示。

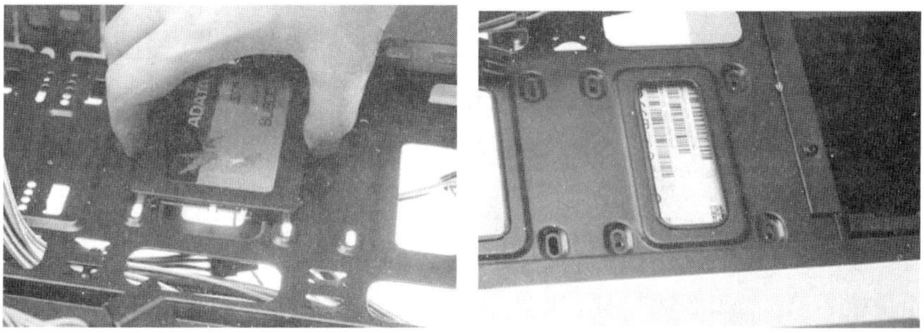

图 4-18　硬盘装入支架

(3)将装好的硬盘并用细螺钉固定,如图 4-19 所示。

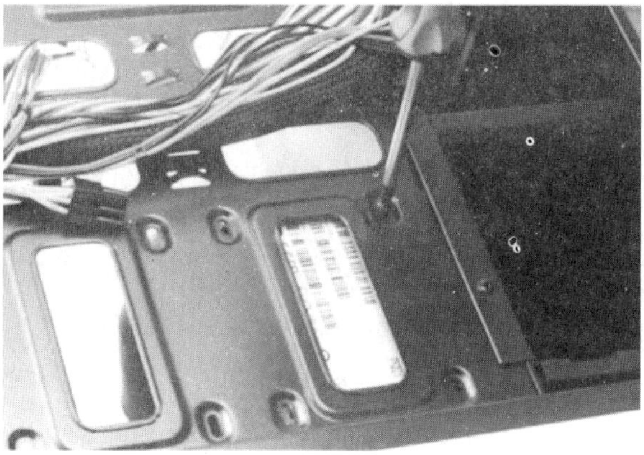

图 4-19　硬盘装入机箱

2.芯片式硬盘(SSD)安装

芯片式硬盘(SSD)通常为使用M.2接口的固态硬盘,安装步骤如下。

(1)准备M.2接口固态硬盘,如图4-20所示。

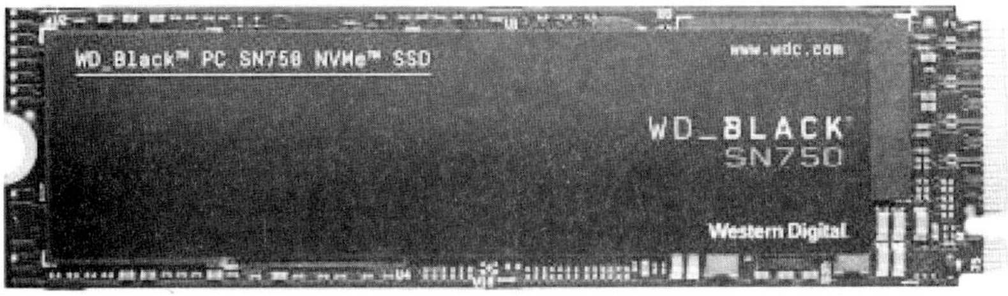

图4-20　M.2固态硬盘

(2)将硬盘安装在主板上的M.2接口插槽内,使用细螺钉进行固定,如图4-21所示,这样就完成了不带散热片的M.2固态硬盘的安装。

图4-21　安装M.2固态硬盘

如果机箱自带M.2散热片,如图4-22所示,我们需要先将散热片拆卸下来,按上述步骤安装M.2固态硬盘后再将散热片装回(注意取下散热片上自带的导热贴的保护膜),如图4-23所示。

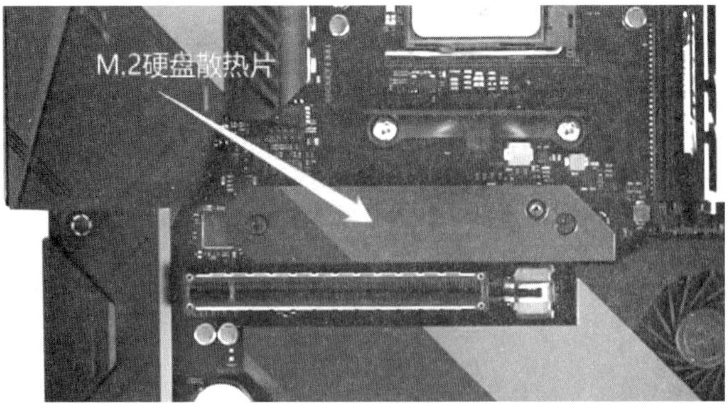

图4-22　主板自带M.2硬盘散热片

图 4-23　带散热片的 M.2 硬盘安装

4.2.7　安装显卡

很多主板都已经集成了显卡，但是为了获得更高的性能，比如，3D 游戏、影视渲染都对显卡有更高的要求，我们往往需要安装独立显卡。下面以安装 PCIexpress 独立显卡为例，讲解安装显卡的方法，其具体操作如下。

1. 拆卸板卡挡板

拆掉机箱后侧和 PCIe 插槽相对应的板卡挡板（螺钉或卡扣固定），如图 4-24 所示。

图 4-24　拆卸板卡挡板

2. 打开卡扣

通常主板上的 PCIe 插槽都设计有卡扣，轻压卡扣将其打开，如图 4-25 所示。

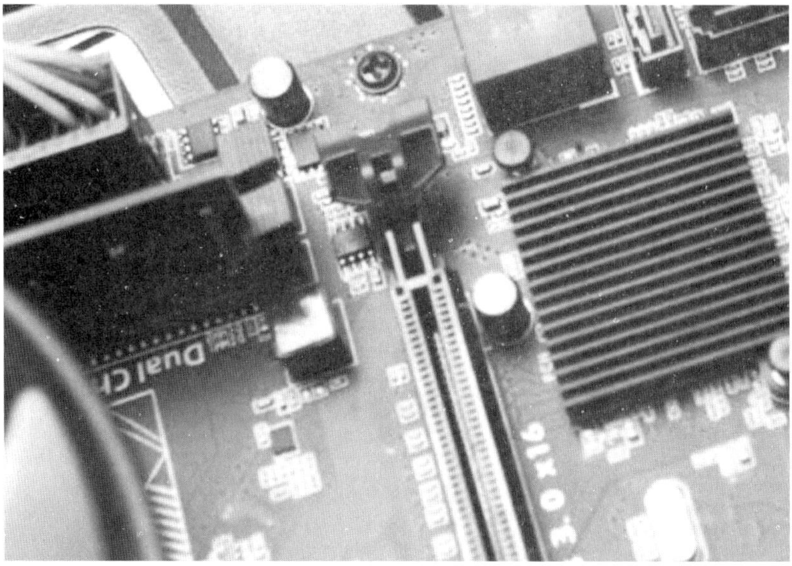

图 4-25　打开显卡插槽卡扣

3.安装显卡

将显卡的金手指对准 PCIe 插槽，轻按显卡，卡扣自动收回锁住显卡，完成显卡安装，如图 4-26 所示。

图 4-26　安装显卡

4.固定显卡

用螺钉或机箱卡扣激昂显卡固定在机箱上，完成显卡的安装，如图 4-27 所示。

图 4-27　固定显卡

4.2.8　安装其他 PCI 部件

其他的 PCI 部件指使用 PCI 接口的各种接口卡，最常见的就是声卡和网卡，通常主板上都会集成声卡和网卡，如果没有特殊要求此步骤可省略，如果对声卡或网卡性能有更高要求，那么就需要安装独立声卡或网卡。

各种 PCI 接口卡的安装与 PCIe 独立显卡安装过程完全一样，在此不再赘述。

4.2.9　通电测试

计算机组装完成后，对计算机进行通电检测，但在通电前还需要完成相应的准备工作，如检查线路有没有遗漏、部件是否安装到位、连接线是否连接好等，同时确保主板上不要有多余的导体，整个拆装过程都不能带电操作，防止造成触电伤害。开机测试前，需要依次检查 CPU 风扇电源线、硬盘电源线、光驱电源线、主板电源线、CPU 供电插头。

通常的开机顺序是先打开外部设备，再打开主机电源。通电之后 CPU 风扇开始转动，如果启动过程顺利，不久就能在显示器上看到相关的启动信息，正常启动后，盖上机箱外盖，装机工作结束。如果启动不正常，通常主板会发出长短不同、间隔不等的“哔哔”声，则需要查阅相关手册，根据不同的声音提示含义进一步检查相应部件。

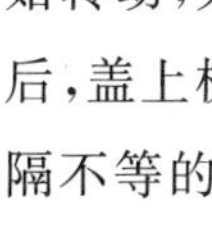

动动手——台式机拆装

【任务 4.2.1】根据现有条件拆卸一台完整的台式计算机，正确拔下各个部件的连接线，分别指出计算机各个部件的名称并说明其主要功能。操作完成后，将计算机重新组装还原，并总结拆装计算机的流程及其注意事项。

学习小结

本章讲述了计算机组装前的准备工作、计算机组装工作的注意事项、台式计算机组装流程及详细的操作步骤、台式计算机拆卸过程及需要注意的事项。其中包含了组装前的准备、台式计算机组装、台式计算机拆卸等劳动技能的介绍。

本章内容包含了组装前准备、台式机组装等劳动技能，旨在培养学生动手实践、问题处理、团队意识和沟通交流能力，培养学生规范操作意识和习惯。

思考题

1. 计算机常见的拆装工具有哪些？
2. 简述计算机组装需要注意的事项。
3. 简述台式计算机组装工作流程。
4. 组装计算机时，应采取哪些措施可使 CPU 和主板不被损坏？

拓展练习

到计算机组装与维护实训室挑选一台计算机，进行拆装，无条件者可以尝试对自己的个人计算机进行拆装：

(1)将你拆装的重要步骤写下来并配上相应照片说明；

(2)撰写实训报告，需要图文并茂(参见附录 3 计算机拆装实训报告模板)。

关键词语

静电	static electricity
静电放电	ElectroStatic Discharge(ESD)
CPU 风扇	CPU Fan
导热硅脂	heat-conducting silicone grease

第5章 软件安装

本章导读

本章首先对计算机操作系统做了简要介绍，之后从下载操作系统镜像文件、制作U盘启动盘开始详细讲述BIOS设置、如何利用VMware搭建虚拟机试验环境，最后讲述了在虚拟机下进行Windows 10操作系统的详细过程及驱动程序管理、应用软件安装与卸载。本章内容注重实践，着力培养学生实践动手能力和主动思维能力。

5.1 认识操作系统

计算机系统由硬件和软件两部分组成。从功能上，可以将整个计算机系统划分为硬件、操作系统、系统软件和应用软件4个层次，如图5-1所示。操作系统(Operating system，OS)是配置在计算机硬件上的第一层软件，是对硬件系统的首次扩充，它在计算机系统中占据了极其重要的地位，其他所有的软件如汇编程序、编译程序、数据库管理系统等系统软件以及大量的应用软件，都依赖于操作系统的支持。

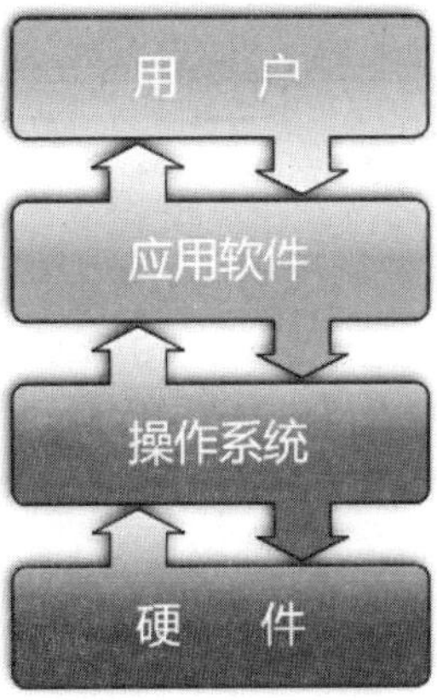

图5-1 计算机系统中的操作系统

1. 什么是操作系统

操作系统是什么呢？英文中的 Operating System 意为掌控局势的一种系统，也就是说，计算机里的一切事情均由 Operating System 来掌控（管理）。操作系统是介于计算机硬件和应用软件之间的一个软件系统，即操作系统的下面是硬件平台，而上面则是应用软件。

最早的计算机并没有操作系统，而是直接由人来操控。随着计算机复杂性的增加，人们已经不能胜任直接管理计算机了，于是编写出操作系统这个“软件”来管理计算机。

操作系统是管理计算机上所有事情的系统软件，它需要完成以下 5 种功能。

(1)控制和管理计算机系统的所有硬件和软件资源。

(2)合理地组织计算机的工作流程，保证计算机资源的公平竞争和使用。

(3)方便用户使用计算机。

(4)防止对计算机资源的非法侵占和使用。

(5)保证操作系统自身的正常运转。

任何计算机，只有在安装了相应的操作系统后才构成一台可以使用的计算机系统，用户才能方便地使用计算机。只有在操作系统的支持下，计算机的各种资源才能安全、方便、合理地分配给用户使用，各种软件（编译程序、数据库程序、网络程序以及各种应用程序等）才能安全、高效、正常地运行。操作系统性能的高低直接决定了计算机整体硬件性能能否得到充分发挥。操作系统本身的安全性和可靠性在一定程度上决定了整个计算机系统的安全性和可靠性。操作系统在整个计算机系统中的地位如图 5-2 所示。

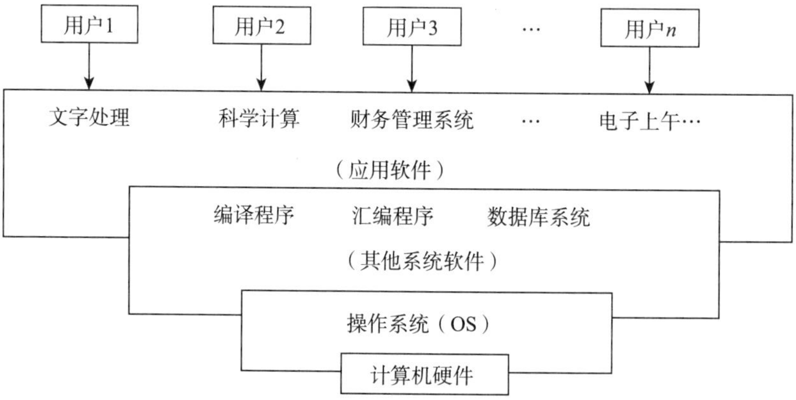

图 5-2　操作系统在计算机系统中的地位

2. 了解常见操作系统

操作系统的种类很多，各种设备安装的操作系统各不相同，可以是手机的嵌入式操作系统，也可以是超级计算机的大型操作系统。流行的操作系统主要有 Android、UNIX、iOS、Linux、Mac OSX、Windows、DOS 等。对于多数企业和个人用户而言，主要使用的是 Windows 7 和 Windows 10 操作系统。

(1)DOS

DOS(Disk Operating System)是第一个面向 PC 的操作系统，同样是由微软公司出品。Windows 操作系统是在 20 世纪 90 年代才出现的，在此之前的几十年里，绝大多数的个人计算机上都是安装着 DOS。

DOS 只能以命令行的方式进行操作，目前已经基本被淘汰了，但在 Windows 系统中仍然保留了一个仿真 DOS 程序——命令提示符，通过单击“开始”→“Windows 系统”→“命令提示符”，或是在“开始”→“运行”中输入并执行“cmd”即可启动，其运行界面如图 5-3 所示，在命令行中可以输入执行 DOS 命令。

图 5-3　命令提示符运行界面

对于计算机操作，在很多应用场合都可能会用到部分 DOS 命令，如利用 ping 命令来测试网络连通性，利用 ipconfig 命令来查看或配置网络参数等。如果想成为一名计算机高手或准备从事系统运维、信息安全等相关工作，就必须掌握一些常用 DOS 命令的使用方法。

(2)Windows 操作系统

Windows 操作系统，是由美国微软公司(Microsoft)研发的操作系统，问世于 1985 年。起初是 MS-DOS 模拟环境，后续由于微软对其进行不断更新升级，提升易用性，使 Windows 成为应用最广泛的操作系统 。

Windows 采用了图形用户界面(GUI)，比起从前的 MS-DOS 需要输入指令的使用方式更为人性化。

Windows 操作系统主要分为两个产品系列：客户端操作系统、服务器操作系统。

• 客户端操作系统面向个人和家庭用户，主要安装在个人计算机上使用，目前常见的客户端操作系统主要包括 Windows XP、Windows 7、Windows 10 等。这个系列的操作系统有着友好的图形界面以及丰富的娱乐功能，最大的特点是简便易用。

·服务器操作系统面向专业技术人员以及企业用户，主要安装在服务器和工作站上使用，目前常见的服务器操作系统主要包括 Windows Server 2003、Windows Server 2008、Windows Server 2012、Windows Server 2016 等。这个系列操作系统的特点是安全性和稳定性非常突出，属于网络操作系统，提供了丰富的网络服务功能，可以担当各种网络服务器的角色。

(3)Linux 操作系统

Linux(GNU/Linux)，是一种免费使用和自由传播的类 UNIX 操作系统，其内核由林纳斯·本纳第克特·托瓦兹于 1991 年 10 月 5 日首次发布，它主要受到 Minix 和 Unix 思想的启发，是一个基于 POSIX 的多用户、多任务、支持多线程和多 CPU 的操作系统。它能运行主要的 Unix 工具软件、应用程序和网络协议。Linux 继承了 Unix 以网络为核心的设计思想，是一个性能稳定的多用户网络操作系统。

Linux 是目前唯一一个能够与 Windows 相抗衡的操作系统，尤其在各类专业领域，Linux 系统应用得非常广泛。Linux 的标识是一只企鹅，如图 5-4 所示，企鹅只在南极才有，而南极洲不属于任何国家，所以企鹅寓意开放和自由，而这也正是 Linux 的精髓。

图 5-4　企鹅——Linux 的标志

Linux 系统的最大优势在于开放性，Linux 系统的所有源代码都是公开的，所有人都可以免费获得使用。并且不仅仅 Linux 系统本身是开源的，在 Linux 系统中使用的绝大部分应用软件也都是开源的。相比 Windows 系统，在企业网络中部署 Linux 系统不仅可以节省一大笔费用，而且还可以获得更高的可靠性和稳定性，所以 Linux 系统目前在企业网络中得到了越来越多的应用。

Linux 有上百种不同的发行版，如基于社区开发的 debian、archlinux，和基于商业开发的 Red Hat Enterprise Linux、SUSE、Oracle Linux 等。

Linux 也被广泛用于电视机顶盒、路由器、防火墙等各种嵌入式系统中，目前流行的 Android 手机操作系统，也是使用了经过定制后的 Linux 内核。

Linux 系统的缺点是操作复杂，绝大部分操作需要通过命令行实现，用户必须要经过专门的培训才可以使用。因而 Linux 系统主要是面向专业用户，普通用户则很少接触到。

(4)MAC OS

Mac OS 是一套运行于苹果 Macintosh 系列电脑上的操作系统。Mac OS 是首个在商用领域成功的图形用户界面。Macintosh 组包括比尔·阿特金森(Bill Atkinson)、杰夫·拉斯金(Jef Raskin)和安迪·赫茨菲尔德(Andy Hertzfeld)。现行的最新的系统版本是 Mac OS Tiger(即 OS X,X 是罗马数字 10)。

Mac OS 可以被分成操作系统的两个系列:一个是老旧且已不被支持的"Classic"Mac OS(系统搭载在 1984 年销售的首部 Mac 与其后代上,终极版本是 Mac OS 9)。采用 Mach 作为内核,在 OS 8 以前用"System x. xx"来称呼。新的 Mac OS X 结合 BSD Unix、OpenStep 和 Mac OS 9 的元素。它的最底层建基于 Unix 基础,其代码被称为 Darwin,实行的是部分开放源代码。

3. 国产操作系统

我国的国产操作系统多为以 Linux 为基础二次开发的操作系统。2014 年 4 月 8 日起,美国微软公司停止了对 Windows XP SP3 操作系统提供服务支持,这引起了社会和广大用户的广泛关注和对信息安全的担忧。而 2020 年对 Windows 7 服务支持的终止再一次推动了国产系统的发展。国内桌面操作系统再次进行整合、优胜劣汰。

随着操作系统的不断优化,更多的软件积极适配国产操作系统,生态将会越来越好。代表性的国产操作系统有普华 Linux(I-soft OS)、中兴新支点操作系统(NewStart)、红旗 Linux、深度操作系统(deepin)、中科方德操作系统、统信 UOS、银河麒麟(KylinOS)、中标麒麟操作系统(NeoKylin)、优麒麟(Ubuntu Kylin)等。

4. 操作系统选择

(1)Windows 操作系统怎么选择?

个人计算机在中国的普及,大约是从 1995 年开始的,也就是说,从那时到现在大约已经 26 年、这 26 年,Windows 从 MS-DOS、Windows 95、Window 98、XP、Windows 7、Windows 8、Windows 10、Windows 11,经历了众多版本。

目前主流的 Windows 10 操作系统主要版本如表 5-1 所示。

表 5-1　Windows 10 各版本

版本	特点	功能
Windows 10 家庭版	支持大部分电脑和平板	win10 核心功能,设备加密(InstantGo)、企业应用 sideloading(PC 与移动设备互连)、移动设备管理、微软账户、普通版 Windows Update
Windows 10 专业版	win10 核心功能	域、群策略管理、BitLocker、企业模式 IE 浏览器(EMIE)、Assigned Access 8. 1、远程桌面、Azure 主动目录、企业商店、企业数据保护、商业版 Windows Update、CBB 当前分支更新

续表

版本	特点	功能
Windows 10企业版	大中型企业用来防范针对设备、身份、应用和敏感企业信息的现代安全威胁的先进功能。	域、群策略管理、BitLocker、企业模式IE浏览器(EMIE)、Assigned Access 8.1、远程桌面、Azure主动目录、企业商店、企业数据保护、商业版Windows Update、CBB当前分支更新,加入Direct Access(直接访问)、Windows To Go Creator、AppLokcer、BranchCache、开始屏幕组策略控制、Granular UX、凭据保护、设备保护、LTSB长期服务分支更新
Windows 10教育版	win10基础功能,移除了商店等无用的内置软件,相当于是一个纯净的操作系统	域、群策略管理、BitLocker、企业模式IE浏览器(EMIE)、Assigned Access 8.1、远程桌面、Azure主动目录、企业商店、企业数据保护、商业版Windows Update、CBB当前分支更新,加入Direct Access(直接访问)、Windows To Go Creator、AppLokcer、BranchCache、开始屏幕组策略控制、Granular UX、凭据保护、设备保护

大部分国内用户使用最多的可能是 Windows 10 家庭版,原因在于我们购买笔记本的时候预装的免费的原版操作系统就是 Windows 10 家庭版。

Windows 10 家庭版适合大多数普通用户。但是对于程序员或者是开发者来说,Windows 10 家庭版部分功能是不开放的,需要安装 Windows 10 专业版、或者是 Windows 10 企业版。使用开放的全部功能,所以对于这一人群推荐使用 Windows 10 企业版。

小贴士:Win11 系统建议安装或者升级吗?

Windows 11 是微软全新推出的最新一代电脑系统,不仅带来了全新的界面和功能,而且 Windows 11 还可以兼容安卓 APP。首先习惯了 Windows 10,可能 Windows 11 的不习惯导致体验感较差。此外,建议先持观望态度,毕竟刚出的系统,未必稳定,目前很多用户升级了 Windows 11 之后,出现了很多 Bug,例如绿屏、任务栏不见了、卡顿、软件游戏的兼容性等问题,每一款系统的诞生,都需要经历一个修补过程。

2)Linux 操作系统如何选择?

Linux 更适用于程序员、开发者等技术人员使用。Linux 的发行版本众多,下面就选择 Linux 发行版本给出几点建议:

• 如果你需要的是一个服务器系统,只是想要一个比较稳定的服务器系统,那么建议你选择 CentOS、SuSE 或 RHEL;

• 如果你需要一个桌面系统,而且既不想使用盗版,又不想花大价钱购买商业软件,不想自己定制,也不想在系统上浪费太多时间,则可以选择 Ubuntu;

· 如果你想深入摸索一下 Linux 各个方面的知识，而且还想非常灵活地定制自己的 Linux 系统，那就选择 Gentoo 吧，尽情享受 Gentoo 带来的自由快感；

· 如果你对系统稳定性要求很高，则可以考虑 FreeBSD；

· 如果你需要使用数据库高级服务和电子邮件网络应用，则可以选择 SuSE。

5. 操作系统安装方式

操作系统的安装方式通常有两种，分别是升级安装和全新安装，其中全新安装又分为使用光盘安装和使用 U 盘安装两种。

(1)升级安装

升级安装是在计算机中已安装有操作系统的情况下，将其升级为更高版本的操作系统。但是，由于升级安装会保留已安装系统的部分文件，为避免旧系统中的问题遗留到新的系统中，建议删除旧系统，使用全新的安装方式。

(2)全新安装

全新安装是在计算机中没有安装任何操作系统的基础上安装一个全新的操作系统。

· 光盘安装：购买正版的操作系统安装光盘，将其放入光驱，通过该安装光盘启动计算机，然后将光盘中的操作系统安装到计算机硬盘的系统分区中，这也是过去很长一段时间里最常用的操作系统安装方式。随着光驱、光盘淡出普通计算机用户的视线，此种方法已不再适用。

· U 盘安装：是一种目前非常流行的操作系统安装方式，首先从网上下载正版的操作系统安装文件，将其放置到硬盘或移动存储设备中，然后通过 U 盘启动计算机，安装操作系统。

6. 操作系统安装流程(U 盘)

(1)官网下载操作系统 ISO 镜像文件；

(2)制作 U 盘启动盘；

(3)修改 BIOS 中计算机引导次序，将 U 盘设为第一启动项；

(4)U 盘启动计算机，安装操作系统；

(5)安装硬件驱动程序；

(6)安装其他应用软件。

5.2 准备操作系统镜像文件

如今，对于多数企业和个人用户而言，主要使用的还是 Windows 操作系统。Windows 个人版操作系统有 Windows XP，Windows Vista，Windows 7，

Windows 8、Windows 10 和 Windows 11 等。其中，Windows XP 和 Windows Vista 已逐渐被淘汰，Windows 8 由于种种原因，没有真正流行，Windows 11 是微软最近新推出的操作系统，还没有广泛普及，Windows 7 和 Windows 10 仍是目前国内用户使用的主流。后续内容，我们将以 Windows 10 操作系统为例，讲述操作系统的安装和使用。

下面，开始讲述从微软官网下载 Windows 10 镜像文件过程。

访问微软官网进入 Windows 10 下载页面，点击"立即下载工具"按钮，下载媒体创建工具 MediaCreationTool，如图 5-5 所示。

图 5-5　下载媒体创建工具

运行下载的媒体创建工具，下载 ISO 镜像文件，过程如下。

(1)如图 5-6 所示，如果您同意许可条款，请选择"接受"。

(2)如图 5-7 所示，在"您想要执行什么操作"页面上，选择为另一台电脑创建安装介质，然后选择下一步。

图 5-6　接收微软软件许可条款

图 5-7　选择为另一台电脑创建安装介质

(3)如图 5-8 所示,选择 Windows 10 的语言、版本和体系结构(64 位或 32 位)。

• 体系结构:可选项有 64 位和 32 位,由于目前 CPU 都是 64 位,支持 64 位的操作系统,如果内存在 4G 以上,推荐选择 64 位,下载 64 位的 Windows 10 系统,能更好地发挥电脑硬件的性能,反之如果内存较小,或 CPU 等硬件参数较差,建议选择 32 位,下载 32 位 Windows 10 系统。需要注意的是,许多应用软件也有 32 位和 64 位之分,如果安装的是 64 位操作系统,那么安装应用软件时,也应选择 64 位的应用软件。

• 版本:有 Windows 10 和 Windows 10 家庭中文版可供选择,其中 Windows 10 家庭中文版是针对中国市场特别推出的版本下载后仅包含家庭中文版,Windows 10 中包含家庭版、家庭单语言版、专业版、专业单语言版、教育版五个版本,Windows 10 企业版在介质创建工具中不可用。

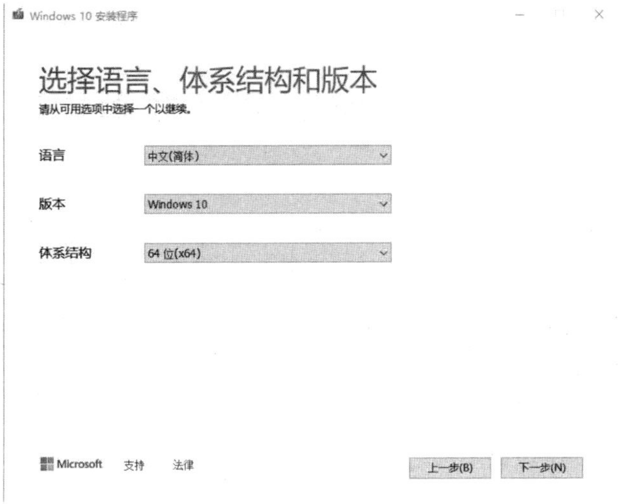

图 5-8　选择语言、体系结构和版本

(4)如图 5-9 所示,选择您要使用哪种介质:

• USB 闪存驱动器;

• ISO 文件。将 ISO 文件保存到您的电脑上。

这里可以选择 USB 闪存驱动器,连接至少有 8GB 空间的空白 USB 闪存驱动器,该闪存驱动器上的所有内容都将被删除;也可以选择第二项将 ISO 文件保存到您的电脑上,在下载了该文件后,再利用工具写入 U 盘。

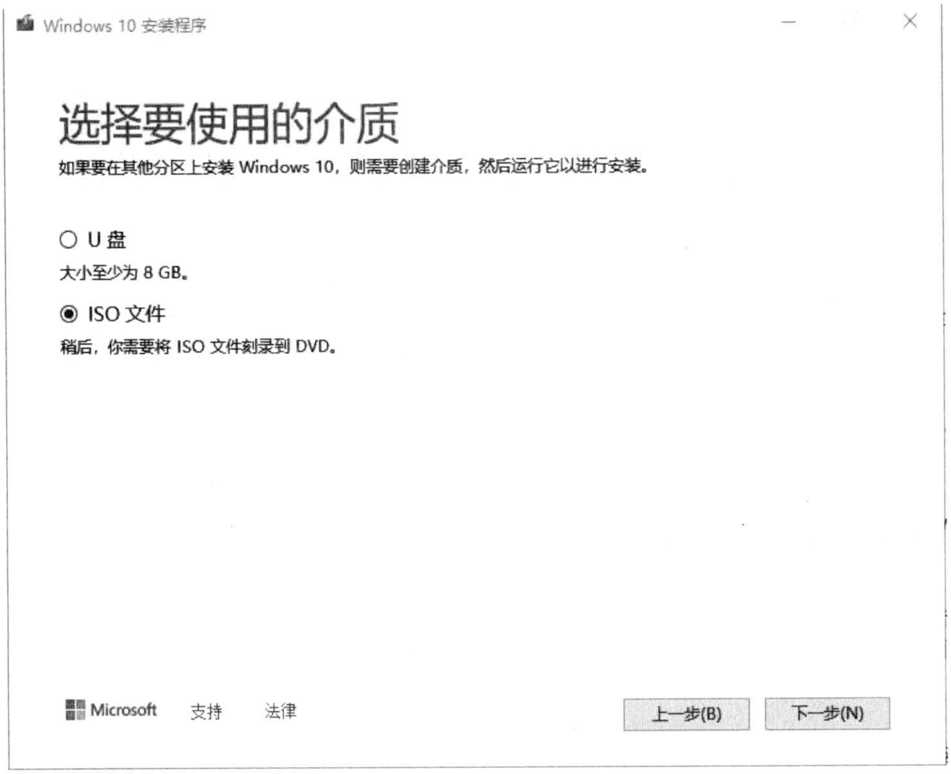

图 5-9 选择要使用的介质

5.3 制作 U 盘启动盘

除了使用微软官方的工具制作 win10 安装介质之外,还可以使用 rufus 来制作 uefi 启动盘。rufus 是一款实用的自启动 U 盘制作工具。我们可以通过该软件快速制作 Windows 系统或者 linux 系统启动 U 盘。下面讲述 rufus 制作 Windows 10 uefi 启动盘的方法。

准备工作:

(1)一个 8G 容量或以上的 U 盘;

(2)下载 rufus(U 盘引导盘制作工具),下载地址:http://rufus.ie/zh/;

(3)下载 Windows 10 官方镜像(参考 5.2)。

用 Rufus 制作 win10 系统 uefi 安装 U 盘启动盘步骤:

①首先插入 U 盘并备份 U 盘中的数据。打开 Rufus,在"设备"的下拉菜单中选择插入的 U 盘;

②引导类型选择,点击右侧的"选择"按钮,要制作 uefi 启动盘,需要选择准备好的 64 位 Windows 10 镜像,点击打开;

③选择好安装镜像后,分区类型 GPT,目标系统类型 UEFI(非 CSM),以及程序自动配置其他选项如卷标、文件系统、簇大小,不需要修改,直接点击底部的"开始";

④在弹出的格式化警告窗口中点确定;

⑤程序开始格式化 U 盘并向 U 盘中写入 Windows 10 系统镜像,在底部可以看到当前状态和进度。所需时间视 U 盘写入速度而定,会弹出"关于 Secure Boot 的重要提示",可以直接点"关闭"。

至此,rufus 制作 USB 启动盘过程结束。

动动手——制作自己的 U 盘启动盘

参照 5.3 小节内容完成以下任务

【任务 5.3.1】访问微软官网,下载 Windows 10 操作系统 ISO 镜像文件到本地。

【任务 5.3.2】下载运行 Rufus。

【任务 5.3.3】使用 Rufus 制作 Windows 10 的 U 盘启动盘。

5.4 设置 BIOS

5.4.1 认识 BIOS

BIOS(Basic Input and Output System,基本输入/输出系统)是存储在计算机主板 BIOS 芯片上的一组程序,BIOS 芯片是一块只读存储器(Read Only Memory,ROM)。BIOS 包含了计算机最重要的基本输入/输出程序、系统设置程序、开机加电自检程序和系统启动自检程序。计算机在启动时,先由 BIOS 检查、调动系统硬件,只有通过检查和相关的操作后,才能启动操作系统。

如果 BIOS 配置信息不正确,会导致系统性能降低或系统不能识别部分新硬件,并由此引发一些意想不到的软、硬件故障,甚至不能启动系统。此外,BIOS 是否先进、完善,也会直接影响到整机性能的发挥。

1. 了解 BIOS 的基本功能

BIOS 的功能主要包括中断服务程序、系统设置程序、开机自检程序和系统启动自举程序 4 项，但经常使用到的只有后面 3 项。

• 中断服务程序：BIOS 实质上是计算机系统中软件与硬件之间的一个接口，操作系统中对硬盘、光驱、键盘和显示器等外围设备的管理，都建立在 BIOS 的基础上。

• 系统设置程序：计算机在对硬件进行操作前必须先知道硬件的配置信息，这些配置信息存放在一块可读写的 RAM 芯片中，而 BIOS 中的系统设置程序主要用来设置 RAM 中的各项硬件参数，这个设置参数的过程就称为 BIOS 设置。

• 开机自检程序：在按下计算机电源开关后，POST（Power On Self Test，自检）程序将检查各个硬件设备是否工作正常，自检包括对 CPU、640KB 基本内存、1MB 以上的扩展内存、ROM、主板、CMOS 存储器、串并口、显示卡、软/硬盘子系统及键盘的测试，一旦在自检过程中发现问题，系统将给出提示信息或警告。

• 系统启动自举程序：在完成 POST 自检后，BIOS 将先按照 RAM 中保存的启动顺序来搜寻软硬盘、光盘驱动器和网络服务器等有效的启动驱动器，然后读入操作系统引导记录，再将系统控制权交给引导记录，最后由引导记录完成系统的启动。

小贴士：BIOS 与 CMOS

CMOS (Complimentary Metal Oxide Semiconductor)的含义为互补金属氧化物半导体，这里是指计算机主板上一块可读写的 RAM 芯片。

CMOS 是一块存储器，容量一般为 128 字节至 256 字节，它的作用是用来保存当前系统的硬件配置和用户对某些参数的设定。也就是说，CMOS 是 BIOS 参数设置的存放场所。由于 BIOS 与 CMOS 有紧密的联系，所以在实际使用过程中就有了“BIOS 设置”和“CMOS 设置”的说法。实际上，这两种说法指的是等价的。

CMOS 存储芯片由安装在主板上的纽扣电池供电，这样即使系统断电，存储的 BIOS 设置参数也不会丢失。但是，如果拿掉电池、电池能量耗尽或者电池接触不良，那么 CMOS 就会因为断电而丢掉内部存储的所有数据，从而导致无法启动系统。如果出现这种情况，可以更换电池或者检查导致接触不良的原因。

2. 传统 BIOS

传统 BIOS 的类型是按照品牌进行划分的，主要有以下两种。

• AMI BIOS：它是由 AMI 公司生产的 BIOS，最早开发于 20 世纪 80 年代中期，占据了早期台式机的市场，286 和 386 大多采用该 BIOS，它具有即插即用、绿色节能和 PCI 总线管理等功能。如图 5-10 所示为一块 AMI BIOS 芯片和 AMI

BIOS 开机自检画面。

图 5-10　AMI BIOS

· Phoenix-Award BIOS：目前新配置的计算机大多使用 Phoenix-Award BIOS，其功能和界面与 Award BIOS 基本相同，只是标识的名称代表了不同的生产厂家。如图 5-11 所示为一块 PhoenixAward BIOS 芯片和 Phoenix-Award BIOS 开机自检画面。

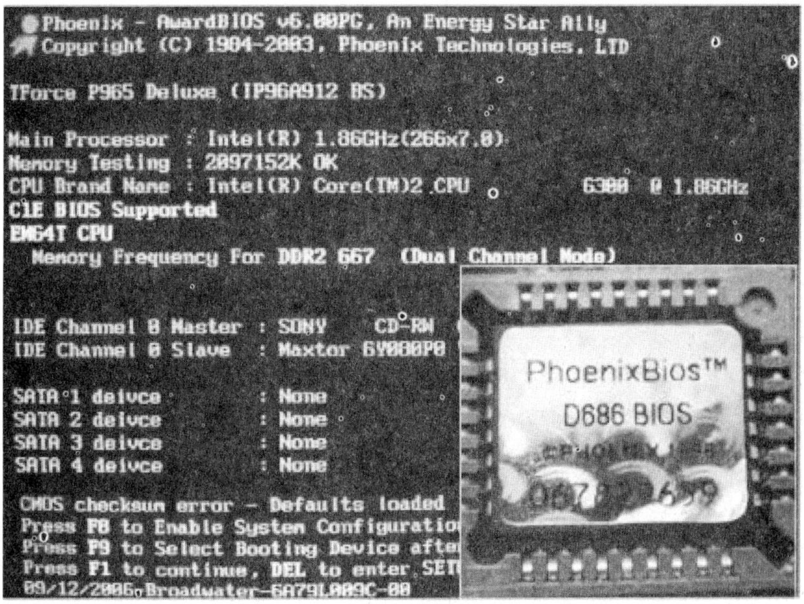

图 5-11　Phoenix-Award BIOS

3. 认识 UEFI BIOS

UEFI（Unified Extensible Firmware Interface，统一的可扩展固件接口）是一种详细描述全新类型接口的标准，是适用于计算机的标准固件接口，旨在代替

BIOS并提高软件互操作性和解决BIOS的局限性，现在通常把具备UEFI标准的BIOS设置称为UEFI BIOS。

作为传统BIOS的继任者，UEFI BIOS拥有传统BIOS所不具备的诸多功能，如图形化界面、多种多样的操作方式和允许植入硬件驱动等。这些特性让UEFI BIOS相比于传统的BIOS更加易用、更加实用、更加方便。Windows 8操作系统在发布之时就对外宣布全面支持UEFI，促使众多主板厂商纷纷转投UEFI，并将此作为主板的标准配置之一。

UEFI BIOS具有以下几个特点。

· 通过保护预启动或预引导进程，抵御bootkit攻击，从而提高安全性。

· 缩短了启动时间和从休眠状态恢复的时间。

· 支持容量超过2.2TB的驱动器。

· 支持64位的现代固件设备驱动程序，系统在启动过程中可以使用它来对超过172亿GB的内存进行寻址。

· UEFI硬件可与BIOS结合使用。

4. 进入BIOS设置程序

不同的BIOS进入方法有所不同，下面就根据不同的品牌和种类进行介绍。

· UEFI BIOS：不同品牌的主板，其UEFI BIOS的设置程序可能有一些不同，但普遍都是中文界面，较好操作，且进入设置程序的方法是相同的。即启动计算机，按“Delete”或“F2”键，出现屏幕提示，图5-12所示华硕主板的UEFI BIOS主界面。

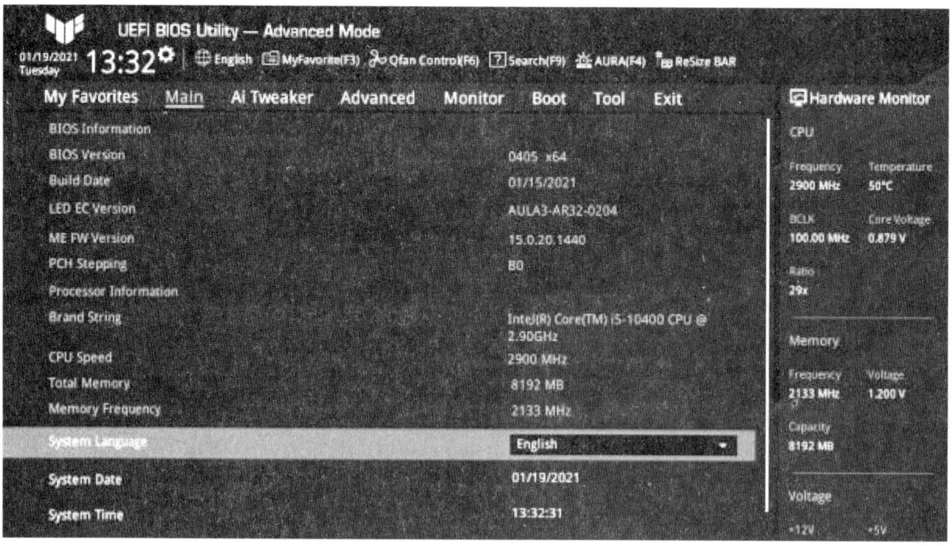

图5-12　UEFI BIOS主界面

· AMI BIOS：启动计算机，按“Delete”或“Esc”键，出现屏幕提示，如图5-13所示为AMI BIOS的主界面。

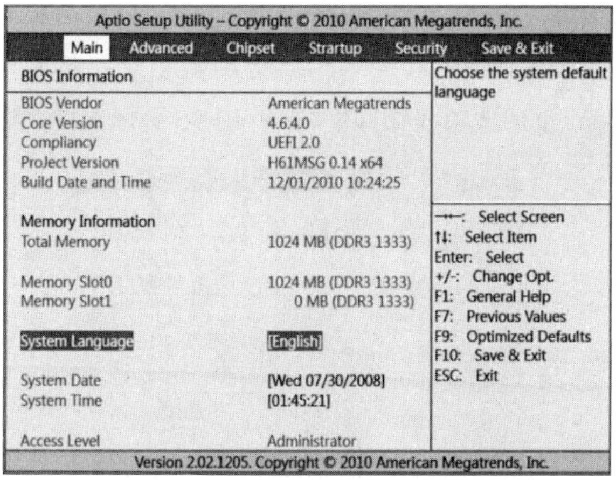

图 5-13　AMI BIOS 主界面

• Phoenix-Award BIOS：启动计算机，按“Delete”键，出现屏幕提示，如图 5-14 所示为 Phoenix-Award BIOS 的主界面。

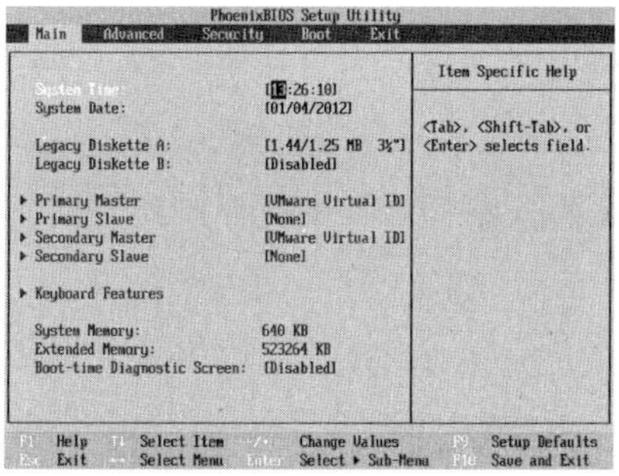

图 5-14　Phoenix-Award BIOS 主界面

5.4.2　BIOS 基本操作

1. 传统 BIOS 设置

此处，我们以 Phoenix-Award BIOS 设置为例，讲述传统 BIOS 设置。

(1)main 菜单

这里记录着电脑的主要信息，比如时间和日期等，如图 5-15 所示。

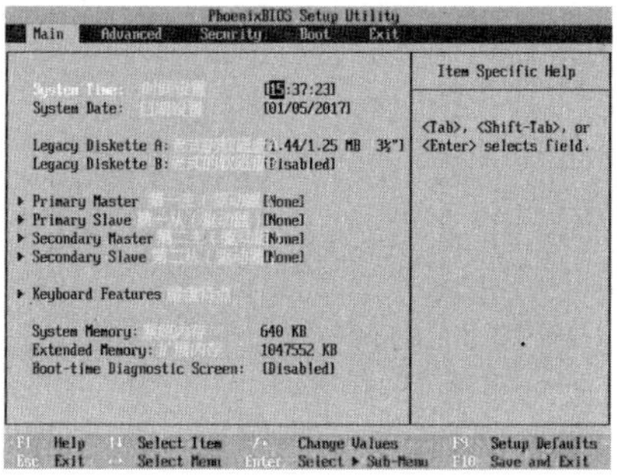

图 5-15　main 菜单

(2)Advanced 高级设置

Advanced 高级设置如图 5-16 所示，一般不需要对这些项目进行设置，有些 BIOS 会将后面 Boot 里的选项放在这里，有些 BIOS 的硬盘模式设置也是在这里。

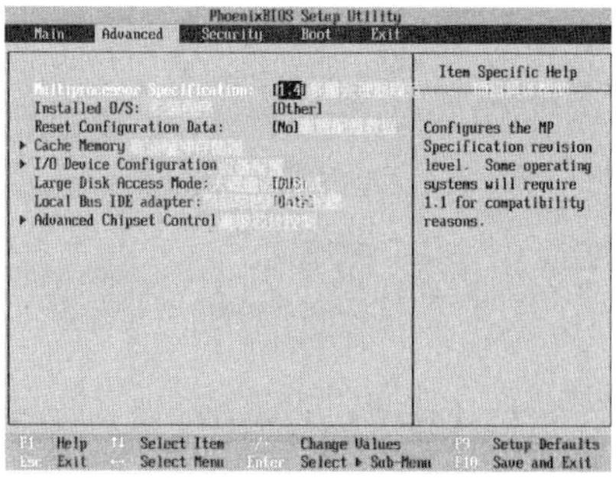

图 5-16　Advanced 高级设置

(3)Security 安全设置

Security 安全设如图 5-17 所示，在这里可以设置 BIOS 密码等，普通用户只要在系统中给自己的账号添加登录密码就可以了，不必在这里设置密码。

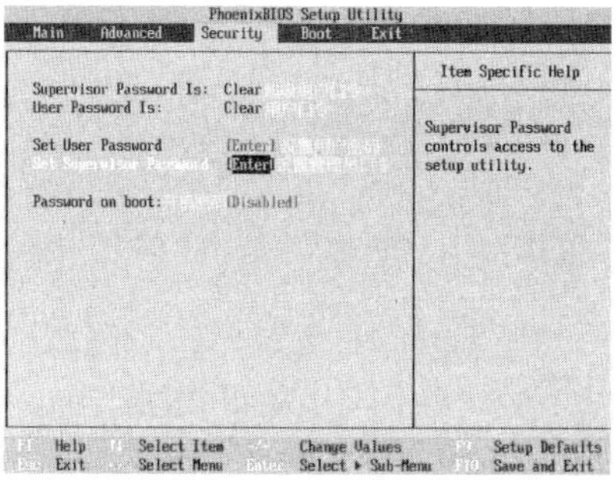

图 5-17　Security 安全设置

(4)Boot 启动选项

Boot 启动选项如图 5-18 所示，在这里可以选择电脑的启动选项，也就是从硬盘启动、U 盘启动或者光盘启动，在安装或重装操作系统时会用到这里的设置。

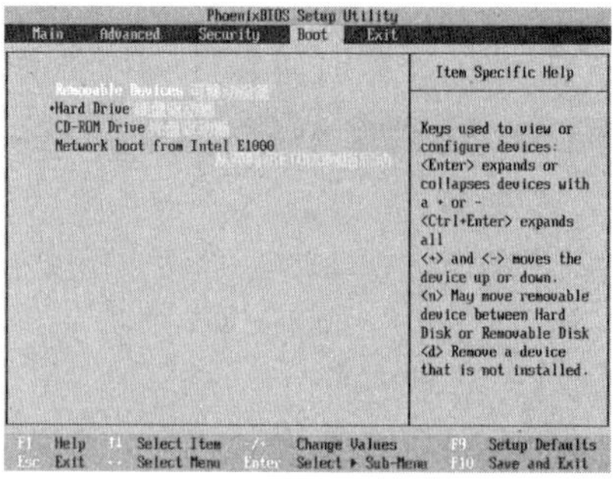

图 5-18　Boot 启动选项

(5)Exit 退出

退出 BIOS 的操作界面，如图 5-19 所示，第一项是保存并退出，对应快捷键

F10；第二项是加载默认设置，在 BIOS 设置出现错误时可以使用此项。

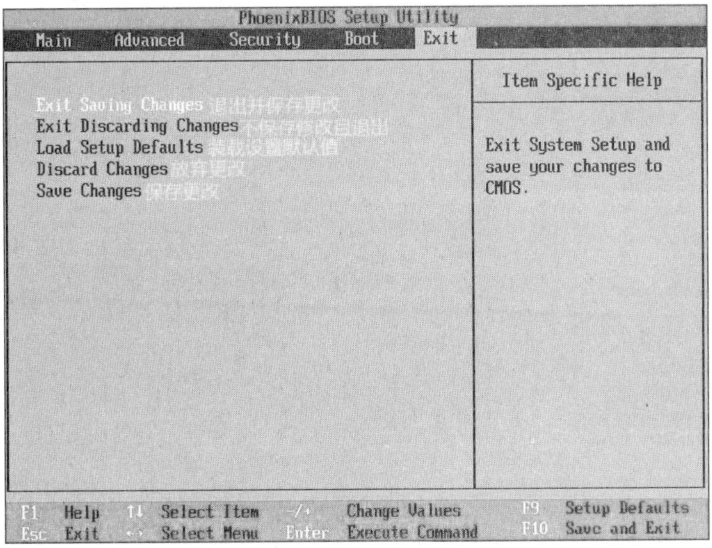

图 5-19　Exit 退出

2. UEFI BIOS 设置

(1)主菜单

进入 BIOS 设置程序的高级模式(Advanced Mode)时，首先出现的第一个画面即为主菜单，显示系统信息概要，用来设置系统语言、日期、时间与安全设置，如图 5-20 所示。

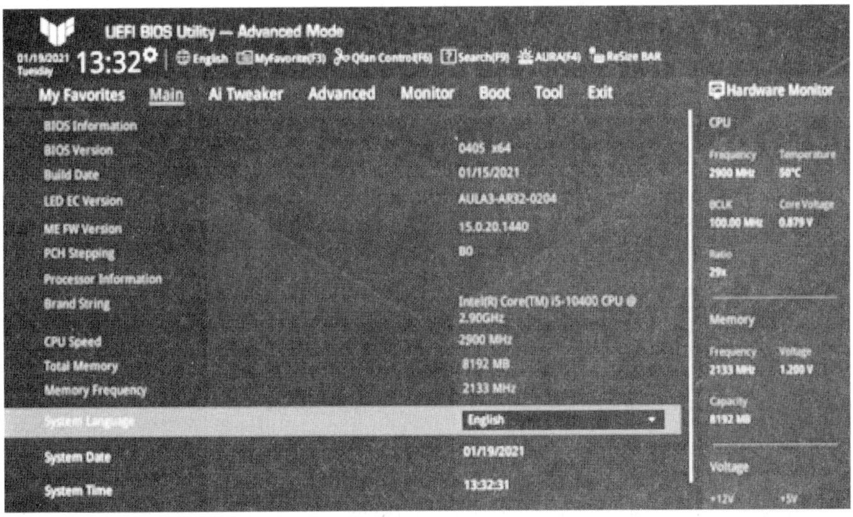

图 5-20　主菜单

(2)Ai Tweaker 菜单

Ai Tweaker 菜单中可以设置超频功能的相关选项，比如设置处理器的超频选项来达到所想要的处理器内频，如图 5-21 所示。

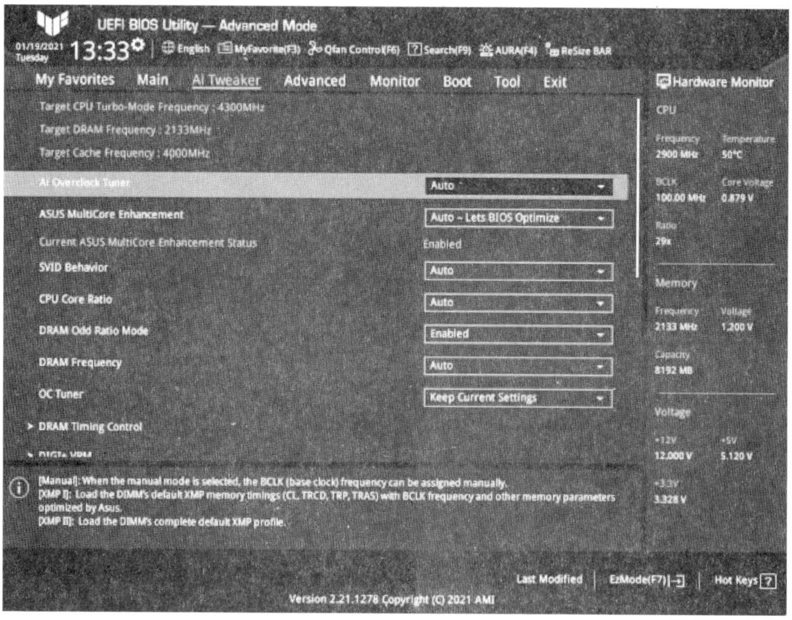

图 5-21　Ai Tweaker 菜单

(3)高级菜单

在高级菜单中,我们可以修改 CPU 与其他系统设备的细节设置,包括平台各项设置、处理器设置、系统代理设置、PCH 设置、PCH 存储设备设置、PCH-FW 设置、ThunderboltTM 设置、PCI 子系统设置、USB 设备设置、网络堆栈设置、NVMe 设置、内置设备设置、高级电源管理设置、硬盘/固态硬盘 SMART 信息等,如图 5-22 所示。

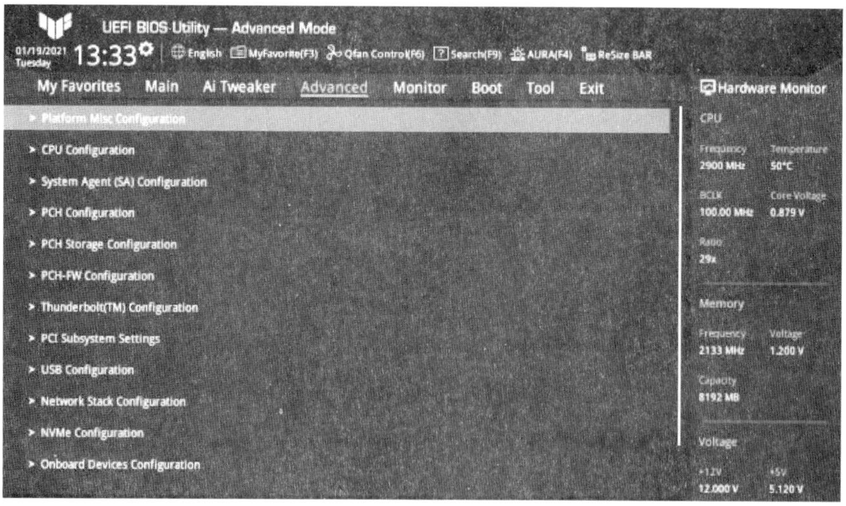

图 5-22　高级菜单

(4)监控菜单

通过监控菜单我们可以查看系统/电力状态,并可以用来修改风扇设置,如图 5-23 所示。

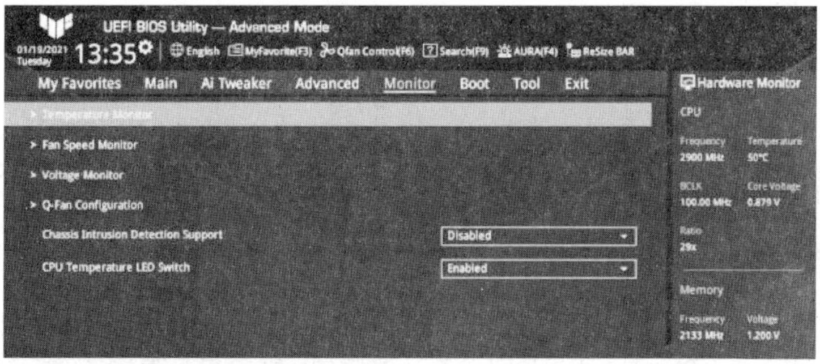

图 5-23　监控菜单

(5)启动菜单

在启动菜单中,我们可以修改系统启动设备与相关功能,如图 5-24 所示。

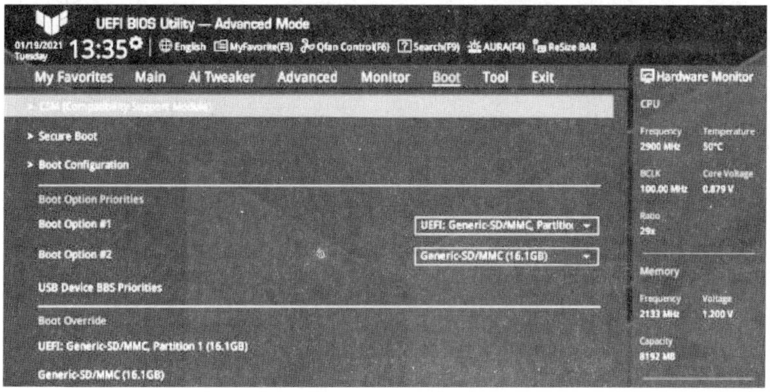

图 5-24　启动菜单

(6)工具菜单

工具菜单用来对一些特别功能进行设置,如图 5-25 所示。

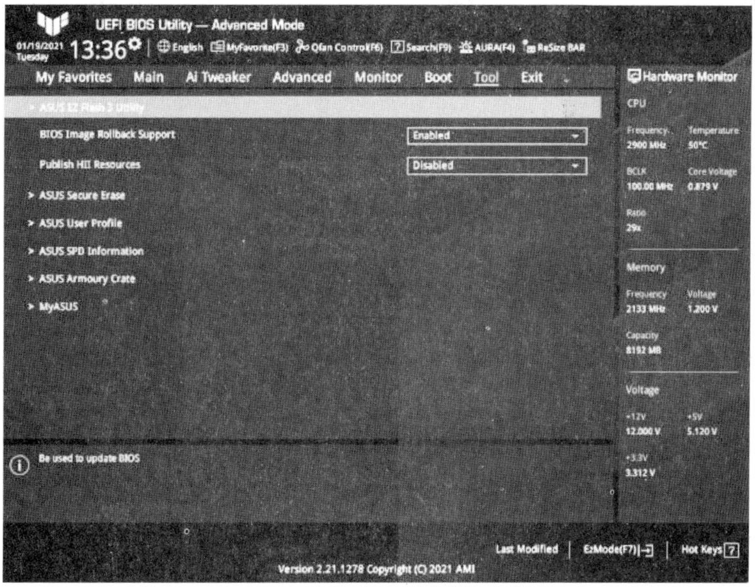

图 5-25　工具菜单

(7)退出 BIOS 程序

在退出 BIOS 菜单中,我们可以读取 BIOS 程序出厂默认值与退出 BIOS 程序,也可以由此进入 EZ 模式,如图 5-26 所示。

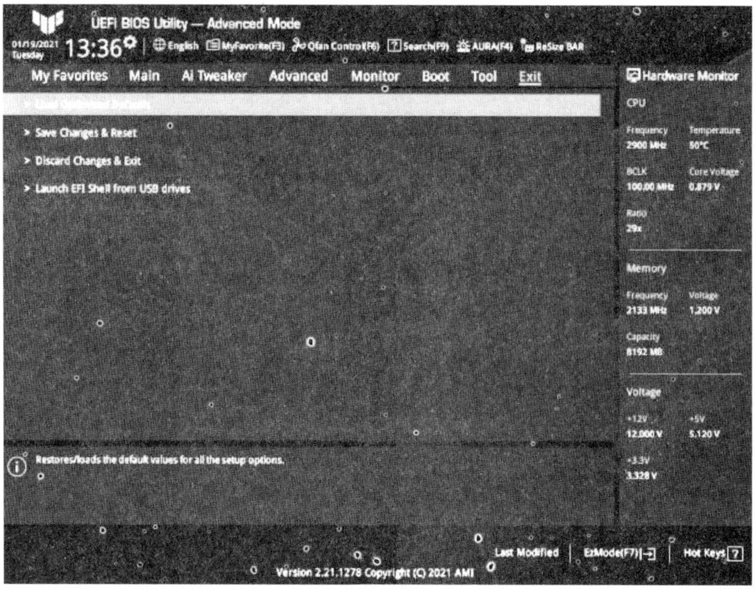

图 5-26　退出 BIOS 程序

5.4.3　设置 U 盘启动

1. 传统 BIOS 设置

以 Phoenix-Award BIOS 设置为例,插入 U 盘,开机按 F2,进入 BIOS 主界面,选择 Boot Device Priority,进入 Boot Device Priority 设置,如图 5-27 所示,选择 1st Boot Device,在菜单(见图 5-28)中选择自己的 U 盘,回车,按 F10,回车,保存并退出 BIOS。

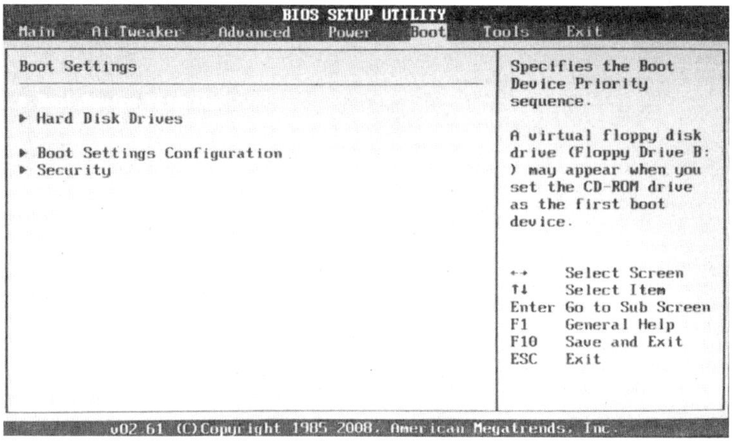

图 5-27　进入 Boot 菜单

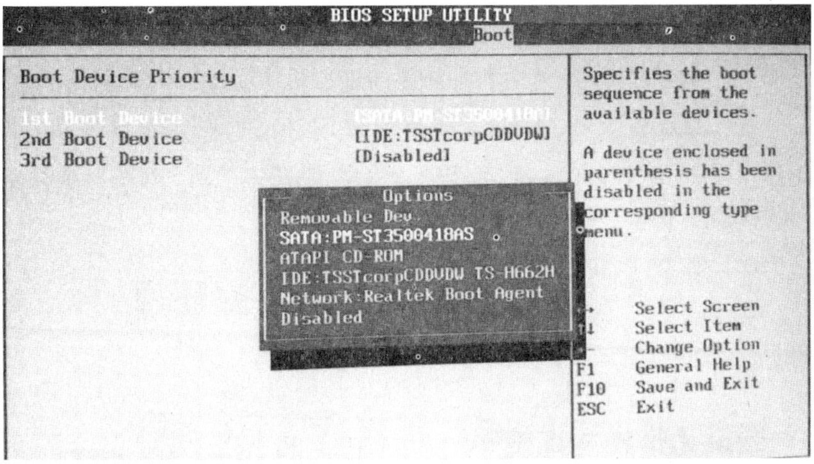

图 5-28　设置 U 盘为第一启动项

2. UEFI BIOS 设置

以华硕新版的 UEFI BIOS 为例，插入 U 盘，在电脑开机的时候，反复按下“delete”键，进入华硕主板 BIOS 设置界面，按下“F7”进入高级模式。

进入 BOOT 菜单，将 Boot option＃1 设置为自己的 U 盘，如图 5-29 所示，之后进入 CSM，如图 5-30 所示，将 boot Device Control（引导驱动器控制器）设置为 UEFI ONLY，按下“F10”保存 BIOS 设置，选择“OK”，退出 BIOS 重新启动系统。

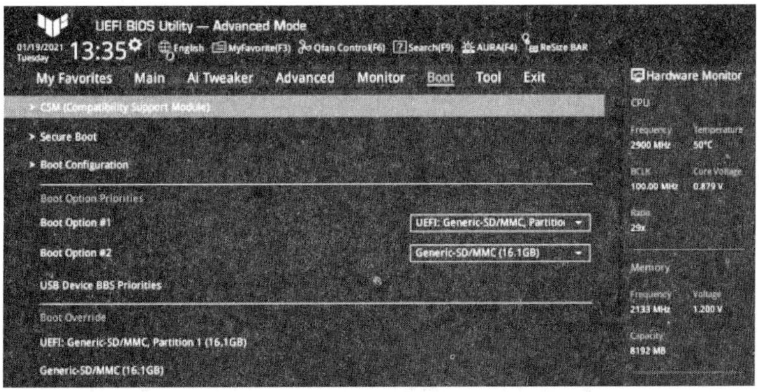

图 5-29　设置 U 盘为启动盘

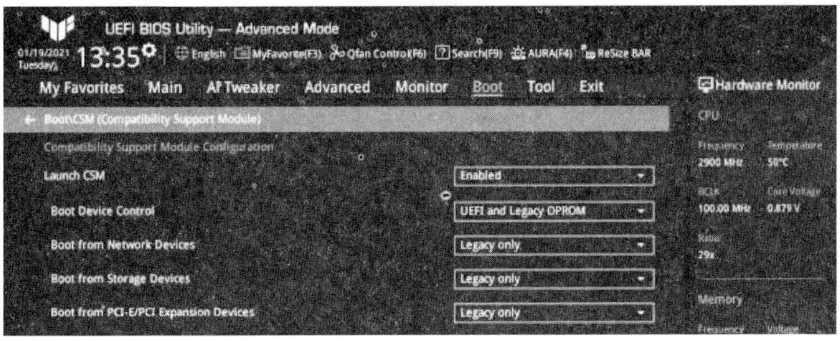

图 5-30　设置 UEFI 启动模式

动动手——BIOS 的设置

参照 5.4 小节内容在新建的虚拟机中完成以下任务。

【任务 5.4.1】查看自己电脑的 BIOS，判断 BIOS 属于什么类型。

【任务 5.4.2】结合 5.4 内容，利用搜索引擎，熟悉虚拟机 BIOS 各项设置功能。

5.5 利用虚拟机搭建实验环境

5.5.1 虚拟化技术和虚拟机

虚拟化的含义很广泛，将任何一种形式的资源抽象成另一种形式的技术都是虚拟化技术，比如进程的虚拟地址空间，就是把物理内存虚拟成多个内存空间。相对于进程级的虚拟化，虚拟机是另外一个层面的虚拟化，它所抽象的是整个物理机，包括 CPU、内存和 I/O 设备。

虚拟机是一种软件形式的计算机，和物理机一样能运行操作系统和应用程序。虚拟机可使用其所在物理机(即主机系统)的物理资源。虚拟机具有可提供与物理硬件相同功能的虚拟设备，在此基础上还具备可移植性、可管理性和安全性优势。

虚拟机拥有操作系统和虚拟资源，其管理方式非常类似于物理机。例如，您可以像在物理机中安装操作系统那样在虚拟机中安装操作系统。您必须拥有包含操作系统供应商提供的安装文件的 CD-ROM、DVD 或 ISO 映像。

在一台物理机上可以模拟出多台虚拟机(Virtual Machine，简称 VM)，每个虚拟机中都可以运行一个操作系统(OS)。提供虚拟化的平台被称为 VMM(Virtual Machine Monitor)，在其上运行的虚拟机被称为 guest VM(客户机)。

目前，虚拟机产品主要分为原生架构和寄居架构两个大类，如图 5-31 所示。

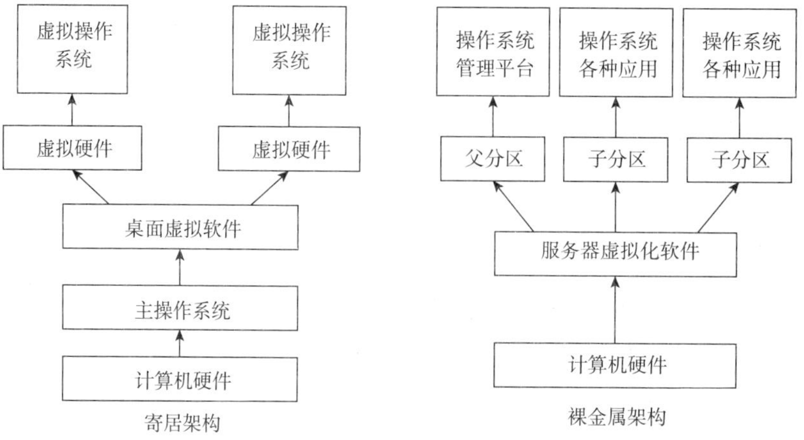

图 5-31　虚拟机架构

· 原生架构

原生架构也被称作裸金属架构。VMM 是一个完备的操作系统，它除了具备传统操作系统的功能，还具备虚拟化功能，包括 CPU、内存和 I/O 设备在内的所有物理资源都归 VMM 所有，因此 VMM 不仅要负责虚拟机环境的创建和管理，还承担着管理物理资源的责任。这种类型的虚拟机产品直接安装在计算机硬件之上，不需要操作系统的支持，可以直接管理和控制计算机中的所有硬件设备，因而这类虚拟机拥有强大的性能，主要用于生产环境。典型产品有 VMware 的 VSphere 以及微软的 Hyper-V，目前所说的虚拟化技术也正是使用的这类产品。

· 寄居架构

另外一类称为寄居架构，物理资源由 host OS 管理，host OS 是传统操作系统（比如 Linux），这些传统操作系统并不是为虚拟化而设计的，因此本身并不具备虚拟化功能，实际的虚拟化功能由 VMM 来提供。

VMM 作为 host OS 中一个独立的内核模块，通过调用 host OS 的服务来获得资源，实现 CPU、内存和 I/O 设备的虚拟化。VMM 创建出虚拟机之后，通常将虚拟机作为 host OS 的一个进程参与调度。

这类虚拟机必须要安装在操作系统之上，通过操作系统去调用计算机中的硬件资源，虚拟机本身被看作是操作系统中的一个应用软件。这种虚拟机的性能远低于原生架构的虚拟机产品，主要用于学习、测试环境。典型产品有 VMware 的 VMware Workstation 以及 Oracle 的 VirtualBox。

寄居架构的虚拟机产品中的 VMware Workstation 凭借其强大的性能以及对 Windows 和 Linux 操作系统的完美支持，得到了广泛应用。本书后续章节中的大部分实验都可以利用 VMware Workstation 来搭建实验环境。

5.5.2 安装 VMware Workstation

VMware 是功能最强大的虚拟机软件，用户可以在虚拟机同时运行各种操作系统，进行开发、测试、演示和部署软件，虚拟机中复制服务器、台式机和平板环境，每个虚拟机可分配多个处理器核心、主内存和显存。

VMware Workstation（威睿工作站）是一款功能强大的桌面虚拟计算机软件，提供用户可在单一的桌面上同时运行不同的操作系统，进行开发、测试 、部署新的应用程序的最佳解决方案。VMware Workstation 可在一部实体机器上模拟完整的网络环境，以及可便于携带的虚拟机器。VMware 在虚拟网络，实时快照，拖曳共享文件夹，支持 PXE 等方面的特点使它成为必不可少的工具。

VMware Workstation 允许操作系统（OS）和应用程序（Application）在一台虚拟机内部运行，虚拟机是独立运行主机操作系统的离散环境。

在 VMware Workstation 中，我们可以在一个窗口中加载一台虚拟机，它可以安装、运行自己的操作系统和应用程序。你可以在运行于桌面上的多台虚拟机之间切换，通过一个网络共享虚拟机（例如一个局域网），挂起和恢复虚拟机以及退出虚拟机，这一切不会影响你的主机操作和任何操作系统或者其他正在运行的应用程序。

1. VMware 下载

进入官网的 VMware Workstation Pro 页面，浏览功能特性、应用场景、系统要求等。下拉页面点击“试用 Workstation 16 Pro”下方的下载链接，跳转至下载页面，如图 5-32 所示。

图 5-32　VMware 下载页面

下载页面中，根据操作系统选择合适的产品，在这里以 Windows 10 系统为例，选择 Workstation 16 Pro for Windows，开始下载安装文件，如图 5-33 所示。

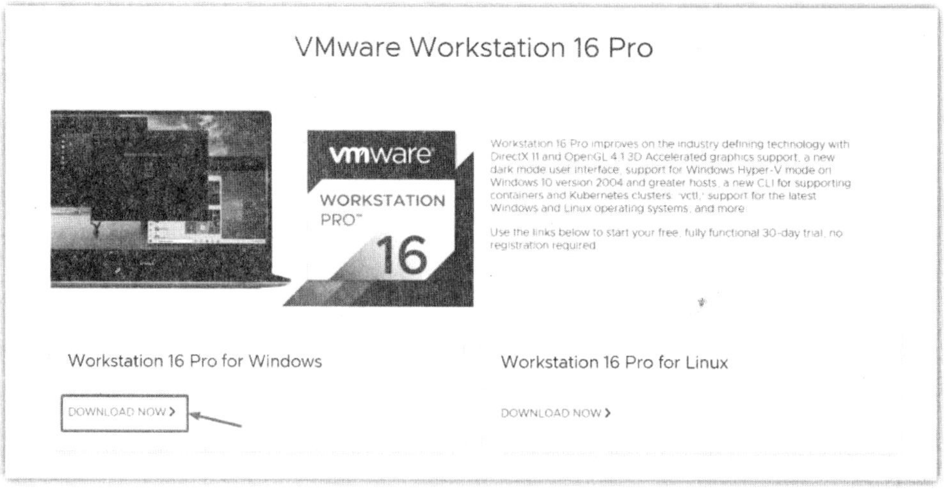

图 5-33　开始下载 VMware

2. VMware 安装

运行下载好的可执行安装文件，进入安装向导。开始安装，如图 5-34 所示。

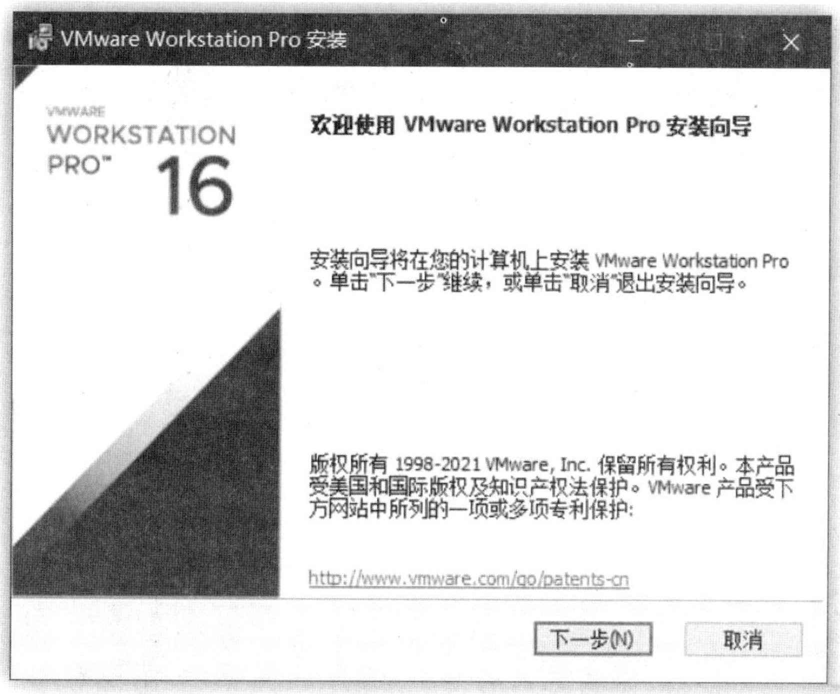

图 5-34　VMware 安装向导

安装位置默认在 C 盘下，在此选择安装在 D 盘，安装路径尽量不要有中文。可勾选"增强型键盘驱动程序"，此功能可更好地处理国际键盘和带有额外按键的键盘，如图 5-35 所示。

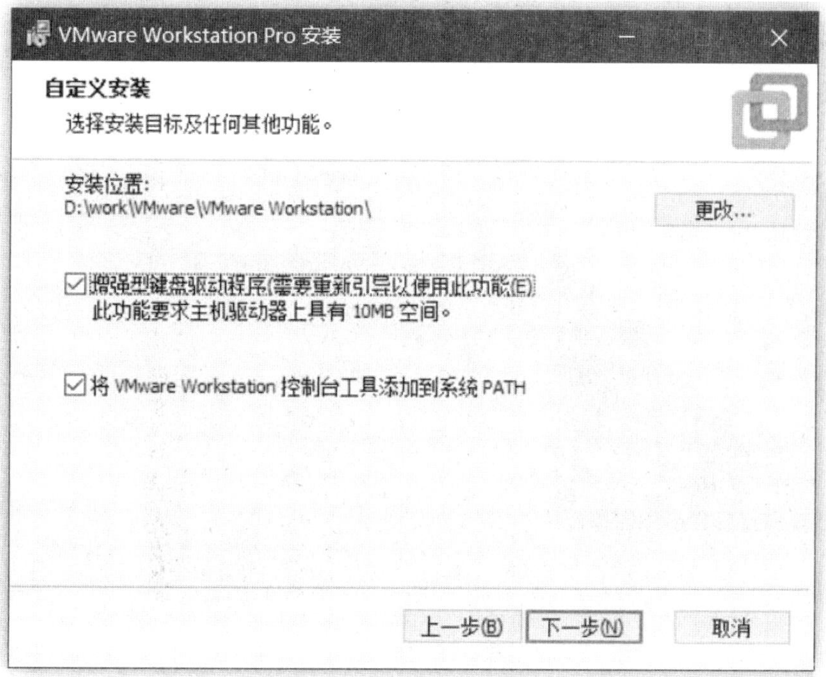

图 5-35　选择安装位置

一直点击“下一步”等待软件安装完成，如图 5-36 所示。

图 5-36　等待安装完成

安装成功后点击“许可证”输入密钥激活软件，如图 5-37 所示。

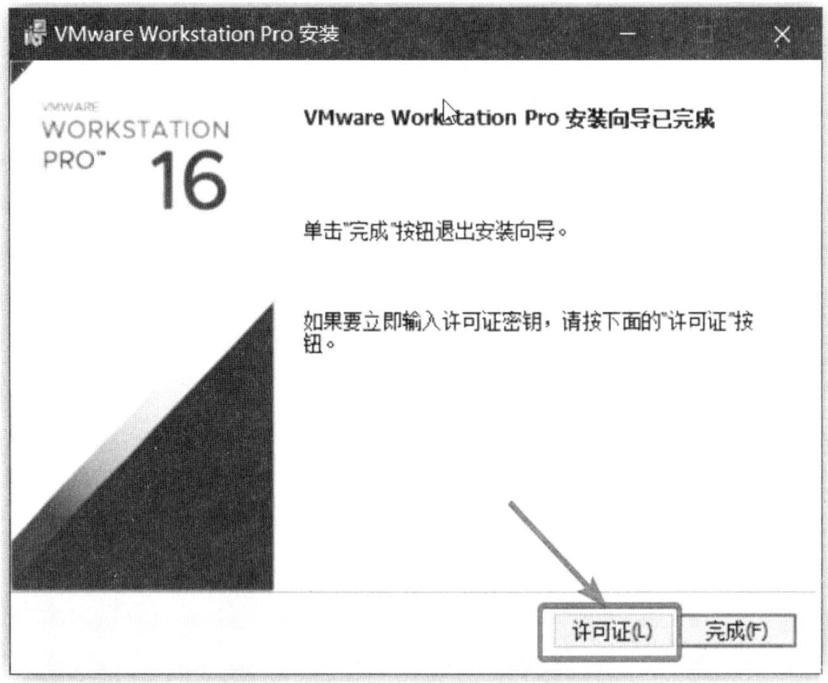

图 5-37　安装完成

将密钥填写到文本框中点击“输入”，如图 5-36 所示。

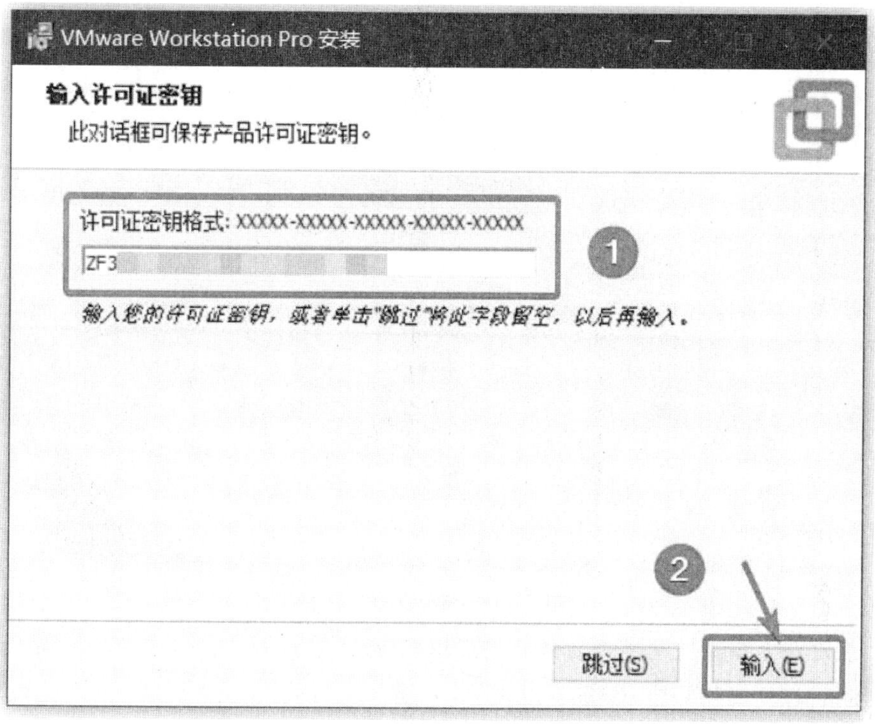

图 5-38　输入许可证密钥

安装后可能要求重启系统，重启后进入软件。依次点击导航栏中的“帮助”→“关于 VMware Workstation”，查看许可证信息的状态，如图 5-39 所示即为激活成功。

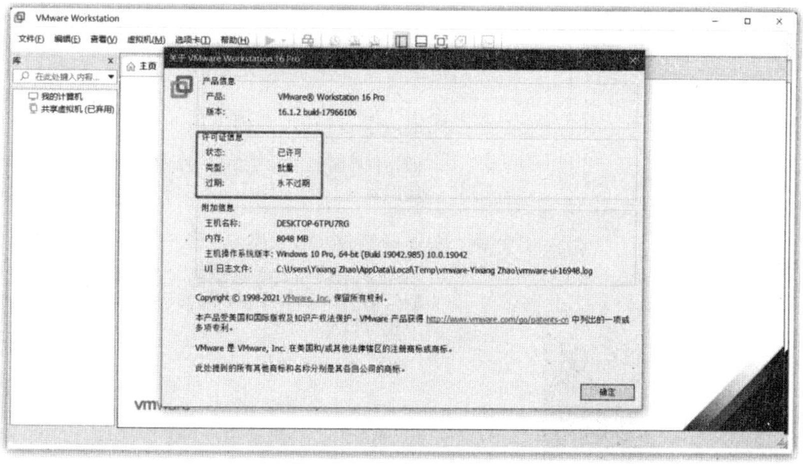

图 5-39　激活成功

5.5.3　创建 VMware 虚拟机

双击桌面上的 Vmware Workstation 快捷方式图标，我们也可以在开始菜单里找到它。运行之后，进入 VMware 主界面，如图 5-40 所示。

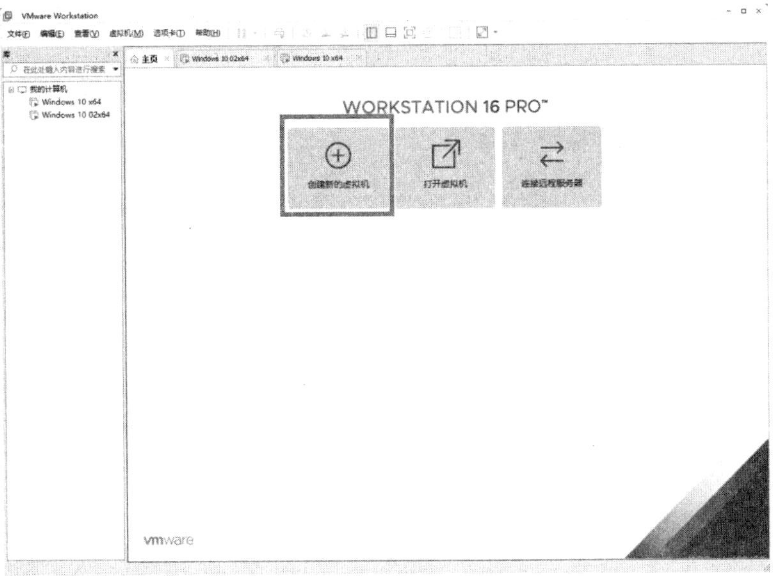

图 5-40　VMware 主界面

点击左上角文件菜单，选择“新建虚拟机”或点击右侧工作区的“创建新的虚拟机”按钮，打开安装向导，如图 5-41 所示。

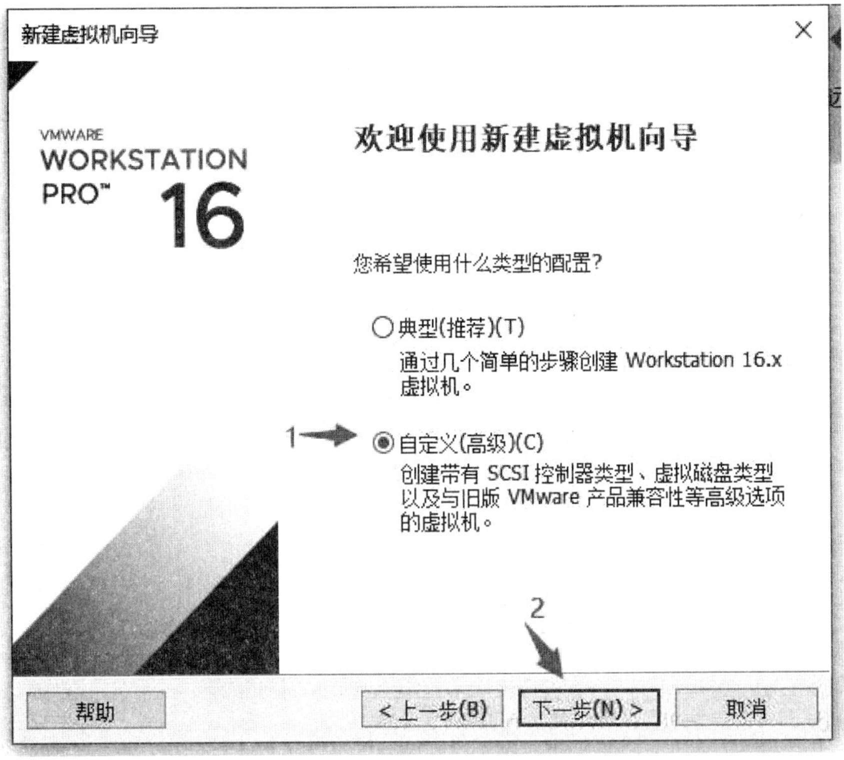

图 5-41　VMware 新建虚拟机向导

选择“自定义”，点击下一步，进入“选择虚拟机硬件兼容性”界面，如图 5-42 所示。

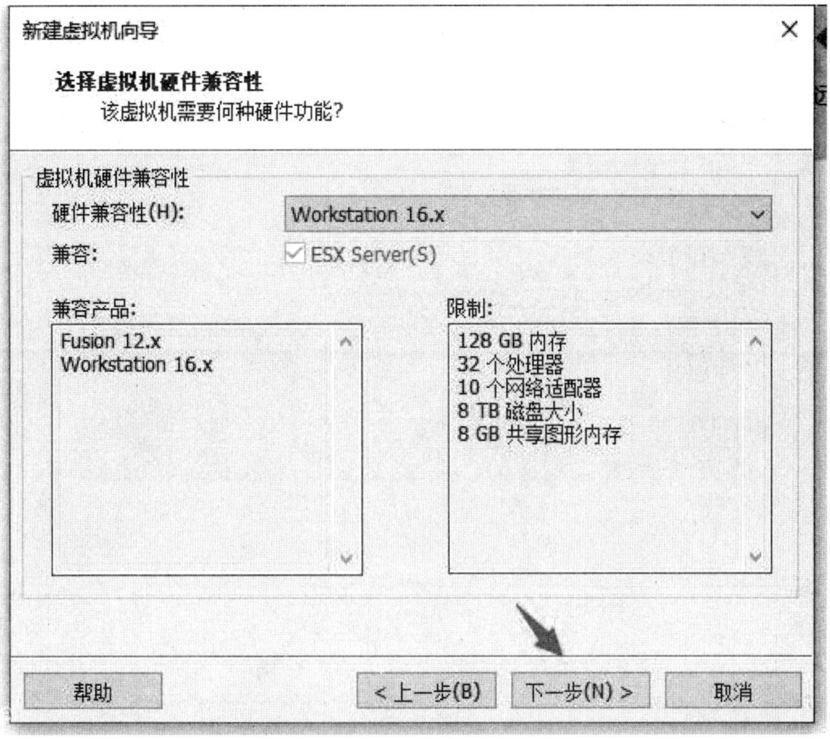

图 5-42 选择虚拟机硬件兼容性

点击下一步,进入“安装客户机操作系统”界面,如图 5-43 所示。

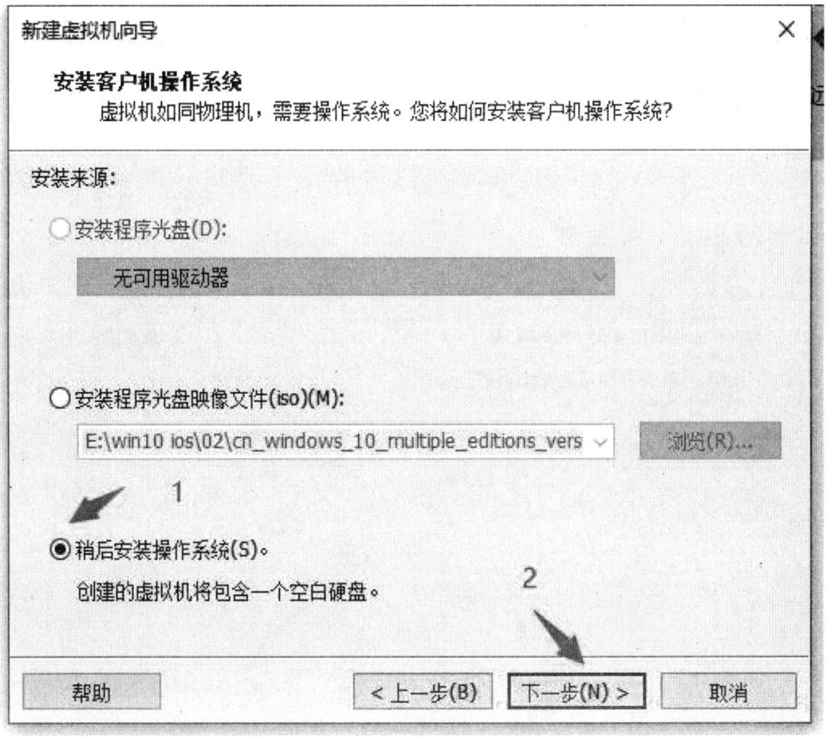

图 5-43 安装客户机操作系统

选择“稍后安装操作系统”，点击下一步，进入选择客户机操作系统界面，如图 5-44 所示。

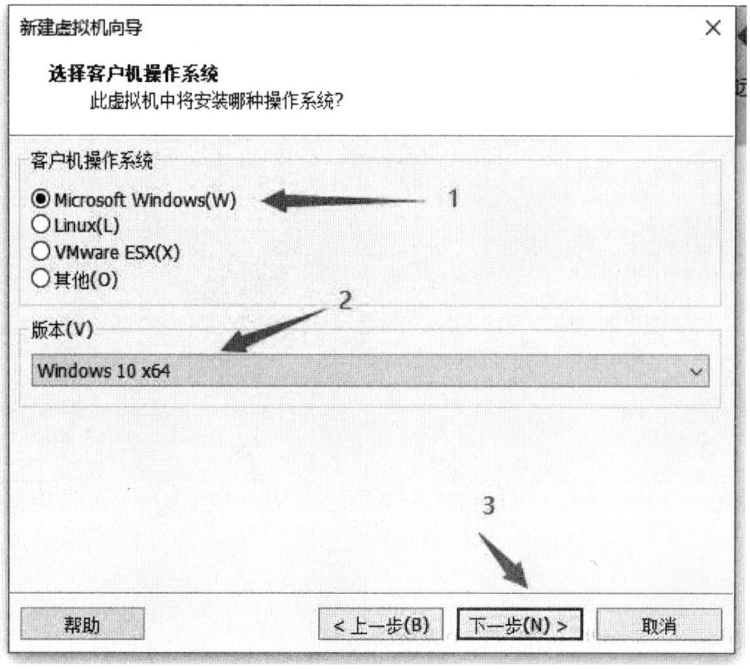

图 5-44　选择客户机操作系统

选择操作系统及版本，点击下一步，进入命名虚拟机界面，如图 5-45 所示。

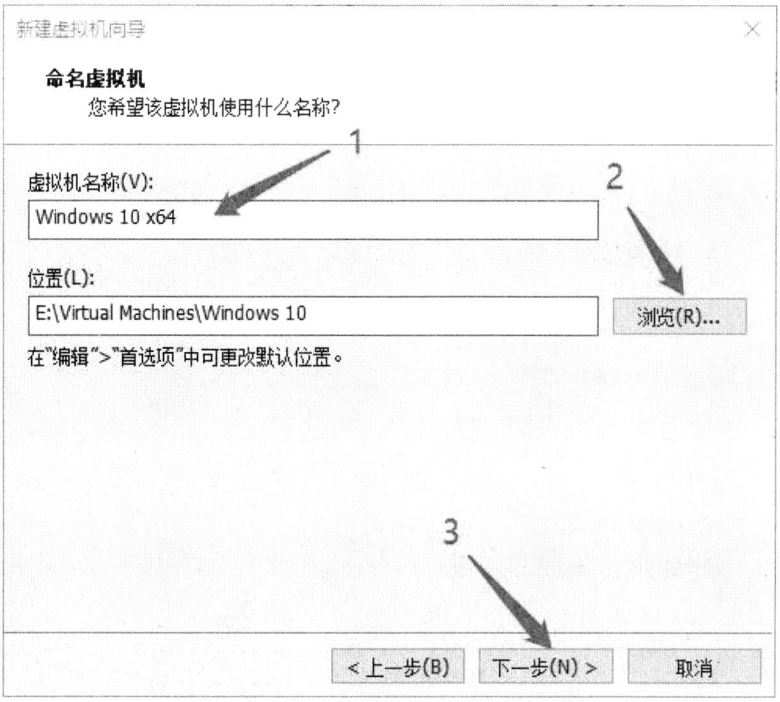

图 5-45　命名虚拟机

重命名虚拟机，在下方修改虚拟机存放的位置，注意不要使用默认位置或选择系统盘下的位置，点击下一步，进入固件类型界面，如图5-46所示。

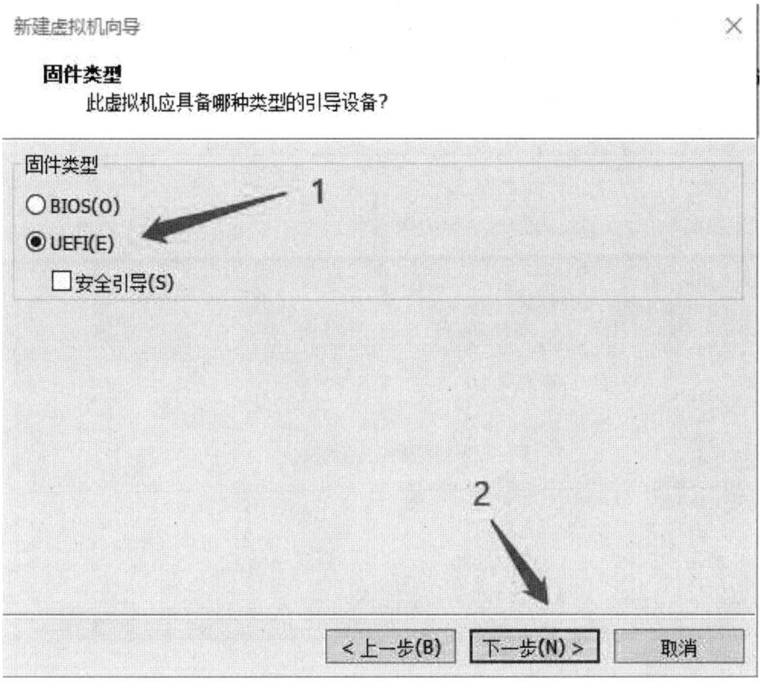

图5-46　固件类型

选择固件类型为UEFI，点击下一步进入处理器设置界面，如图5-47所示。

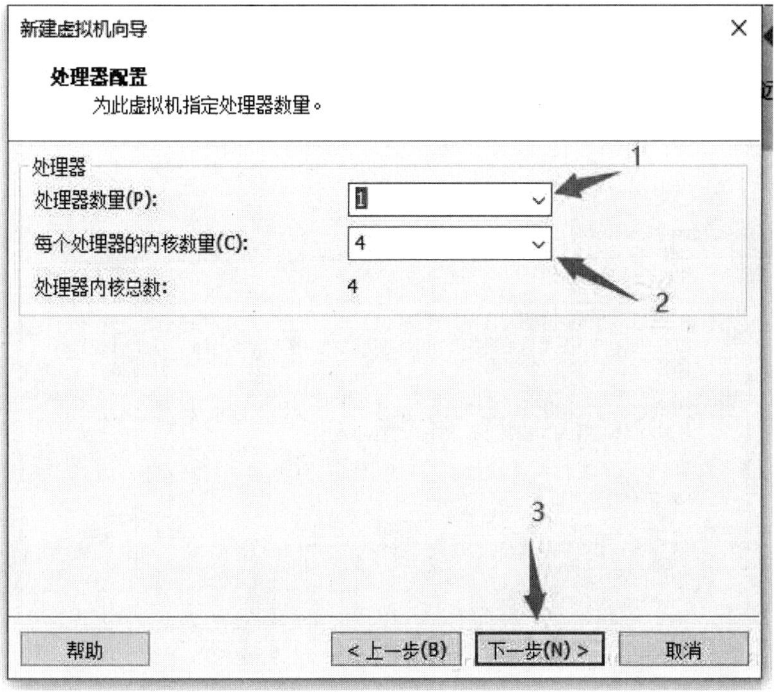

图5-47　处理器设置

根据自己电脑的 CPU 情况，参考新建虚拟机目的进行配置，满足需求即可点击下一步，进入“此虚拟机内存”界面，如图 5-48 所示。

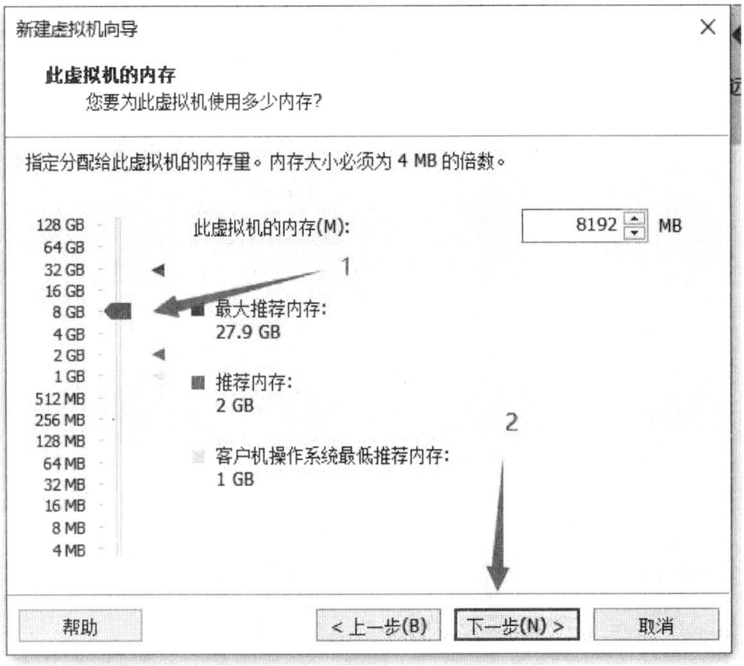

图 5-48　此虚拟机内存

根据自己电脑的内存情况进行配置，也可直接选择推荐内存，点击下一步，进入“网络类型”界面，如图 5-49 所示。

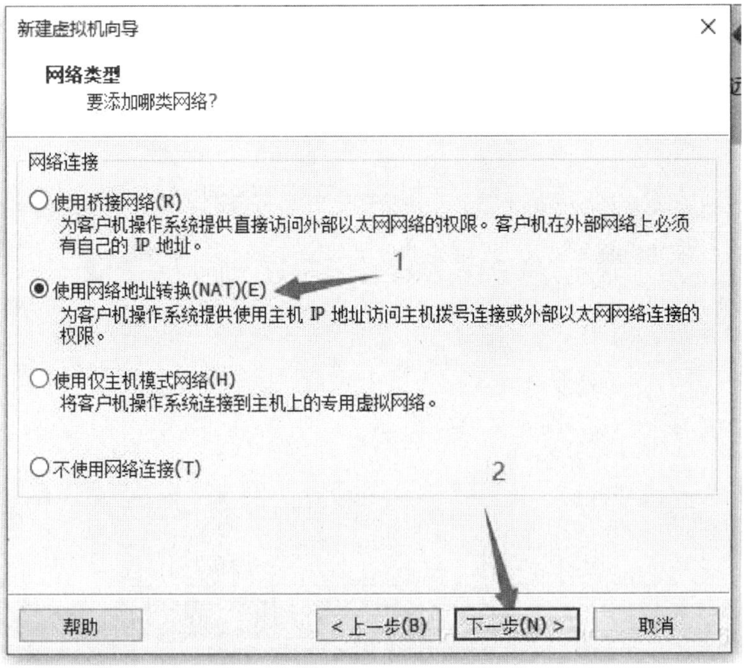

图 5-49　网络类型

网络类型设置用于设置虚拟机连接外部网络的方式：

• 使用桥接网络：虚拟机直接连接外部网络，会分配到独立的 IP 地址；

• 使用网络地址转换（NAT）：客户机通过主机搭建的 DHCP 服务获取内部 IP 地址，将来通过主机提供的 NAT 服务连接外部网络。

此处根据自己主机所处网络情况进行选择，如果不太熟悉网络情况，也可直接选择“使用网络地址转换（NAT）”，点击下一步依次进入“选择 I/O 控制器类型”“选择磁盘类型”“选择磁盘”界面，都进行默认选择，之后进入“指定磁盘容量”界面，如图 5-50 所示。

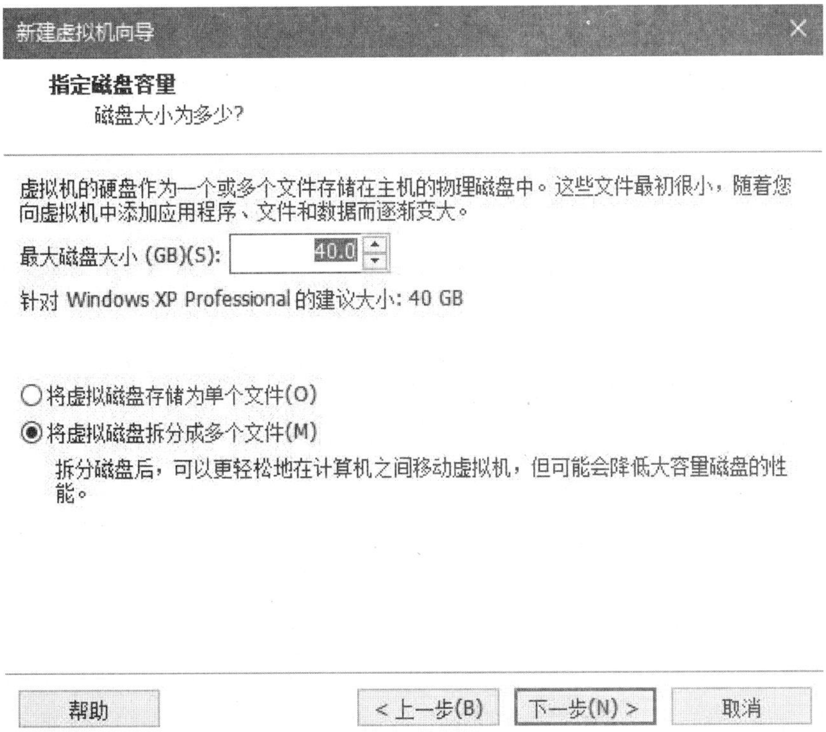

图 5-50　指定磁盘容量

根据自己需求指定最大磁盘空间，并选择下方“将虚拟磁盘拆分成多个文件”，点击下一步，进入“指定磁盘文件”界面，默认，直接下一步，进入“已准备好创建虚拟机”界面，如图 5-51 所示，此处，点击“完成”按钮，完成安装。也可以点击“自定义硬件”按钮打开“硬件”对话框，如图 5-52 所示，在这里可以修改内存、处理器等硬件配置，之后点击“关闭”返回“已准备好创建虚拟机”界面，点击“完成”按钮，完成安装。

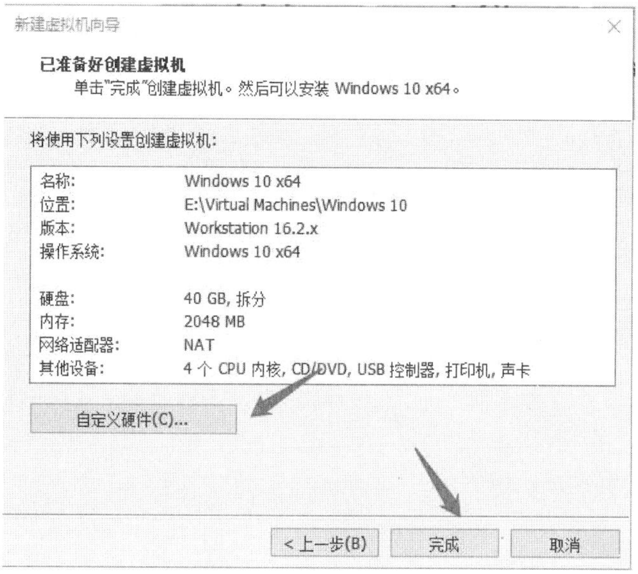

图 5-51　自定义硬件

图 5-52　自定义硬件

动动手——搭建 VMware Workstation 虚拟机实验环境

参照 5.5 小节内容，完成以下任务。

【任务 5.5.1】在自己的电脑中下载安装 VMware Workstation 16.0。

【任务 5.5.2】在 Vmware Workstation 中创建配置 Windows 10 虚拟机。

5.6 安装操作系统

5.6.1 安装 Windows 10

回到 VMware 主界面，插入 5.3 中制作的启动 U 盘，在左侧列表中选中 5.4.3 创建的虚拟机，右侧点击“开启此虚拟机”，如图 5-53 所示，之后虚拟机启动。

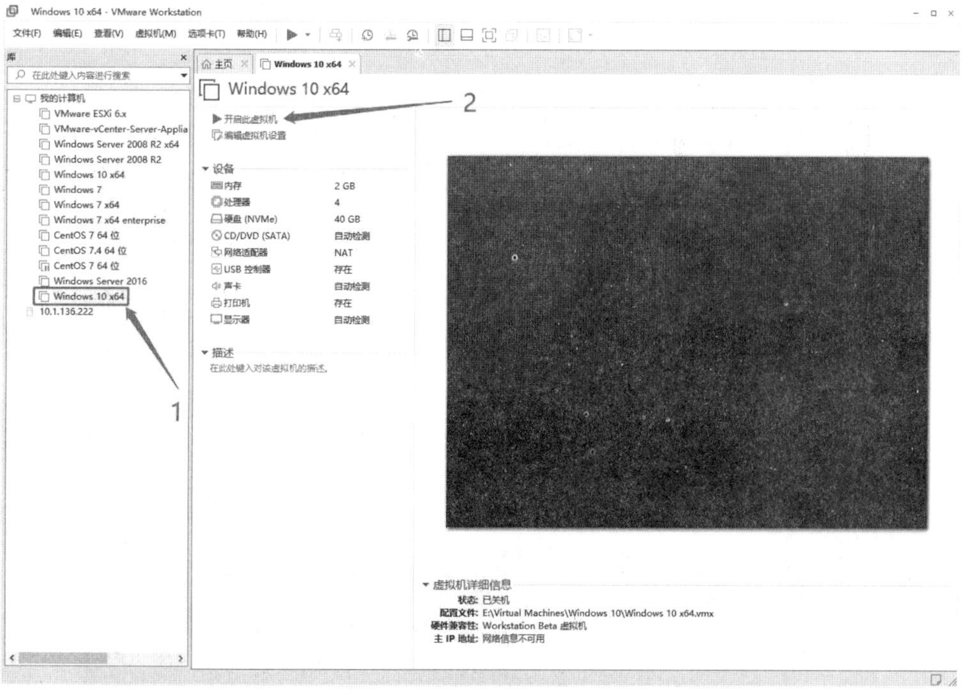

图 5-53 开启虚拟机

按 F2 进入 BIOS 设置，将 U 盘设置为第一启动项，按 F10 保存退出，虚拟机重新启动后 U 盘启动进入 Windows 10 安装向导，如图 5-54 所示。

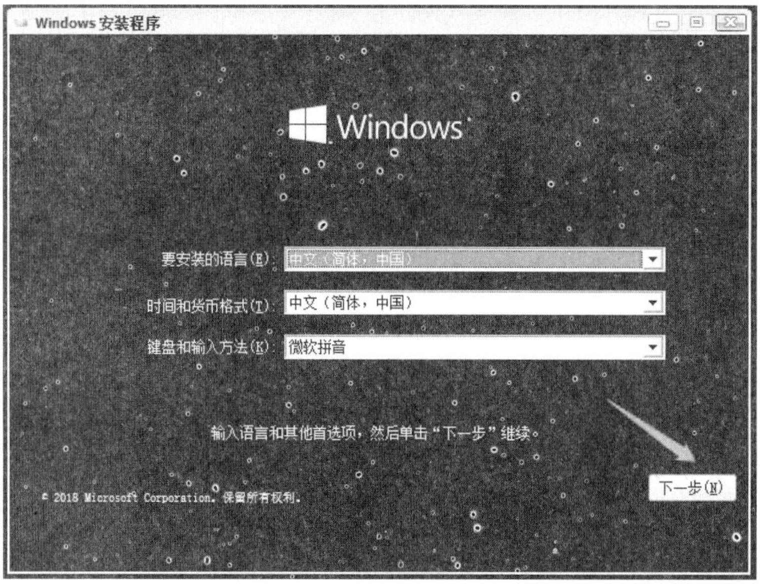

图 5-54　Windows 安装向导

点击下一步，在出现的界面中点击“现在安装”按钮，启动安装程序，进入“激活Windows”界面，如图 5-55 所示。

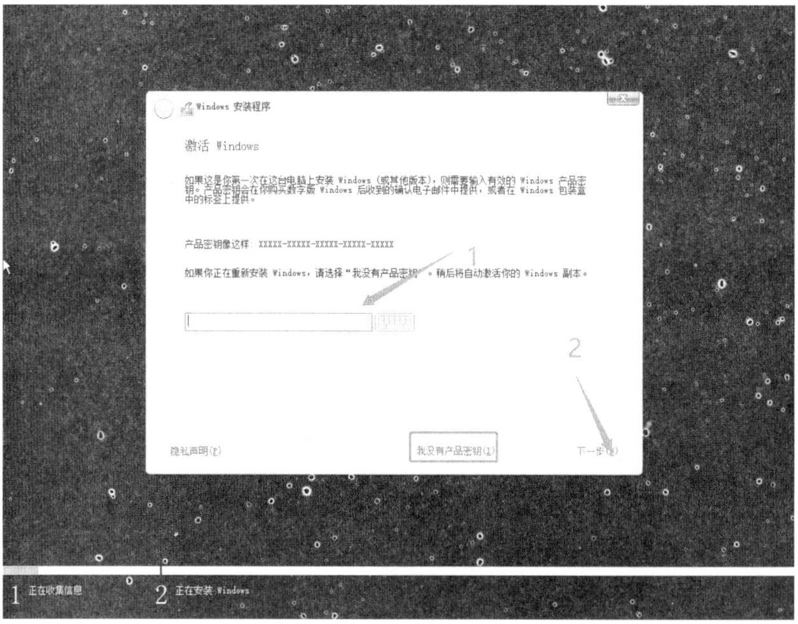

图 5-55　激活 Windows

在此输入产品密钥，点击下一步，或选择下方“我没有产品密钥”暂时不输入产品密钥，进入“许可协议”界面，如图 5-56 所示。

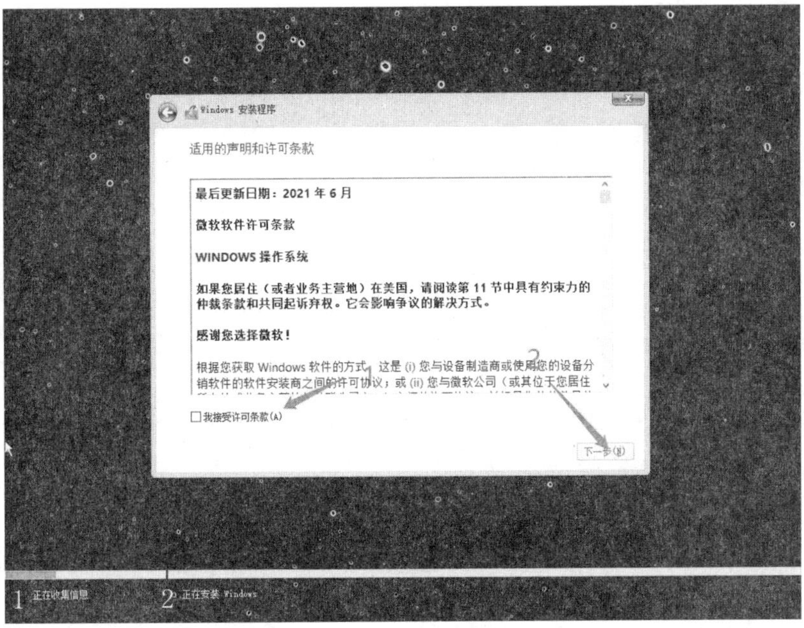

图 5-56　许可协议

点选“我接受许可协议”，点击下一步，进入“安装类型选择界面”，如图 5-57 所示。

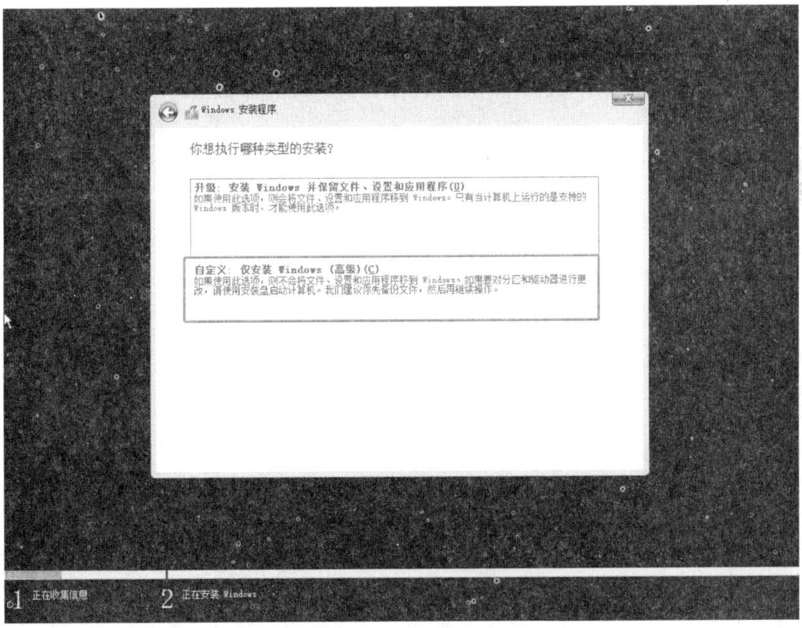

图 5-57　安装类型选择

选择“自定义：仅安装 Windows（高级）”，点击下一步进入安装位置选择界面，如图 5-58 所示。

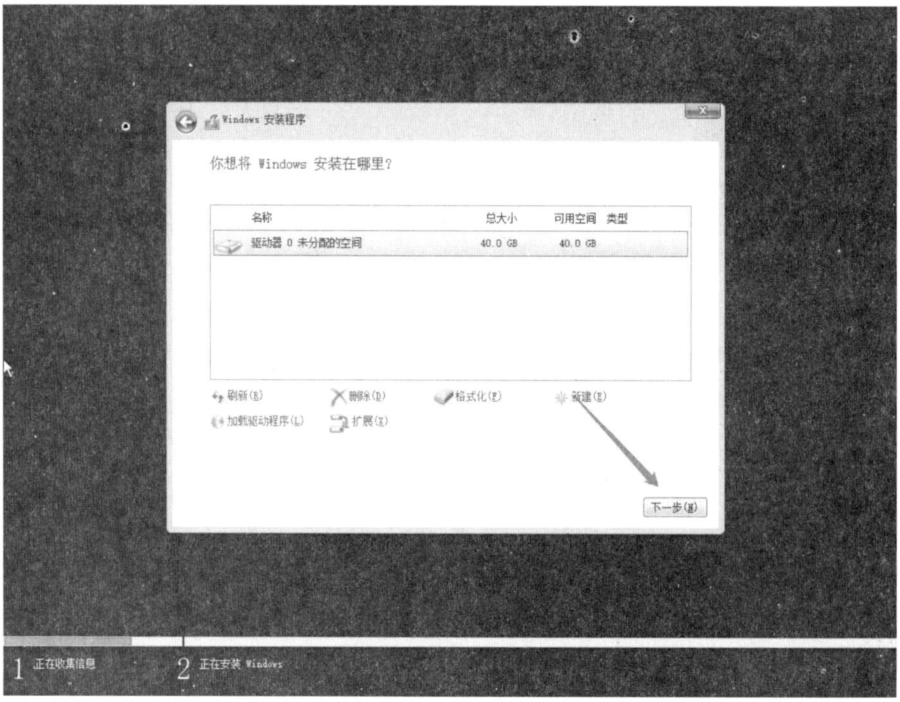

图 5-58　安装位置选择

调整分区或直接点击下一步,进入“正在安装 Windows”界面,如图 5-59 所示。

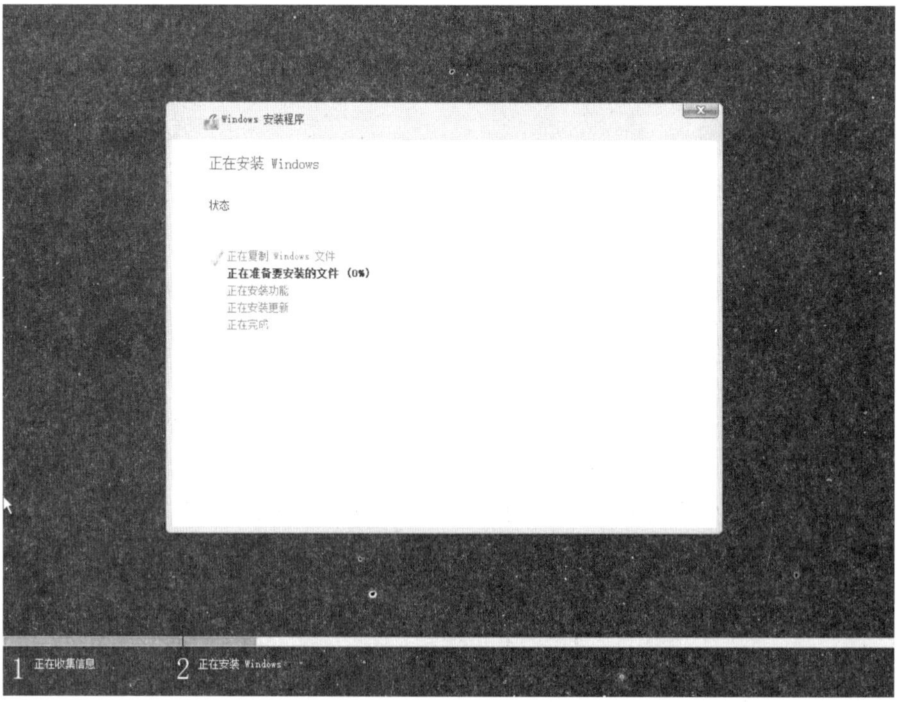

图 5-59　正在安装 Windows

耐心等待安装完成,虚拟机重新启动,拔出启动 U 盘,虚拟机由硬盘引导进入 Windows 10 配置向导,如图 5-60 所示。

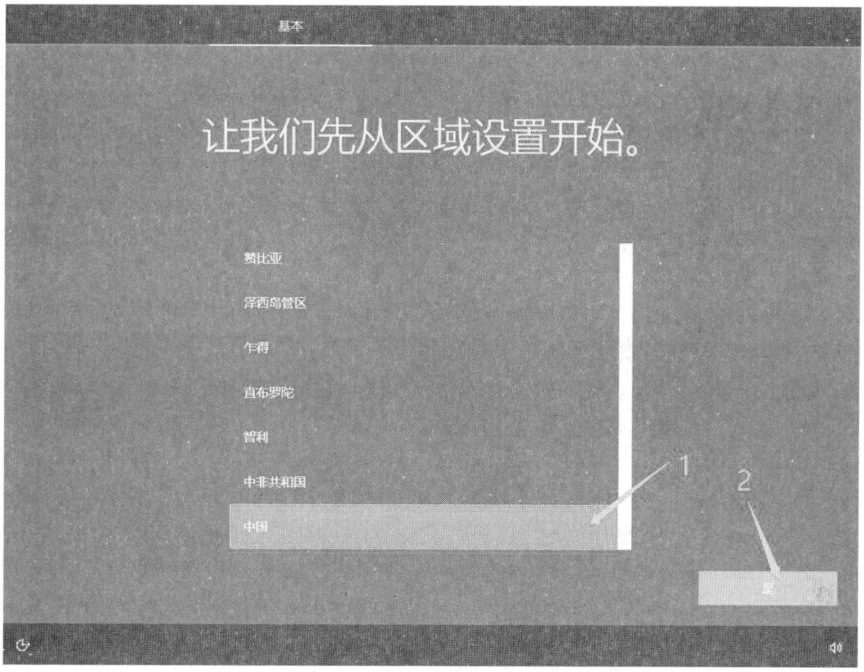

图 5-60　Windows 配置向导

选择区域为“中国”，点击“是”，接下来选择默认的键盘布局，跳过第二种键盘布局设置，进入如图 5-61 所示“账户”界面，

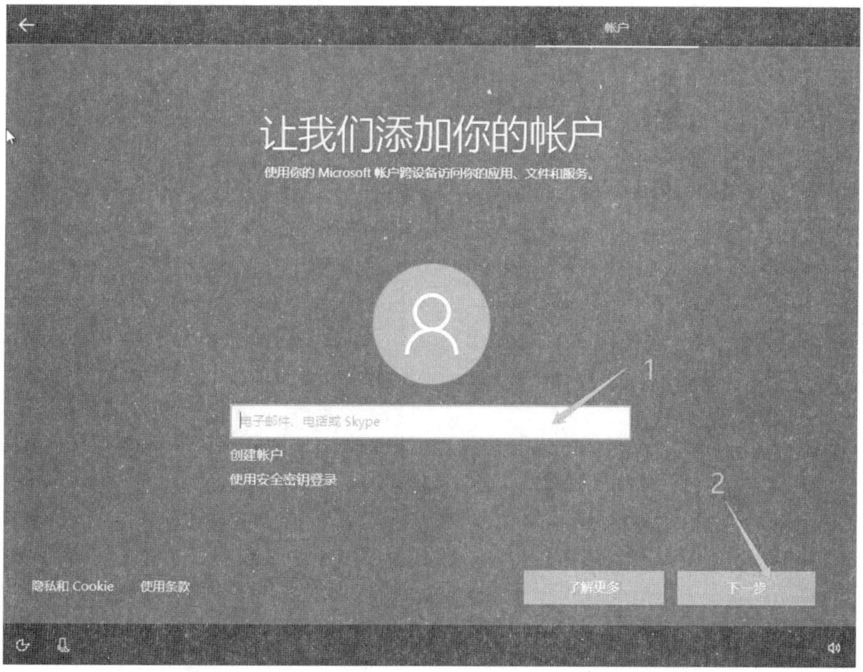

图 5-61　选择设置方式

输入 Microsoft 账户点击下一步，输入账户密码（如果暂时没有 Microsoft 账户，可点击“创建账户”创建新的 Microsoft 账户），账户、密码验证成功后，点击下一步，点

击“创建 PIN”按钮，进入“Windows 安全中心，设置 PIN”界面，如图 5-62 所示。

图 5-62　设置 PIN

输入包括字母和符号的 PIN 以代替密码，后续使用 PIN 登录设备、应用和服务时会更容易。点击“确定”按钮，进入“隐私设置”界面，如图 5-63 所示。

图 5-63　隐私设置

依向导提示根据自己的实际情况选择隐私设置，包括位置、查找我的设备、诊断数据、墨迹书写和键入等，设置完成点击“接受”按钮，进入“自定义个性化体验”界面，如图 5-64 所示。

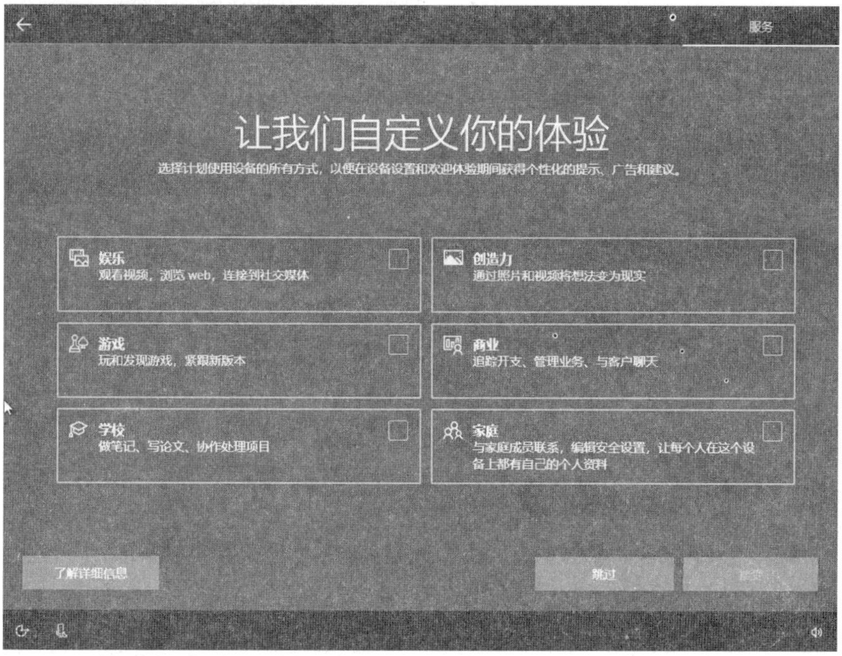

图 5-64　自定义个性化体验

如需设置个性化体验，选择所要的个性化体验选项，点解“接受”，否则，点击“跳过”按钮，进入“Microsoft 365 免费试用版选择”界面，如图 5-65 所示。

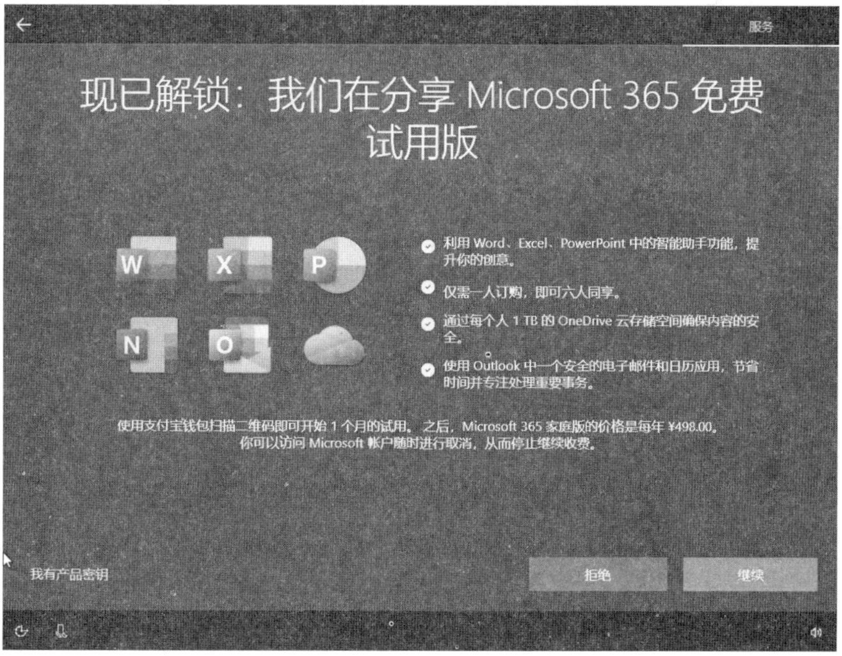

图 5-65　Microsoft 365 免费试用版选择

如果需要使用此产品，点击“继续按钮”，接受 Microsoft 365 免费试用，接下来添加支付宝账户领取 Microsoft 365 免费试用产品 1 个月使用资格，否则点击拒绝，稍等片刻，完成 Windows 10 Home 版安装，进入 Windows 10 Home 桌面，如图 5-66 所示。

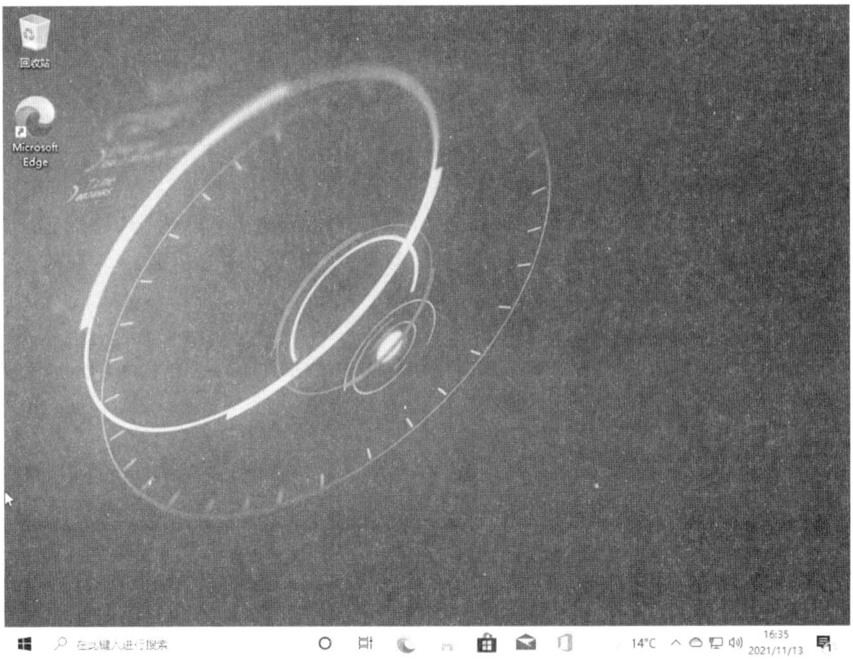

图 5-66　Windows 10 Home 桌面

5.6.2　VMware Workstation 的高级设置

1. 安装和升级 VMware Tools

VMware Tools 是 VMware Workstation 虚拟机软件的增强工具包，是 VMware 提供的增强虚拟显卡和硬盘性能、以及同步虚拟机与主机文件的驱动程序。在 VMware Workstation 中安装 VMware Tools 后即可以实现真机与虚拟机直接拖放文件，实现无缝操作（无需每次都按“Ctrl + Alt”键），还可以让你的虚拟机更加流畅运行，显示效果更好。不同的系统需要安装相应的 VMware Tools，有 VMware Tools for windows、VMware Tools for linux 及 VMware Tools for mac 之分。

（1）VMware Tools 有什么用？

安装 VMware Tools 是创建新虚拟机的必需步骤。只有在 VMware 虚拟机中安装好了 VMware Tools，才能实现主机与虚拟机之间的文件共享，同时可支持自由拖拽的功能，鼠标也可在虚拟机与主机之前自由移动(不用再按 Ctrl+Alt)，且虚拟机屏幕也可实现全屏化。

(2)安装 Vmware Tools

不同的系统，安装 VMware Tools 的方式也不同。这里我们主要介绍一下 Windows 系统如何安装 VMware Tools。

①启动 VMware Workstation，运行虚拟机进入虚拟的 Windows 操作系统中。然后选择虚拟机菜单上的"虚拟机->安装 VMware Tools"菜单，如图 5-67 所示。

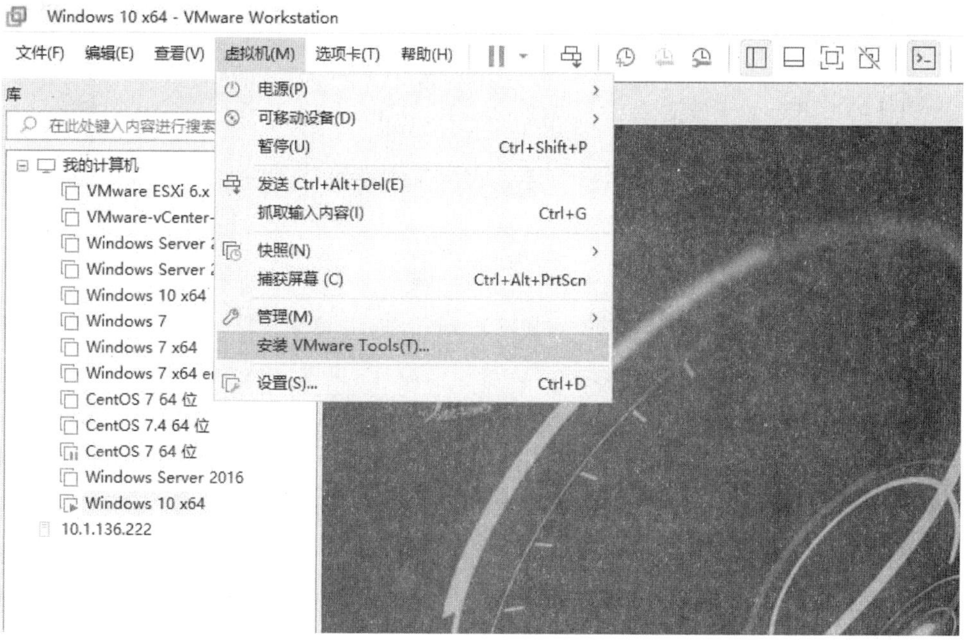

图 5-67　开始安装 VMware Tools

注意：如果虚拟机没有安装操作系统，VMware Tools 是无法安装的，所以安装 VMware Tools 之前必须保证你已经安装了虚拟机的操作系统，并且不同的系统，VMware Tools 都是不一样的。

②系统自动加载 Windows 的 VMware Tools 的镜像文件(windows. iso)，并自动启动安装程序。

如果你的虚拟机未能自动加载镜像文件，可以打开"虚拟机"—"设置"—"硬件(CD/DVD)"，如图 5-68 所示，手动加载 VMware Workstation 安装路径下的 windows. iso 文件，然后回到虚拟机系统，刷新一下，光驱盘符就会显示已经加载的镜像文件了。

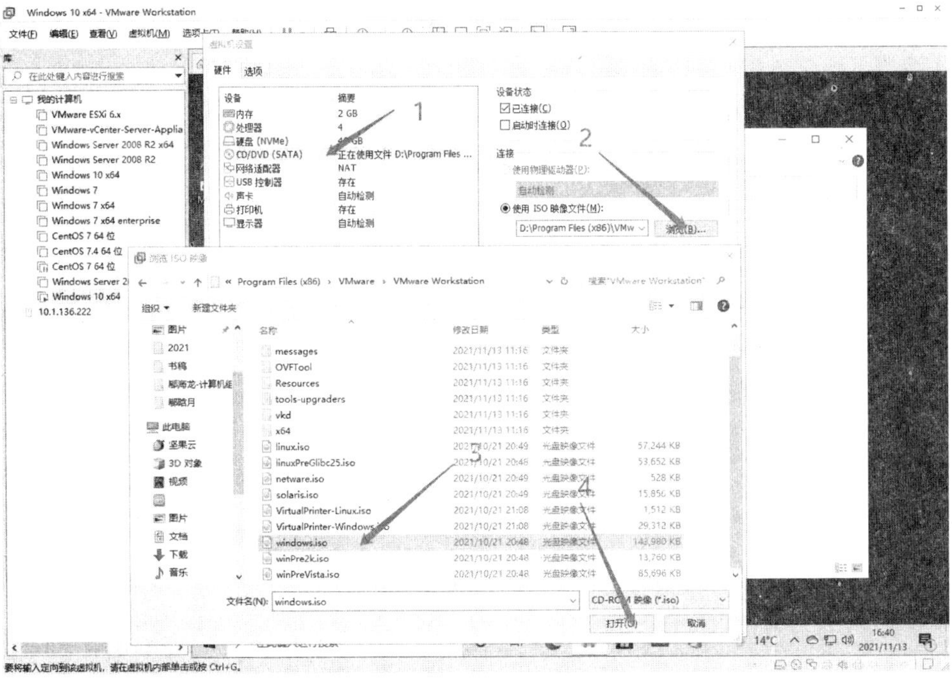

图 5-68　手动加载 VMware Tools 镜像

双击光驱盘即可启动 VMware Tools 安装程序(也可以打开光驱盘符，运行里面的 setup. exe 程序)，安装完毕重启虚拟机。

动动手——动手安装操作系统

参考 5.6 小节内容完成以下任务。

【任务 5.6.1】为新建的 Windows 10 虚拟机安装 Windows 10 Home 版操作系统。

【任务 5.6.2】在 VMware 中为安装好的 Windows 操作系统安装 VMware Tools。

5.7　安装管理驱动程序

驱动程序(Device Driver)是一种使计算机操作系统和设备进行通信的特殊程序，相当于硬件的接口，操作系统只能通过这个接口才能控制硬件设备的工作。也就是说，正是通过驱动程序，各种硬件设备才能正常运行，达到既定的工作效果，否则就无法正常工作。例如，没有网卡驱动，便不能使用网络；没有声卡驱动，便不能播放声音。

通常，操作系统会自动为大多数硬件安装驱动，但对于主板、显卡等设备，需要为其安装厂商提供的驱动，这样才能最大限度地发挥硬件性能。此外，当操作系统没有自带某硬件的驱动时，便无法自动为其安装正确的驱动，这就需要我们手动安装，例如某些声卡，以及打印机和扫描仪等。

1. Windows 10 驱动程序管理

右键单击“开始”按钮，在打开的菜单中的选择，在弹出的快捷菜单中点击“设备管理器”，打开“设备管理器”窗口，也可以按 Windows+R 快捷键打开“运行”，在运行界面中的输入框中输入 devmgmt. msc，点击下方的确定按钮，打开设备管理器。可在其中查看计算机中已经安装了的硬件设备及驱动程序，如图 5-69 所示。

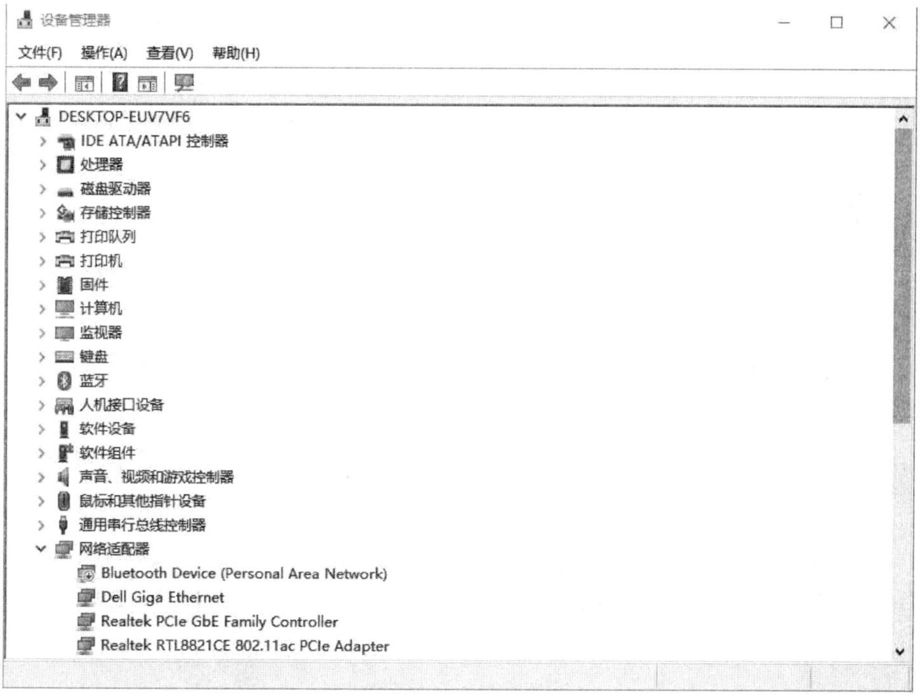

图 5-69　设备管理器

如果看到某个设备名称前显示了黄色的问号，表示该硬件未能被操作系统所识别，此时需要安装该硬件驱动；如果设备名称前显示感叹号指该硬件未安装驱动程序或驱动程序安装不正确，此时需要重新安装此设备驱动程序。

2. 驱动程序的获取

通常驱动程序可以通过操作系统自带、硬件设备附带的光盘和网上下载 3 种途径获得。

(1)安装的操作系统，如 Windows 10 系统中已经附带大量的驱动程序，这样在系统安装完成后，便会自动为相关硬件安装驱动程序。

(2)各种硬件设备的生产厂商都会针对自己的硬件设备开发专门的驱动程序，

并在销售硬件设备的同时一并免费提供给用户。

(3)我们还可以在互联网中找到硬件设备生产厂家的官方网站或在各大下载网站中下载相应的驱动程序。此外,也可以通过第三方软件,如驱动精灵、驱动人生自动从网上搜索与计算机硬件相匹配的驱动程序并安装。

3.使用驱动精灵安装和管理驱动程序

一般来说,计算机硬件设备驱动程序都可以在产品附赠的光盘中找到,如果光盘已经丢失,可以根据产品型号到官方网站下载。

我们还可以运用一些软件检测硬件驱动安装情况并自动下载和安装适合的驱动程序,如驱动精灵、驱动人生等。其中,驱动精灵是一款集驱动管理和硬件检测于一体的管理工具,为用户提供驱动程序的下载、安装、备份、恢复和删除等功能。

官网下载安装驱动精灵最新安装程序,运行安装程序完成安装,安装时注意第三方软件推广选项,根据自己的需求来选择。

(1)安装或更新驱动程序

启动驱动精灵,单击“驱动管理”按钮,开始用户设备驱动自动检测,如图 5-70 所示。扫描完毕,进入“驱动管理”,如有异常驱动程序(需安装或更新的驱动程序),自动弹出“异常提示”,如图 5-71 所示,此时可点击“一键修复”按钮完成相关硬件驱动程序的安装或更新。

图 5-70　驱动精灵

图 5-71　异常驱动一键修复提示

如果放弃一键修复，关闭提示，之后在“驱动管理”中单击异常驱动后的“安装”或“升级”按钮，如图 5-72 所示，开始下载并安装该驱动程序。

图 5-72　安装或升级单个驱动

我们以图 5-72 动程序列表中的“Intel DCH 显卡驱动”为例，来进行驱动程序升级操作说明。点击“Intel DCH 显卡驱动”右侧“升级驱动”按钮，驱动精灵开始下载驱动(非会员下载速度较慢，耐心等待)，下载完毕，点击安装按钮，开始安装，如图 5-73 所示。

图 5-73　驱动程序安装中

接下来，可以参考以上方法继续安装或更新其他的驱动程序，安装完成后重启计算机。

(2)驱动程序备份

点击“驱动备份”打开“驱动备份还原”对话框，如图 7-74 所示，选中下方列表中要备份的驱动程序，点击一键备份按钮，开始备份。

图 5-74　驱动程序备份

驱动程序备份后，如果需要还原备份的驱动程序，可以在“驱动备份还原”对话框，选择“还原驱动”，下方列表中选择待还原驱动程序，点击上方“一键还原”按钮开始还原操作。

动动手——安装/更新计算机驱动程序

参考 5.7 小节内容完成以下任务。

【任务 5.7.1】使用 Windows 10 的“设备管理器”功能查看系统安装驱动程序情况。

【任务 5.7.2】下载安装驱动精灵，安装/更新计算机驱动程序。

5.8 常用软件的安装与卸载

我们经常使用计算机进行办公、学习、玩游戏、看电影。安装或重装了操作系统之后，我们都需要在电脑上下载安装一些常用的应用软件。

1. 常用装机软件

如表 5-2 所示，列出了我们在工作、学习或娱乐中经常用到的应用软件及其说明。我们可以通过购买相应的软件光盘或从网上下载来获取所需软件。

表 5-2 常用装机软件推荐

软件名称	用途	说明
Chrome	浏览网页	由 Google 打造的一款跨平台的网页浏览器，简约纯净无广告，快速稳定；Chrome 除了是一款浏览器，它也是一个平台，为开发人员提供了许多实用的功能
火狐浏览器	浏览网页	一款由 Mozilla 开发的自由及开放源代码的网页浏览器，使用 Gecko 排版引擎，支持多种操作系统
手心输入法	输入法	一款号称无广告，更不骚扰。极致简约、知你所想、卓越非凡的输入法。拥有搜索和云端技术的支持，其输入法词库多元、输入精准，输入方式多样而著称。并倡导绿色输入
WPS OFFICE	文字处理	一款跨平台的办公软件，可以用于处理文档、表格、演示、PDF 等
Bandizip	压缩/解压缩	一款可靠和快速的压缩软件，它支持 WinZip、7-Zip 和 WinRAR 以及其他压缩格式
Photoshop	图像处理	功能强大的图像处理软件
迅雷	下载工具	一款下载工具，可以提高下载文件的速度，支持断点续传
微信电脑版	即时通信	支持单人、多人参与；能够通过网络给好友发送文字消息、表情和图片，还可以传送文件，与朋友视频聊天，让沟通更方便；提供多种语言界面
QQ	即时通信	腾讯推出的即时通信工具。支持在线聊天、视频电话、点对点断点续传文件、共享文件、网络硬盘、自定义面板、QQ 邮箱等多种功能

2. 软件安装注意事项

(1)下载

如今，光驱、光盘逐渐淡出我们的视线，我们需要的应用软件大多需要从互联网下载，下载时我们尽量到应用软件官方网站下载，或利用可靠的第三方工具下载安装，如腾讯电脑管家的软件管理，如图 7-75 所示。

图 5-75　电脑管家软件管理

(2)安装

从网上下载的很多软件都带有额外的插件或引导下载第三方软件，如图 5-76 所示，安装过程中务必留心、谨慎选择。这些插件作用不大，但会占用系统资源。

图 5-76　避免安装额外的插件或软件

3. 软件安装

应用软件必须安装到操作系统中才能使用，通常将软件下载后，运行安装程序会启动安装向导，之后根据提示操作即可。

4. 软件卸载

当系统中安装的软件过多时，系统往往会变得迟缓，所以应该将不常用的软件卸载，以节省磁盘空间和提高计算机性能。卸载软件的方法有三种：第一种是使用软件自带卸载功能卸载，一般在“开始”菜单中可以找到软件自带的卸载程序；第二种是使用 Windows 系统中的“添加/删除程序”进行卸载；第三种就是利用第三方软件卸载，如前述腾讯电脑管家的软件管理。

小贴士：区分卸载与删除

卸载是指将某一安装好的应用程序从操作系统中完全清除掉。卸载与删除不同，删除是将存放在硬盘上的文件清除，而卸载则意味着将与此应用程序有关的所有项目彻底清除掉（比如在注册表中的信息）。

动动手——下载安装应用软件

参考 5.8 小节内容完成以下任务。

【任务 5.8.1】在 Windows 10 虚拟机中访问 Chrome 浏览器中文官网，下载安装最新版 Chrome 浏览器。

【任务 2】在 Windows 10 虚拟机中访问腾讯电脑管家官网，下载安装最新版电脑管家。

【任务 3】使用安装好的腾讯电脑管家下载安装手心输入法。

【任务 4】卸载 5.7 节下载安装的驱动精灵。

学 习 小 结

本章主要学习操作系统的安装操作，首先认识了什么是操作系统及其在整个计算机系统中的地位，之后以 Windows 10 操作系统为例，从下载操作系统镜像文件、制作 U 盘启动盘开始介绍了操作系统安装的过程，同时简要介绍了 Vmware Workstation 的安装和使用。

本章内容包含了启动 U 盘制作、BIOS 设置、虚拟机环境搭建、操作系统及应用软件安装等劳动技能，旨在培养学生的实际动手和规范操作的能力。

思 考 题

1. 如何把计算机设定为 U 盘启动？

2. 如何用 U 盘启动盘安装 Windows 10 操作系统？

3. 如何安装驱动程序？

拓展练习

请在 VMware Workstation 中将“制作 U 盘启动盘”“BIOS 的设置”“安装 Windows 10 操作系统”和“安装驱动”等操作完整地实现一遍。

关键词语

操作系统	Operating system，OS
DOS	Disk Operating System
Linux	GNU/Linux
CMOS	Complimentary Metal Oxide Semiconductor
统一的可扩展固件接口	Unified Extensible Firmware Interface,UEFI
虚拟机	Virtual Machine,VM
VMM	Virtual Machine Monitor

第6章 笔记本电脑拆装

本章导读

本章首先由外向内简要介绍笔记本电脑硬件结构及简单的性能测试方法，然后介绍笔记本电脑的拆装，包括拆解前的准备、注意事项及拆装过程。本章内容注重实践，着力培养学生实践动手能力和主动思维能力。

6.1 笔记本电脑硬件结构及功能测试

笔记本电脑是一种集成化比较高的PC形态，但是归根结底它也是由CPU、显卡、内存、硬盘、显示屏、键盘等等硬件组成的，但由于笔记本电脑机体较小及组件搭配不同，其结构相对于台式机有很大的差异，即使同一个品牌的同一个系列，也可能因为结构上的改进而有所差别。

6.1.1 笔记本电脑外部结构

笔记本电脑从外观上看主要分为三大部分，一部分是液晶显示屏，它是笔记本电脑最主要的输出设备；另一部分是主机，它整合了很多部件，也是最复杂的部分；第三部分是外壳，它包裹和保护着笔记本电脑的所有部件。笔记本电脑的外部结构如图6-1所示。

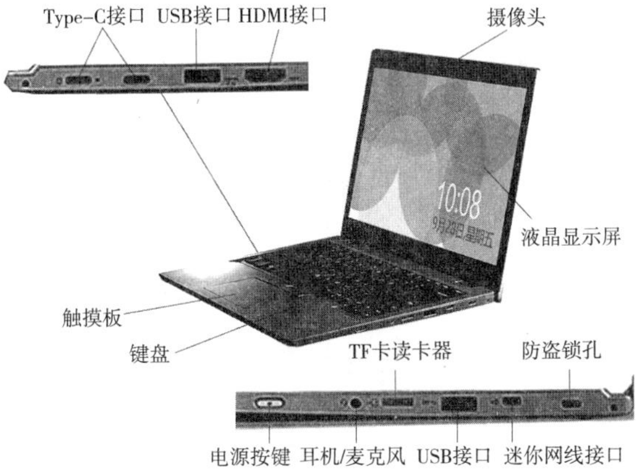

图6-1 笔记本电脑外部结构

1.外壳

笔记本电脑外壳的作用主要表现在“保护、散热、美观”三个方面,最主要的功能是起保护作用。笔记本电脑在使用过程中,会不可避免地受到一些外力的冲击,如果笔记本电脑的外部材质不够坚硬,就有可能造成屏幕变形,甚至缩短屏幕的使用寿命。另外,笔记本电脑内部结构紧凑,里面的CPU、硬盘、主板都是发热的主要设备,如果不能及时地散热,电脑就可能会死机,严重时还会引起内部元器件损坏。

我们经常能够看到A/B/C/D面(壳)这样的表述,它代表了笔记本的四个面,A面即笔记本的顶盖,B面为屏幕面,C面为键盘面,D面则是指底盖。

2.接口

在笔记本电脑的侧面有许多接口,用来连接不同的外置设备。笔记本电脑的接口一般都位于左、右或后边框,一般游戏本和工作站级的产品接口会比较丰富,而轻薄型笔记本由于机身较薄,接口数量变得越来越少。

(1)USB接口

笔记本电脑中的USB接口主要包括USB 2.0、USB 3.0和USB-C接口三种,它们的传输速度分别为480Mbit/s、4800Mbit/s、10 Gbit/s。

USB接口是目前笔记本电脑上最常用的接口之一,目前大多外接设备,如U盘、移动硬盘、鼠标、手机等,都是通过USB接口和笔记本电脑连接的。USB接口不需要单独的供电系统,而且支持热插拔。

常见的USB接口外观有Type-A和Type-C两种,Type-A最为常见,Type-C是近几年流行起来的接口,Type-C最明显的优势就是支持正反插,不用看接口是否插错,非常方便。

Type-C还有一种特殊形态,那就是雷电3。雷电3接口不仅能够作为常规的USB接口传输数据,还能作为视频输出接口外接显示器,甚至还可以为笔记本或者外接设备供电,是一种非常全面的接口。一般雷电3接口旁边都会有一个小闪电的标志,我们可以根据这个标志来分辨。

USB接口的特点是速度快、连接简单快捷、无须外接电源、有不同的带宽和连接距离、支持多设备连接及良好的兼容性等。如图6-2所示为笔记本USB接口。

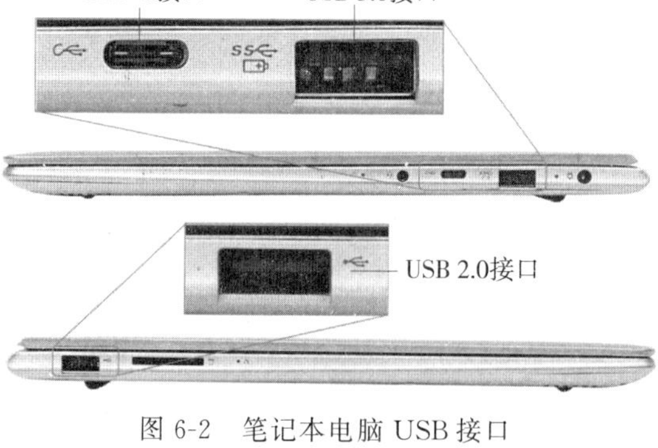

图6-2 笔记本电脑USB接口

(2)视频接口

笔记本电脑上的视频接口用于外接显示器、扩展屏幕之用。视频接口主要有VGA、HDMI和DP三种,VGA接口目前已经很少见了,不过仍然有一些笔记本在使用。HDMI和DP算是目前比较常见的视频接口,DP又分为标准DP和Mini DP两种,Mini DP在外观上更小一些,标准DP接口已经很少见了,目前的笔记本大多采用Mini DP接口。另外,Type-C还有一种特殊形态,那就是雷电3。雷电3接口不仅能够作为常规的USB接口传输数据,还能作为视频输出接口外接显示器,甚至还可以为笔记本或者外接设备供电,是一种非常全面的接口。一般雷电3接口旁边都会有一个小闪电的标志,我们可以根据这个标志来分辨。常用笔记本视频接口如图6-3所示

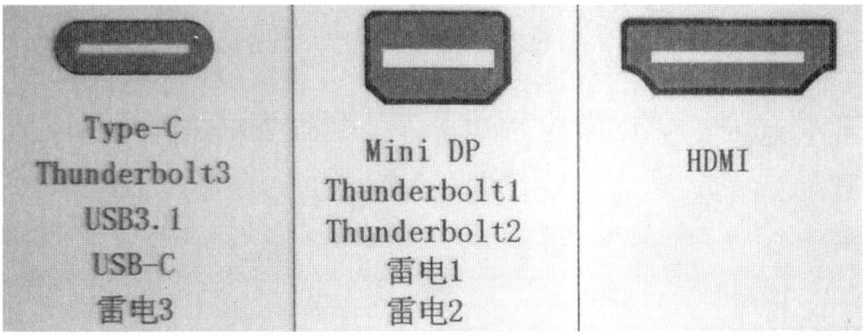

图6-3　笔记本电脑常用视频接口

(3)RJ-45接口

RJ-45接口是以太网接口,几乎所有早期笔记本电脑都会配备此接口,支持100Mbit/s和1000Mbit/s自适应的网络连接速度。但是在已经上市的某些“超薄本”中,为了减小笔记本电脑的体积,使笔记本电脑变得更薄,厂商舍去了这个接口。不得不说的是,去掉RJ-45接口照顾到了少部分人的使用习惯,或者说只是因为笔记本电脑厂商想尽可能地把笔记本电脑做得更薄,但是RJ-45接口的配备还是非常有必要的。如图6-4所示为RJ-45接口。

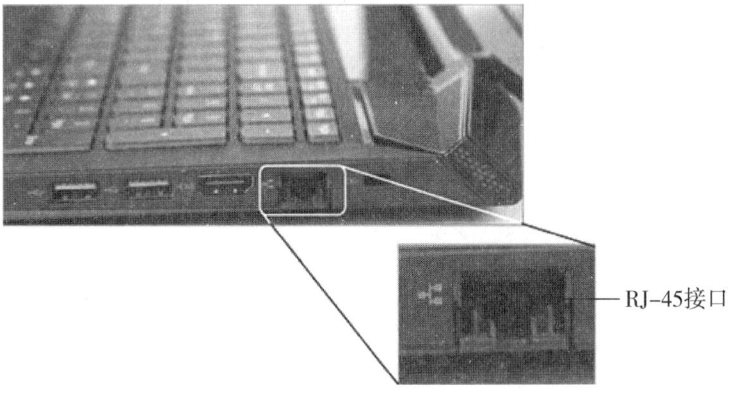

图6-4　笔记本电脑RJ-45接口

(4)读卡器接口

笔记本电脑的读卡器接口主要用来读取常用的存储卡,如 SD 卡、MMC 卡、MS 卡、xD 卡等。用户可以直接将存储卡插入读卡器跟电脑相连。使用时拔掉自带的防尘塑料卡,然后插入存储卡就可以使用了。一般手机内存卡 TF 卡需要使用 SD 卡的卡套才能插入使用。如图 6-5 所示为笔记本电脑的读卡器接口。

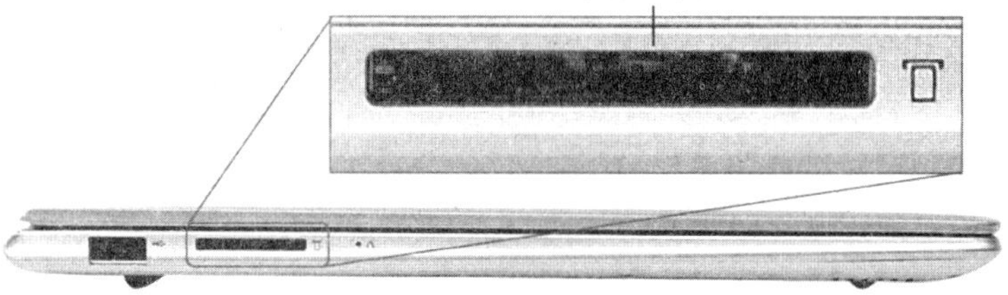

图 6-5　笔记本电脑读卡器接口

(5)音频接口

耳机音频接口是笔记本电脑上的声音接口。笔记本电脑耳机音频接口一般包括音频输出(Lin-out)/麦克风输入(Mic-in)接口,口径为 3.5 mm,音频输出/麦克风输入接口有相互独立的,也有二合一的。有些娱乐型笔记本电脑还带有线性输入(Line-in)插口和数字音频信号(S/PDIF)接口,可以提供音质更好的数字音频信号。如图 6-6 所示为笔记本电脑音频接口。

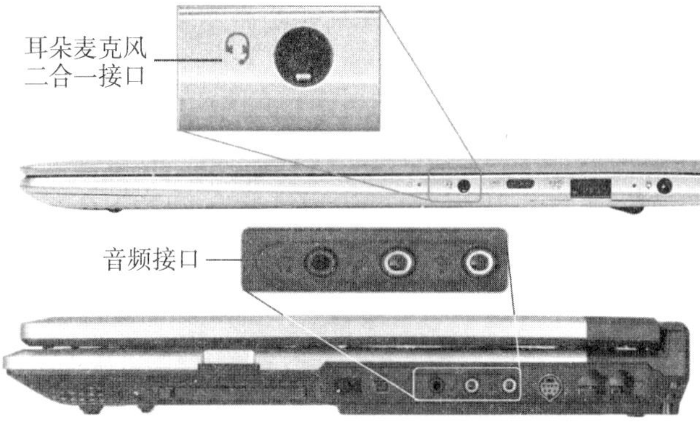

图 6-6　笔记本电脑音频接口

(6)安全锁孔

安全锁孔基本上也是笔记本电脑的必备接口,一般位于笔记本机身侧面最顶端。安全锁孔的功能很简单,那就是防止被盗。安全锁孔需要搭配安全锁使用,但是安全锁都是需要额外购买的。

6.1.2　笔记本电脑内部结构

目前,大多数的笔记本只需拧下底部所有螺丝,取下后壳,内部硬件和布局就一览无余了,方便用户日常拆机清灰维护,以及后期升级或加装硬件。笔记本电脑的内部主要部件包括主板、硬盘、光驱、接口、CPU、内存、电池等,如图 6-7 所示。

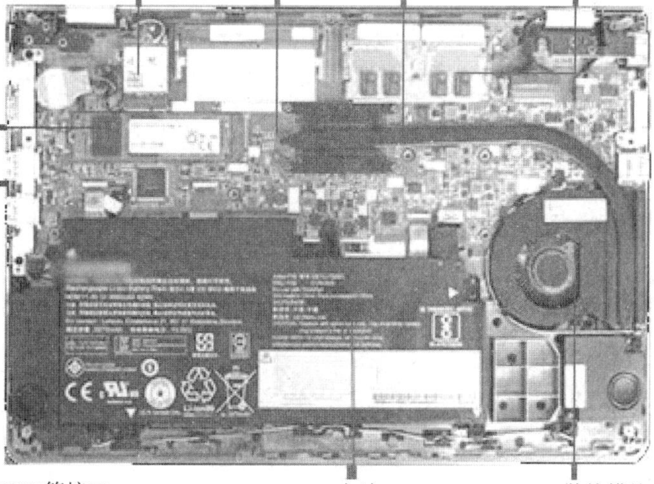

图 6-7 笔记本电脑内部结构

1. 主板

笔记本主板是笔记本电脑中各种硬件传输数据、信息的“立交桥”，它连接整合了显卡、内存，CPU 等各种硬件，使其相互独立又有机地结合在一起，各司其职，共同维持电脑的正常运行。因为笔记本追求便携性，其体积和重量都有较严格的控制，因此同台式机不同，笔记本主板集成度非常高，设计布局也十分精密紧凑，如图 6-8 所示。

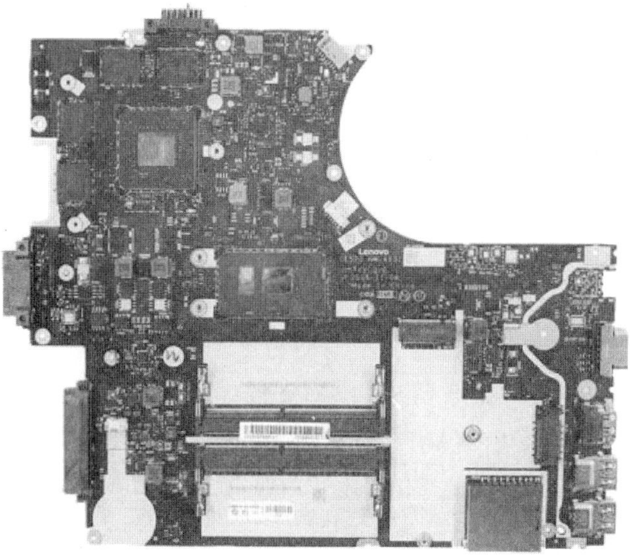

图 6-8 笔记本电脑主板(Thinkpad T60)

2. CPU

专门用于笔记本电脑的 CPU 称之为移动 CPU，在追求性能的同时，也追求低热量和低耗电。由于集成了独特的电源管理技术和采用了更高的微米精度，移动CPU的制造工艺一般比同时代台式机的CPU更为先进。

CPU与操作系统配合工作，控制计算机的运行。CPU运行时会产生大量热量，所以台式机通过空气流通、风扇和散热器来冷却各个部件的温度。

由于笔记本电脑内部的空间很小，无法使用上述这些冷却方法，笔记本电脑通常有小型的风扇、散热器、导热片或导热管，帮助CPU排走热量。一些更为高端的笔记本电脑型号甚至通过在沿着导热管布置的通道中加注冷却液来减少热量。此外，大多数笔记本电脑的CPU都靠近机壳的边缘。这样，风扇可以将热量直接吹到外部，而不是吹到其他部件上。

此外移动CPU通常采用如下设计来解决散热问题。

(1)具有更低的运行电压和时钟频率

这样可减少产生的热量，同时降低电力消耗，但同时也会降低处理器的速度。此外，在插上外接电源时，大多数笔记本电脑会以较高的电压和时钟频率运行，在使用电池时则使用较低的电压和频率。

(2)不通过引脚的方式安装到主板上

台式机中的引脚和插座占据了大量的空间。现在，多数笔记本电脑主板中，处理器直接焊接在主板上，没有使用CPU插座，有些主板则使用Micro-FCBGA(翻转芯片球形网阵)，也就是使用球来代替引脚。这样的设计可节省空间，但是也意味着不能将处理器从主板上拆下进行更换或升级。也有少数笔记本电脑采用插座，以方便用户日后升级。

(3)具有睡眠或慢速运行模式

如果计算机处于空闲状态或者处理器不需要快速运行，计算机和操作系统会相互配合来降低CPU的速度。

目前，市场上生产移动CPU的厂家主要有Intel和AMD两家公司。

3. 内存

笔记本电脑的内存采用优良的组件和先进的工艺，和台式机内存相比，具有小巧、容量大、速度快、耗电低以及散热性好等特点。

笔记本电脑的内存一般采用SO-DIMM接口①，根据内存的工作方式，可以将笔记本内存分为DDR2 SDRAM、DDR3 SDRAM和DDR4 SDRAM，其中DDR4 SDRAM内存条为目前主流的笔记本电脑内存，如图6-9所示。

① SO-DIMM：小外形双列直插式内存模块，是一种采用集成电路的计算机存储器。在功率和电压额定值上或多或少等同DIMM，并且尽管存储器模块的尺寸较小，SO-DIMM技术并不会比较大的DIMM得到更低的性能。经常用于空间有限的系统，例如笔记本电脑、基于Mini-ITX主板的小体积个人计算机，高端可升级办公打印机，以及诸如路由器、NAS设备等网络硬件。

图 6-9 笔记本电脑内存

4. 显卡

笔记本电脑显卡是集成在主板中的小型电路板，是笔记本电脑硬件系统的重要组成部分。一般含有图形处理单元(Graphics Processing Unit，GPU)和专用的显显示内存(显存)，显卡可以存储正在处理而未被显示的屏幕图像。

同台式机一样，市场上的笔记本电脑显卡也分为集成显卡和独立显卡。

随着这几年用户对游戏本的需求越来越高，笔记本电脑独立显卡发展出非常独立的路线。对于游戏本而言，笔记本显卡极大决定 3D 软件和游戏能否顺畅运行。

目前，笔记本显卡主要有以下三大厂家：Intel、NVIDIA、AMD。基本上绝大高端游戏显卡的市场都由 NVIDIA 占据，AMD 和 INTEL 在中低端市场较多，尤其是核显市场。

5. 硬盘

随着固态硬盘技术的成熟以及价格逐渐降低，固体硬盘已经取代机械硬盘成为主流的存储设备。而笔记本上最主流的硬盘形态就是 m.2 接口的固体硬盘，如图 6-10 所示，当然即使同样都是 m.2 固体硬盘根据总线和传输协议的不同，读写性能会有数倍的差距。

图 6-10 笔记本中的 m.2 硬盘

除了 m.2 固体硬盘外，游戏本大多还保留了传统的 2.5 英寸硬盘位，即使没有预装硬盘，也会留言一个空位，方便加装大容量 SATA 接口的 2.5 英寸固态，(见图 6-11)或者传统 2.5 英寸机械硬盘，而在轻薄本上，由于追求轻薄以及为电池留出更多位置，留有 2.5 英寸硬盘位的产品就越来越少见了。

图 6-11　2.5 英寸 SATA 固态硬盘

6. 无线网卡

笔记本的无线网卡大多采用的也是 m.2 接口的，如图 6-12 所示，也有少部分轻薄本直接将无线网卡焊接封装在主板上。无线网卡的性能也有优劣之分，我们最关注的当然就是它的传输速率，是 867Mbps、1.73Gbps 还是 2.4Gbps，除此之外还有它所支持的频带、集成的蓝牙版本、MU-MIMO(Multi-User Multiple-Input Multiple-Output、多用户-多输入多输出)技术等等，在此不再赘述。

图 6-12　笔记本 m.2 网卡

7. 电池

目前市面上的笔记本基本才采用的都是锂聚合物电池，我们常用 Wh 为单位来衡量电量的多少，其也直接影响一款笔记本续航能力的长短，如图 6-13 所示。

对于游戏本来说，由于单靠电池无法达到 CPU 和 GPU 高负载时所需的功率，一般需要插电使用，所以大多数的游戏本的续航都不长，而且也不是我们关注的重点。

而对于轻薄本来说，续航就非常重要了，便携的轻薄本往往要应对移动办公场景，能否应对日常 8 小时的使用，是目前一款轻薄本续航是否达标的基本门槛。

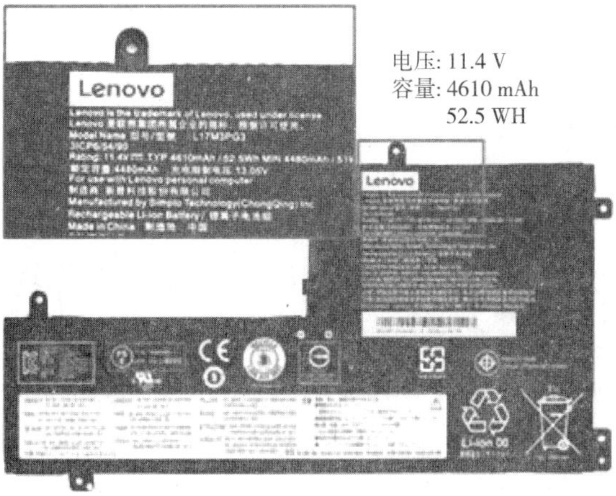

图 6-13　笔记本电池

小贴士:如何比较不同电池容量大小?

我们知道电池有几个重要参数,分别是工作电压(V)、毫安时(mAh),还有我们在笔记本电脑电池上常见的瓦时(Wh)。通常我们在比较电池容量大小的时候,往往会以毫安时(mAh)作为比较大小的单位。mAh 代表的就是电池内的电荷量,例如一块电池容量标识 1000mAh,那么在工作时电流为 100mA 的时候,理论上可以供电使用 10 小时。毫安时只能说明电池内部能够容纳多少库仑的电荷,并不能说明该电池能够做多少功,以及该电池可提供的最大功率是多少。不同电池的工作电压可能是不一样的,因此在某些电池上的毫安时(mAh)旁边还会有一个以瓦时(Wh)为单位的数字。在电压一样的情况下,使用毫安时(mAh)来比较同种电池的容量大小是可行的,但如果是比较两种不同产品的电池,他们的工作电压不一样,则一定要使用瓦时(Wh)为单位对比。如果电池上没有瓦时(Wh)标注,则可以通过毫安时(mAh)乘以工作电压(V)再除以 1000 换算出瓦时(Wh)。

6.1.3　笔记本电脑测试

在购买笔记本电脑后,我们很有必要给自己的笔记本电脑进行一次全面的测试。只有在专业检测软件的帮助下,才能知道笔记本电脑配置的"真实身份",并且也只有通过测试,才能发现笔记本电脑可能存在的隐患,比如液晶显示屏(简称液晶屏)是否有坏点、暗点或亮点等。

1. 测试笔记本电脑液晶屏

液晶屏是笔记本电脑的一个重要部件,液晶屏一旦有问题,将影响笔记本电脑的正常使用,所以在购买时,最好对笔记本电脑的液晶屏进行彻底的检测。

笔记本电脑液晶屏的测试项目主要有显示亮度和对比度以及整块液晶屏亮度的均匀度、颜色的纯正程度、坏点的个数(国家标准是小于 3 个)等。其中,坏点测试是液晶屏测试的重点。笔记本电脑液晶屏的测试可以采用写字板测试法和软件测试法等。

(1)写字板测试法

写字板测试法是利用写字板的白色背景来查看笔记本电脑液晶屏是否正常，具体测试方法如下(以 Windows 10 系统为例)。

步骤一：选择“开始→Windows 附件→写字板”，启动写字板程序。

步骤二：双击“主页”选项卡，收起工具栏。

步骤三：用鼠标在桌面上随意慢慢拖动写字板，尽量将液晶屏每一块都能经过，仔细查看拖动到的地方是否有“坏点”。然后在不同亮度下分别查看整个屏幕的亮度是否均匀，要特别注意四角和边框部分，一般中央亮度正常而四角偏暗的情况较多。

小贴士：液晶屏“坏点”

笔记本电脑的液晶屏由两块玻璃板构成，厚约 1 mm，中间是厚约 5μm(1/1000 mm)的水晶液滴，均匀间隔开，包含在细小的单元格结构中，每三个单元格构成屏幕上的一个像素，在放大镜下呈现方格状。一个像素即为一个光点，针对每个光点，都有独立的晶体管来控制其电流的强弱，如果该点的晶体管坏掉，就会造成该光点永远点亮或不亮，这就是所谓的亮点或暗点，统称为“坏点”。

(2)软件测试法

专业的液晶屏测试软件，一般都可以检测笔记本电脑液晶屏的色彩、响应时间、文字显示效果、有无“坏点”等。液晶屏测试软件比较多，如 Nokia Monitor Test 测试软件、鲁大师等，下面以鲁大师为例，讲解(鲁大师主要测试液晶屏的坏点和文字显示效果)具体操作方法。

官网下载鲁大师最新版，安装后运行鲁大师，进入主界面，左侧菜单列表选择“硬件体验”，点击右下角“屏幕检测”按钮，如图 6-14 所示。

图 6-14 鲁大师屏幕检测

在欢迎界面点击“坏点检测”按钮，如图 6-15 所示，开启屏幕检测。

图 6-15　开启鲁大师屏幕检测

接下来鲁大师软件会将电脑整个屏幕变为各种颜色的纯色，鼠标每点击一次更换一个颜色，这时我们只要仔细看下是否有坏点即可。

除坏点检测外，鲁大师“屏幕检测”功能还支持屏幕渐变检测、对比度检测和漏光检测，可依自己的需求选择测试，此处不再详述。

2. 测试笔记本电脑的整体性能

如果不知道自己的笔记本电脑性能如何，对笔记本电脑基本情况也不了解，可以使用测试软件对笔记本电脑进行检测。下面以鲁大师为例，简述笔记本电脑核心硬件性能的测试如下。

运行鲁大师，进入主界面，左侧菜单列表选择“硬件检测”，点击右侧“开始评测”按钮，如图 6-16 所示。

图 6-16　鲁大师硬件评测

评测结果如图 6-17 所示。

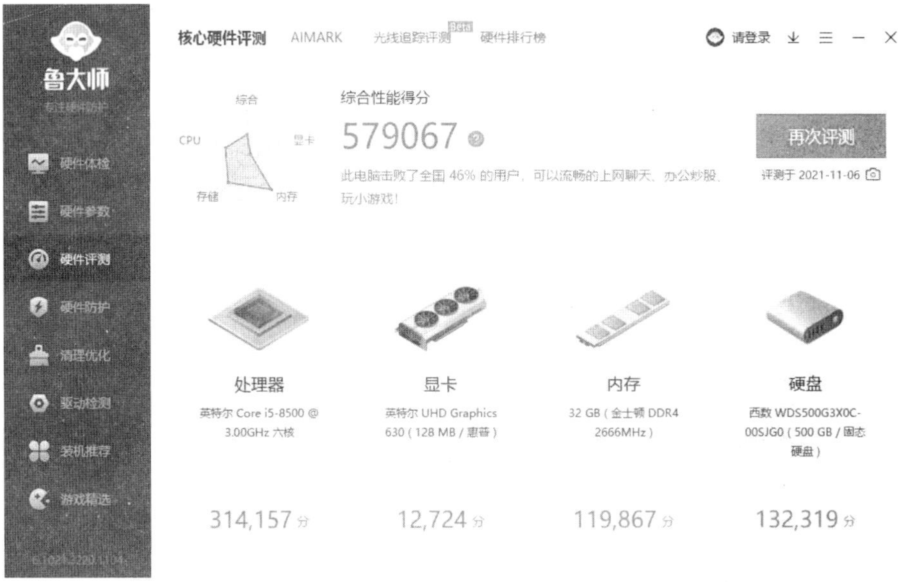

图 6-17　鲁大师硬件评测结果

动动手——鲁大师评测笔记本电脑性能

参考 6.1.3 小节内容完成以下任务。

【任务 1】笔记本屏幕坏点检测、渐变检测、对比度检测和漏光检测。

【任务 2】检测笔记本电脑硬盘。

【任务 3】查看笔记本电脑硬件参数，并填写如表 6-1 所示表格。

表 6-1　笔记本电脑硬件参数

型号：　　　　　　　　　　　　　　　　核心硬件评分：

处理器	内存	显卡	主板	显示器	主硬盘	网卡	声卡

6.2　笔记本电脑的拆装

当你的笔记本电脑需要更换、升级硬件，比如更换键盘、更换固态硬盘、内存条，或者需要对笔记本进行清灰、改造散热处理，这个时候就需要对笔记本进行拆解和重装。

6.2.1 拆装前的准备工作

1.确定电脑是否过保

尚在保修期内的笔记本电脑一般不建议拆卸。若不清楚是否过保可用笔记本背部粘贴相关的服务代码在网上查询是否过保,一般笔记本电脑保修期为一年。

2.收集资料

如果你对要拆的这款笔记本了解得不多,拆卸前,首先应该研究笔记本各个部件的位置。建议先查看随机带的说明手册,一般手册上都会有各个部件位置的标示。少数笔记本厂商的官方网站,提供拆机手册供用户下载,这些手册对拆机有莫大的帮助。

3.准备工具

必备工具:螺丝刀套装、撬片或撬棒

选用工具:清灰刷、硅脂、需更换的硬件

4.静电处理

拆机前先洗手或者触摸接地金属,确保自身不携带静电,否则静电将有可能击穿笔记本主板。

5.断电放电处理

外置电池请先拆卸,内置电池请拆机时第一时间拔掉主板上的电源接口。断电之后按住电源键数秒,可释放残电。

6.2.2 注意事项

拆解笔记本电脑的时候,有些操作细节需要注意。

1.忌用蛮力

笔记本电脑所有的插头都不能直接用力拉排线,要兜住插头两端底部同时用力,用垂直或平行于水平面的力就会出来。

软平排线的卡子是一个插片,捏住卡子两端轻轻水平方向拖出来,排线就出来了,有些排线的卡子是翻转式的,是用垂直于水平面向上的力翻起的。

总之,如果搞不清是往水平方向用力,还是垂直方向用力,可以轻微试一下。如果哪个方向移动了一下,就向这个方向用力,千万不要用蛮力,否则,会造成插头损坏。

2.保管螺丝

笔记本电脑不同固定位置可能采用的是不同型号的螺丝,因此拆机时一定要留心记住螺丝的顺序,不同型号的螺丝分开保存。

在拆装笔记本电脑时候，务必注意记录每个硬件以及其连接线的位置，如果怕忘记位置和顺序可以对拆卸过程进行拍摄。另外，可以拿出一张白纸，对应着笔记本底盘，将拆卸下的螺丝放在对应位置上，方便后续组装，避免弄混不同尺寸的螺丝。也可以将螺丝插入螺丝孔或用胶带固定在对应位置的附近。

3.善用撬片

一般笔记本在取下螺丝后，背壳并不会直接分离，因为里面还有卡榫固定。这时候就需要塑料撬片了，顺着缝隙较大的地方将撬片伸进去，慢慢地打开后壳。在这个过程中加力是很必要的，只不过一定要控制好，力气小打不开，力气大了卡榫就容易断。此时我们可以根据笔记本后壳张开程度判断力度。

除了拆后壳需要用到撬片，一些比较难拆的笔记本，拆键盘的时候也需要用到撬片，不建议使用螺丝刀等金属工具，容易刮花笔记本。

4.断开排线

笔记本主板会有排线连接显示器、键盘、扬声器、风扇、子电路板等等，拆解时需要小心断开排线，注意飞线，不要用力猛拉，需要在接口处轻轻拔出。

6.2.3 笔记本电脑拆机指南

需要提醒大家的是，笔记本电脑集成度很高，主机内部空间紧凑，如无维护、维修必要，不要尝试拆解它。下面我们一起了解笔记本拆解是如何进行的。

由于笔记本制造商各有不同，一些硬件排布的位置会有不同，或者连接方式不一样，这里我们只对笔记本电脑拆解做通用性的拆装指南，具体笔记本电脑型号还需具体分析。

1.除静电

为了避免静电对电子元器件造成损坏，在拆除过程中可以佩戴防静电腕带或者通过触碰未涂漆的部分来释放机身中的静电，如果在拆卸过程中您离开了一会儿，尤其是从地毯上走过后，在继续拆卸前，您都需要再次进行释放静电工作。

2.关机断电

关闭笔记本电脑，拔掉电源线，拆下电池（通常是将锁定滑块滑动到指定位置即可），再按住电源开关，保持5秒钟以上，释放系统中的剩余电量。

3.观察

观察C面是否为可拆卸的键盘、D面脚垫下是否有螺丝、主机部分是否有光驱位。

4.拆外部螺丝

用大小合适的螺丝刀取下D面的所有螺丝并按顺序摆放好（注：为防止滑丝应

尽量用稍大的螺丝刀口)，若有光驱，则在取出D面所有螺丝后可直接抽出光驱(注：不要过于暴力，抽出光驱后此处一般会有小螺丝，须取下)。

5. 拆底盖

用撬棒或撬片沿外壳边缘轻轻撬开(切忌蛮力)底盖，撬开边缘后可缓缓掀起，注意此处可能有排线，如果有排线，将排线与主板分离后即可将外壳分离。至此我们就能看到笔记本内部了。

6. 移除配件

移除底盖后，即可触及许多配件。通常可以先移除硬盘、内存条、和无线网卡和风扇。

M.2接口硬盘或SATA接口硬盘都有螺丝固定，将螺丝移除并记住每个对应位置，轻推即可取出硬盘。

用手指或撬棒工具将固定内存模组的扣件向下压，即可取出内存模组。内存模组会以30度角弹出，方便取出(若内存模组不可拆卸，此步骤省略)。

无线网卡附近的小型金色包覆尖端为无线天线。以一字螺丝起子将其撬开，然后利用类似内存条的扣件取出无线网卡。

将固定风扇模组的螺丝取下，即可移除风扇模组。

7. 拆除铰链盖板和键盘

根据制造商工艺的不同，有的铰链盖板上有螺丝，有的没有，如果有螺丝的话，螺丝一般会位于拆除电池区域的内侧或者是铰链盖板上。在拆除螺丝后尝试将盖板撬起，如果感觉有阻力，先检查一下是否还有隐藏的螺丝没有拆除。

键盘一般在铰链盖板下方有固定螺丝，如果向上或向前无法提起，可能是因为有隐藏的螺丝没有拆卸。用撬棒或撬片沿其边缘撬开(切忌蛮力)，撬开所有边缘后不要急于取出键盘，应观察该键盘底部排线的位置，将靠近主板一端排线尾部黑色小块往上轻提即可将排线分离。

8. 移除屏幕

一般除尘或升级笔记本，都不会动显示器，所以如果没这个需求可以跳过此步。

如要需要拆除笔记本电脑屏幕，那就要先拆除天线线缆和LCD数据排线，一般都在固定键盘的区域连接到屏幕底部的边缘位置，也有可能在键盘所在位置的内侧，拆掉这些螺丝，就可以轻轻地拆除显示屏。

移除屏幕四周的黑色橡胶垫片，以移除更多螺丝。请用指甲移除垫片，太尖锐的工具会撕裂垫片。移除所有你找到的螺丝，将A面上盖朝背部反方向撬开，若感觉到阻力，检查是否有遗漏的螺丝。

若要移除屏幕，请移除LCD屏幕侧边非常细小的螺丝。请勿碰触屏幕背面。

你现在可以看见荧光灯管逆变器了。

9.移除主板

移除触控板并继续移除螺丝,卸下与主板相连的排线。这里不需要移除所有主板上的螺丝,有些螺丝是用于固定主板自身配件。部分制造商会在螺丝上标示文字或箭头,用以移除主板。

取下螺丝后,应可毫无阻力地拆下主板,若感觉到阻力,检查是否有其他螺丝。

至此笔记本电脑拆解完毕,可能你会好奇 CPU、GPU,想要观察这些芯片。想观察 CPU、GPU 芯片,需要拆解导热管,拆除固定螺丝后即可移除导热管。注意在安装导热管时需要重新涂抹导热硅脂,不然笔记本的散热会受到影响。

笔记本拆解并不难,但是需要我们做到胆大心细。另外,部分轻薄笔记本密封性做得很好,拆机难度较大,拆机时我们要更加细心,以免损坏笔记本电脑。

6.2.5 笔记本电脑拆机技巧

1.一体化底盖无任何固定螺丝的笔记本电脑拆机技巧

适应机型:底盖采用一体化设计,外壳上没有任何固定螺丝。

此类机型的底盖虽然采用了和超极本类似的一体化设计,但上面没有任何固定螺丝,拆解时,要从 C 面键盘上方的扬声器装饰挡板开始。有些机型的挡板是用卡扣直接固定的,可以用手直接抠开,但有些在电池仓内有固定螺丝,所以思路是依次拆掉挡板、键盘,然后就能看到主板和散热器了。

分离技巧:此类机型设计得比较精巧,内部配件除了固定螺丝外,部分机型还可能有固定滑槽,当挡板螺丝拆掉后无法取下时,不妨上下左右水平滑动看看,也许会有一些收获。虽然部分机型底盖带有小盖板,但是内存插槽和无线网卡可能会设计在键盘下方,此时可以从键盘上方的挡板入手进行拆解,也就是说先挡板后键盘。

拆掉电池仓里面的全部螺丝,向后方平移操作,去掉 C 壳键盘上方的扬声器装饰挡板,此时可以看见固定键盘的螺丝。拆掉固定键盘的所有螺丝,即可拆掉键盘并看见主板和风扇。

此类机型有的机器基于键盘稳固度的考虑设计有金属挡板,拆掉此挡板即可以对风扇进行维护。

2.一体化底盖带有固定螺丝的笔记本电脑拆机技巧

适应机型:底盖采用一体化设计,底盖和主板之间无隔离层。

此类机型多应用在游戏本或轻薄本上,最明显的特征是底盖是一体化成型的,上面除了必要的散热孔外没有其他任何小盖板,底盖和机身之间通过多颗螺丝或卡扣固定,这也是目前笔记本中最为常见的设计。

此类机型底盖多采用镁铝合金等材料制成，强度高，外壳和主板之间不会设计隔离层，拆掉底盖上的所有螺丝就能看到 CPU 风扇、散热器，甚至电池等部件。

分离技巧：

用螺丝刀拧下底盖上的所有螺丝，掀开底盖即可。需要注意的是，有些机型的部分固定螺丝会隐藏在减震橡胶垫下面或设计在机身尾部边缘。

一般来说，底盖固定螺丝用得比较多的机型，内部不会设计卡扣，螺丝拆完了即可轻松分离底盖。而螺丝用得比较少的则相反，需要在接缝处用平口螺丝刀或塑料卡片逐渐分离底盖和 C 壳。

6.2.5 笔记本电脑组装

完成笔记本的升级、维护或维修工作后，重新组装笔记本电脑时，按照笔记本电脑拆解相反顺序一步步回退，连接排线、拧上固定螺丝。确保排插确实连接、连接线没有打结或紧绷，且所有螺丝皆回到正确孔洞中。另外，在进行螺丝的安装时，最好交叉位置的安装，避免因为螺丝拧紧后受力不均匀导致硬件损坏开裂。对于键盘的带状线缆，轻轻地一拉向上升起，从而避免线缆扭曲。

重新组装笔记本电脑，请记下每个配件的位置、线材连接的位置以及线材存放的方式，这非常重要。为每个步骤拍照，可在流程结束时协助你重组笔记本电脑。另外，我们也可以依照提前准备的拆机教程或产品手册，再结合实践，拆机与组装就能做到心中有数了。

学习小结

通过对本章的学习，对笔记本电脑硬件结构已有所了解，包括笔记本电脑的外部结构和内部结构；了解了笔记本电脑硬件测试的基本方法。对笔记本电脑拆装过程及注意事项有所了解。由于笔记本制造商各有不同，一些硬件排布的位置会有不同，或者连接方式不一样，我们只对笔记本电脑拆装做通用性的拆装指南，具体笔记本电脑型号还需具体分析。

本章内容包含了笔记本电脑的拆装和功能测试等劳动技能，旨在培养学生的实践动手能力和主动思维能力。

思考题

1. 笔记本拆装前需要做哪些准备工作？
2. 笔记本电脑的拆机过程。

拓 展 练 习

使用跑分测试软件评测自己的笔记本性能。

关 键 词 语

音频输出	Lin_out
麦克风输入	Mic_in
线性输入	Line-in
数字音频信号	S/PDIF

第7章 计算机的日常维护

本章导读

和普通家用电器一样，计算机在使用一段时间后，需要定期做清洁保养或维护升级的工作。本章主要讲述计算机硬件保养的工作。本章内容注重实践，着重培养学生实践动手能力和主动思维能力。

7.1 计算机维护注意事项

现在，计算机已成为不可缺少的工具，为了降低计算机软硬件出现故障的概率，需要在日常使用过程中注意针对计算机系统进行保养、维护，以较低的成本换来较为稳定的性能，保证工作、学习的正常进行。

7.1.1 创造良好的工作环境

计算机对工作环境有较高的要求，长期工作在恶劣环境中很容易使计算机出现故障。因此，对于计算机的工作环境主要有以下几点要求。

1.防震动

震动会造成计算机内部件的损坏(如硬盘损坏或数据丢失等)，因此，计算机不能在震动很大的环境中工作，如确实需要将其放置在震动大的环境中，应考虑安装防震设备。

2.避高温

计算机应工作在20℃～25℃的环境中，过高的温度会使计算机在工作时产生的热量散不出去，轻则缩短使用寿命，重则烧毁芯片。因此，最好在放置计算机的房间安装空调，以保证计算机正常运行时所需的环境温度。

3.防高湿

计算机在非工作状态应保持良好的通风，以降低机箱内的湿度，否则主机内的线路板容易腐蚀，使板卡过早老化。

4.防灰尘

由于计算机各部件非常精密,如果在较多灰尘的环境中工作,就可能堵塞计算机的各种接口,使其不能正常工作或产生静电造成元器件损坏。因此,不要将计算机置于灰尘过多的环境中,如果不能避免,应做好防尘工作。

最好每月清理一次机箱内部的灰尘,做好计算机的清洁工作,以保证其正常运行。

5.稳电源

电压不稳容易对计算机的电路和部件造成损害,由于市电供应存在高峰期和低谷期,电压经常会波动,因此最好配备稳压器,以保证计算机正常工作所需的稳定电源。另外,如果突然停电,则有可能会造成计算机内部数据的丢失,严重时还会造成系统不能启动等故障。因此,要想对计算机进行电源保护,推荐配备一个小型的家用在线式 UPS 电源,如图 7-1 所示。

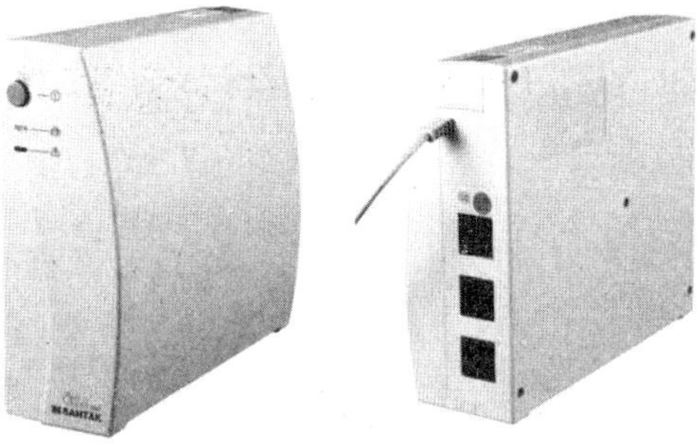

图 7-1　UPS 电源

小贴士:

温度过高或过低、湿度较大等都容易使计算机的板卡变形而产生接触不良等故障。尤其是南方的梅雨季节更应该注意,保证计算机每个月通电一两次,每一次的通电时间应不少于两个小时,以避免潮湿的天气使板卡变形,导致计算机不能正常工作。

7.1.2　计算机保养、维护注意事项

在进行计算机保养、维护工作的时候要特别注意以下事项。

1.轻拿轻放

计算机各部件要轻拿轻放,尤其是硬盘,千万不能摔落,造成部件损坏。

2.正确插接配件及插接线

拆装计算机部件时注意各插接线的方位,如硬盘线、电源线等,以便正确还原;用螺丝固定各部件时,应先对准部件的位置,再上紧螺丝。尤其是主板,略有位置偏差就可能导致插卡接触不良;主板安装不平将可能会导致内存条、适配卡接触不

良甚至造成短路，天长日久甚至可能会发生形变导致故障发生。

3. 防静电

在拆卸维护电脑之前必须做到如下几点。

(1)断开所有电源。

(2)在打开机箱之前，双手应该触摸一下地面或者墙壁，释放身上的静电。

(3)不要穿容易与地板、地毯摩擦产生静电的胶鞋在各类地毯上行走。脚穿金属鞋能良好地释放人身上的静电，有条件的工作场所应采用防静电地板。

(4)保持一定的湿度，空气干燥也容易产生静电，理想湿度应为40%～60%。

4. 使用电烙铁、电风扇一类电器时应接好接地线。

5. 在清洗各个部件时都要注意防水，电脑的任何部件(部件表面除外)都不能受潮或者进水。

6. 可以购买清洁电脑套装用于计算机日常保养，主要包括清洁液(可清洁屏幕)、防静电刷子(可快速去除灰尘污垢和缝隙浮尘)、擦拭布(用于去除指纹和油渍)、气吹(可用于清除电源、风扇、主板等硬件上的灰尘)等。

7.2 台式机硬件维护

下面，我们按照自外而内的顺序分别介绍台式计算机各部件的保养与维护。

7.2.1 保养显示器

显示器是所有电脑部件之中寿命最长，也是最为保值的配件了。购买显示器的时候，用户往往非常关心显示器的分辨率、带宽、刷新率、色彩还原能力等，而在购买以后却常常忽略对它的保养，以致显示器的可靠性降低和使用寿命大大缩短。显示器的保养比较简单，主要是进行清洁保养工作。

1. 常用工具

显示器专用清洁液，擦拭布(干净的绒布、干面纸均可)和毛刷等，如图7-2所示。

图7-2 显示器专用清洁工具

2. 注意事项

(1)清洁前,关闭显示器,切断电源,并拔掉电源线和显示信号线。

(2)对于 CRT 显示器,不可用任何碱性溶液或化学溶液擦拭 CRT 显示器玻璃表面。否则,可能会造成涂层脱落或镜面磨损。

(3)液晶显示器在清洁时不能用水,因为水是液晶的大敌,一旦渗入液晶面板内部,屏幕就会产生色调不统一,严重的甚至会留下永久的暗斑。

3. 清洁方法

(1)防尘。对于显示器,防尘尤为重要。每次关闭显示器后套上防尘罩,可以有效防止灰尘进入其内部。对于液晶显示器可以贴上屏保,在保护屏幕的同时,更便于清洁。

(2)外壳是显示器清洁工作中的重要部分。先使用毛刷轻轻扫除显示器外壳的灰尘。对于那些不能清除的污垢,可以用干净的绒布,稍微蘸一些清水,擦拭污垢,但切勿让水渗入显示器内部。

(3)对于屏幕上的一般灰尘、指纹和油渍,用擦拭布轻轻擦去即可。而对于不易清除的污垢,可以用擦拭布蘸少许的专用的清洁液轻轻将其擦拭,但不可直接将清洁液喷洒到显示器上,否则很容易通过显示器边缘缝隙流入其内部,导致屏幕短路故障。

7.2.2 键盘的保养和清洁

键盘是最常用的外部输入设备之一,平时使用键盘切勿用力过猛,以防按键的机械部件受损而失效。由于键盘底座和各按键之间有较大的间隙,灰尘非常容易侵入。因此定期对键盘作清洁维护也是十分必要的。

1. 常用工具

毛刷(毛笔、废牙刷均可)、绒布、清洁液、酒精(消毒液、过氧化氢也可)、键盘清洁胶(键盘泥,见图 7-3)、防静电弯角镊子、拔轴器、拔键器、强力气吹等。

图 7-3　键盘清洁胶

2. 注意事项

(1)键盘清洁前,拔掉连接线,断开与电脑的连接。

(2)清洁中不能使水渗入键盘内部。

(3)如果对键盘内部构造不太了解,不要强拆键盘,进行一般的清洁工作即可。

3. 清洁方法

先将键盘反过来轻轻拍打,让其内部的灰尘、头发丝、零食碎屑等落出。对于不能完全落出的杂质,可平放键盘,用毛刷清扫,再将键盘反过来轻轻拍打;也可以使用键盘清洁胶、键盘清洁器、键盘泥等对按键内部杂质进行清除。然后使用绒布对键盘的外壳进行擦拭,清除污垢。键盘擦拭干净后,使用清洁液对按键进行消毒处理,并用干布擦干键盘即可。

4. 机械硬盘清洁步骤

①使用毛刷清洁键盘表面大颗粒灰尘。

②使用绒布喷上清洁液仔细清洁键盘表面。

③使用拔键器拔出键帽。

④使用防静电镊子撬起空格键键帽。

⑤使用毛刷清理键盘底座缝隙上的灰尘。

⑥使用气吹吹走微小颗粒灰尘。

⑦使用清洁泥粘走微小缝隙中的顽固灰尘。

⑧使用棉签清洁各个微小缝隙。

⑨安装键帽,还原键盘。

7.2.3 鼠标的保养和清洁

鼠标是当今电脑必不可少的输入设备,当在屏幕上发现鼠标指针移动不灵时,就应当为鼠标除尘了。

1. 常用工具

绒布、硬毛刷(最好是废弃牙刷)、酒精等。

2. 注意事项

与键盘清洁相似,主要注意3点:断电、勿进水和勿强拆卸。

3. 清洁方法

使用布片,蘸少许水,将鼠标表面及底部擦拭干净。若鼠标垫脚处的污渍无法擦除,可以使用硬纸片刮除后,再进行擦拭。

鼠标的缝隙不易用布擦除,可使用硬毛刷对缝隙的污垢进行清除。

7.2.4 保养机箱

随着使用时间的加长，机箱上会积聚很多灰尘，尤其是风扇和风扇下的散热片上更容易积聚灰尘，这样会直接影响风扇的转速和整体散热效果。一般一台每天都使用的电脑，每隔半年就要进行一次除尘操作。

1.常用工具

毛刷（毛笔、软毛刷、废弃牙刷均可）、绒布（清洗剂）、吹风机（家用吹风机即可）、气吹。

2.注意事项

在擦拭机箱外壳时注意布上含水不要太多，以免水滴落到机箱内部，对主板造成损坏。

3.清洁方法

(1)用干布将机箱外壳上浮尘和污垢擦拭掉。

(2)用沾了清洗剂的布蘸水，将机箱外壳上的一些顽渍擦掉。

(3)用毛刷轻轻刷掉或使用吹风机吹掉机箱后部各种接口表层的灰尘。

7.2.5 保养 CPU

CPU 作为电脑的心脏，从电脑启动那一刻起就不停地运作，因此对它的保养显得尤为重要。

在 CPU 的保养中散热是最关键的，虽然 CPU 有风扇保护，但随着耗用电流的增加，所产生的热量也随之增加，从而 CPU 的温度也将随之上升，高温容易使 CPU 内部线路发生电子迁移，导致电脑经常死机，缩短 CPU 的寿命。另外，高电压更是危险，很容易烧毁 CPU。

CPU 的使用和维护要注意如下几点。

(1)保证良好的散热

CPU 的正常工作温度为 50℃以下，具体工作温度根据不同的 CPU 的主频而定。散热片质量要够好，并且带有测速功能，这样能与主板监控功能配合监测风扇工作情况。散热片的底层以厚的为佳，这样有利于主动散热，保障机箱内外的空气流通顺畅。

(2)要注意减压和避震

在安装 CPU 时应该注意用力要均匀。扣具的压力也要适中。

(3)合理超频

现在主流的台式机 CPU 频率都在 3GHz 以上，此时超频的意义已经不大了，更多考虑的应是延长 CPU 的寿命。

(4)注重硅脂质量

硅脂在使用时要涂于 CPU 表面内核上,薄薄的一层就可以,过量会有可能渗漏到 CPU 表面接口处。硅脂在使用一段时间后会干燥,这时可以除净后再重新涂上。

7.2.6 保养主板

现在的电脑主板所使用的元件和布线都非常精密,灰尘在主板中积累过多时,会吸收空气中的水分,此时灰尘就会呈现一定的导电性,可能把主板上的不同信号进行连接或把电阻、电容短路,致使信号传输错误或者工作点变化而导致主机工作不稳或不启动。

在实际电脑使用中遇到的主机频繁死机、重启、找不到键盘鼠标、开机报警等情况,多数都是由于主板上积累了大量灰尘导致的,在清扫机箱内的灰尘后故障不治自愈就是这个原因。

主板上给 CPU、内存等提供供电的是大大小小的电容,电容最怕高温,温度过高很容易就会造成电容击穿而影响正常使用。很多情况下,主板上的电解电容鼓泡或漏液、失容并非是因为产品质量有问题,而是因为主板的工作环境过差。

一般鼓泡、漏液、失容的电容多数都是出现在 CPU 的周围、内存条边上、AGP 插槽旁边,因为这几个部件都是电脑中的发热量大户,在长时间的高温烘烤中,铝电解电容就可能会出现上述故障。

了解上述情况之后,在购机时就要有意识地选择宽敞、通风的机箱。另外,定期开机箱除尘也必不可少,一般是用毛刷轻轻刷去主板上的灰尘。由于主板上一些插卡、芯片采用插脚形式,常会因为引脚氧化而接触不良,可用橡皮擦去表面氧化层并重新插接。当然,有条件时可以用挥发性能好的三氯乙烷来清洗主板。

7.2.7 保养内存

内存是系统临时存放数据的地方,一旦其出了问题,将会导致电脑系统的稳定性下降、黑屏、死机和开机报警等故障。

内存条和各种适配卡的清洁包括除尘和清洁电路板上的金手指,除尘用油画笔即可。

为了降低成本,一般适配卡和内存条的金手指没有镀金,只是一层铜箔,时间长了将发生氧化。可用橡皮擦来擦除金手指表面的灰尘、油污或氧化层,切不可用砂纸类东西来擦拭金手指,否则会损伤极薄的镀层。

7.2.8 保养硬盘

当组装好一台新机器，能正常启动之后，需要先对硬盘分区格式化，再安装操作系统和应用软件，开始漫长的使用过程。因此，硬盘的管理、优化工作十分重要。

由于现在的硬盘容量越来越大，因而出现了两个重要的问题：空间问题和速度问题。硬盘容量的增大使得很多人节约空间的概念消失，就会忽视经常整理硬盘中文件的必要性，导致垃圾文件（无用文件）过多而侵占了硬盘空间。这就是为什么有人会觉得剩余空间莫名其妙变少了的缘故。垃圾文件过多，还会导致系统寻找文件的时间变长。

此外，同样的程序在别人的机器上能顺利地安装运行，而在自己的机器上却不行，其中的原因多半就是因为硬盘中的垃圾 DLL（动态链接库）文件过多（有的程序卸载时，不删除其附属的 DLL 文件）和其解压环境（临时空间过小）的问题。

还有就是运行程序时的“非法操作”：同样的软件，在刚装完系统时能正常运行，而再安装一些程序后，系统就会报错，这些都是由于硬盘的垃圾文件过多互相干扰造成的。这些问题使得硬盘的总利用率不高。

为了更好地使用硬盘，有必要进行一些系统的软件优化，比如回收硬盘浪费的空间，提高硬盘的读、写速度等。硬盘中的内容可能经常发生变化，从而会产生硬盘空间使用不连续的情况。而且，经常性地删除、增加文件也会产生很多的文件碎片。文件碎片多了会影响到硬盘的读、写速度，引起簇的连接错误和丢失文件等情况的发生。

要经常整理硬盘，比如两个星期或一个月一次。当硬盘的使用空间连续分布时，其工作效率会大大提高。如果一次删除了 100MB 以上的文件，建议在删除后马上整理硬盘，可以使用 Windows 自带的磁盘检测整理工具，也可以使用第三方磁盘整理工具。

千万不要在硬盘使用过程中移动或震动硬盘。因为硬盘是复杂的机械装置，大的震动会让磁头组件碰到盘片上，引起硬盘读写头划破盘表面，这样可能损坏磁盘面，潜在地破坏存储在硬盘上的数据，更严重的还可能损坏读写头，使硬盘无法使用。

动动手——台式机日常保养

参考 7.2 小节内容，到计算机组装与维护实训室找一台式机（或自己的台式机），完成以下任务。

【任务 7.2.1】保养、清洁显示器、键盘、鼠标等外部设备。

【任务 7.2.2】对机箱表面进行清洁保养，打开机箱，使用皮老虎对机箱内部进行除尘。

7.3 笔记本电脑硬件维护

和台式电脑相比，笔记本电脑的体积更小，重量更轻，所以易于携带。因此笔记本电脑需要面对不同的工作环境，宿舍、办公室、户外或旅行途中。不同的工作环境也不断考验着笔记本电脑，比如在户外工作时可能会遇到一定的碰撞，也可能会遭遇雨雪等恶劣天气，而笔记本电脑又是比较精密的电子产品，因此在笔记本电脑的日常使用中要进行适当的维护和保养。

7.3.1 笔记本电脑整机保养维护

1. 避免撞击和挤压

尽量不要在颠簸的车船上使用笔记本电脑，使用时需要把笔记本电脑放到平稳的地方，以免跌落造成磕碰，其直接后果就是损坏笔记本电脑的硬盘。在出门携带过程中，一定要关机后放进专用笔记本包，专用笔记本包内部都经过了特殊的减震处理，可以最大限度地保障笔记本电脑硬件安全。

2. 保持干燥清洁的工作环境

不要让笔记本电脑受到油、水各种液体的侵袭，因为这些液体都是笔记本电脑的大敌，有可能损毁笔记本电脑的硬件系统。比如，在使用笔记本电脑时喝饮料，这时候就要小心了。

如果很不幸笔记本电脑进了水或其他液体，要马上关机，拔掉电源，取出外部模块如外置扩展坞、光驱（如果有）、电池等，然后用干布将电脑上的水轻轻擦掉，用电吹风将电脑吹干后，立即送专业维修人员进行处理。在这个过程中注意千万不能再次开机，否则可能会发生短路，损坏笔记本电脑元器件。

不要一边吃零食一边使用笔记本电脑。一方面为了避免使用笔记本电脑时零食残渣掉入键盘按键缝隙，另一方面也是为了使触摸板保持环境清洁。

3. 注意笔记本电脑散热

笔记本电脑正常工作环境一般为 5℃～35℃，高温工作环境直接影响笔记本电脑的性能和使用寿命。因此，笔记本电脑尽量不要在潮湿闷热、不通风的环境中使用；在使用笔记本电脑时注意不要遮挡散热孔，在散热孔周围 15 cm 范围内不要有物体遮挡。在高温环境下使用笔记本电脑时可以使用一些工具来降温，比如笔记本电脑专用的散热底座、散热卡以及散热水袋，都能起到很好的降温作用。

7.3.2 笔记本电脑外壳保养维护

笔记本电脑需要经常携带外出，因此要选择一个好的电脑包，电脑包能起到一定的防震作用，还可以避免笔记本电脑外壳磨损。电脑包要求结实耐用、耐划伤、防尘防静电等，最好是专用背包。如图 7-4 所示。

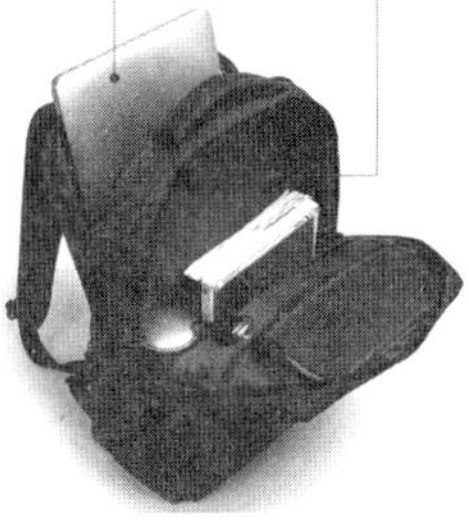

图 7-4　笔记本电脑防震包

尽量不要把电脑包当手袋用，不要在笔记本电脑包的主机包内放置钥匙、螺丝刀等尖锐物件，电池和其他物品也要单独放置在电脑包内的小袋中，防止硬物划伤笔记本电脑外壳表面。在使用笔记本电脑时，也不要将电脑放在坚硬粗糙的地方，以免划伤机壳。我们可以考虑给笔记本电脑的外壳贴一层外壳保护膜。如图 7-5 所示。

图 7-5　笔记本电脑的外壳保护膜

避免笔记本电脑沾染油污，平时注意清洁电脑的外壳。在笔记本电脑断电后，可以使用不掉绒的软布或者纸巾蘸一点清水擦除污渍。对于顽固污渍，可以使用一些专用的清洁剂擦拭。清洁剂的选择很重要，不能使用有腐蚀性的有机溶剂（如含苯）来擦洗外壳，以防止电脑表面被腐蚀。

7.3.3　笔记本电脑液晶显示屏保养维护

笔记本电脑液晶显示屏具有“低功耗，无辐射”等诸多优点，但是它的物理特性使其成为笔记本电脑中最“娇贵”的部分。

液晶显示屏主要由垂直线性偏光器、玻璃薄片、透明 X 电极、校准层、液态晶体流、校准层、透明 Y 电极、玻璃薄片及水平线性偏光器等组成。液晶显示屏的这些组成材料一般都非常脆弱且极易破损，因此在使用和携带笔记本电脑的过程中，要避免液晶屏受到不必要的划伤、挤压和碰撞，以免影响使用体验。

由于液晶显示屏比较脆弱且极易破损，如果使用不当，很可能会缩短它的使用寿命。使用液晶显示屏时需要注意以下几点。

1.正确的开合操作

由于追求轻薄,大多数电脑笔记本的顶盖和机身的连接轴是塑料材质,开合笔记本电脑时避免用力不均或用力过大,以免久而久之造成连接轴断裂甚至脱离。液晶屏的显示及供电排线是通过连接轴内的通道连入主机的,连接轴断裂很可能也会伤及排线。

正确的开合方法是在顶盖前缘正中开合,并且注意用力均匀,动作轻柔。

2.避免划伤液晶显示屏

液晶显示屏抗撞击的能力很小,请勿用手指甲及尖锐的物品碰触液晶显示屏表面,以免刮伤显示屏,造成不可恢复的损伤。在合上笔记本电脑时,一定要先确认键盘上有没有东西,避免损伤显示屏。为了保护液晶显示屏,可以在液晶屏表面粘贴保护膜,避免不小心划伤液晶显示屏。

3.保持干燥的工作环境

笔记本电脑的液晶显示屏对湿度很敏感,在湿度大的地方,液晶显示屏的显示会变得非常模糊,较严重的情况下还会损害液晶显示屏的元器件,尤其是在湿度较大的环境中放置时间较长后,可能会导致液晶电极腐蚀。如果在开机前发现屏幕表面有雾气,最好用软布轻轻擦掉后再使用。

在南方的梅雨季节,即使不使用笔记本电脑,也要定期让电脑运行一段时间,以便加热元器件驱散潮气,而且最好在笔记本电脑包里放上一小包干燥剂。

4.避免强光直射

在强光照射下,液晶显示器温度会升高,加快老化,造成显示屏发黄,变暗。使用时应把笔记本电脑放在日光照射较弱的地方,或者在日光较强的屋子里挂上深色的窗帘,减小光照强度,同时避免电脑温度升高。

5.注意使用时间和显示亮度

笔记本电脑的液晶显示屏的使用寿命一般标称是6—10年,达到标称时间后,液晶显示屏的亮度就会降低许多。液晶显示屏的像素是由许多液晶体构筑的,过长时间的连续使用会使晶体老化或烧坏,这就是笔记本电脑用久了屏幕会发黄的原因。

在日常使用过程中,不要让液晶显示屏长时间工作,并尽可能调低显示亮度;建议启用省电模式并在电源管理中设置较短的屏幕休眠时间,不但可以省电,也能很好的延长液晶屏的寿命。

6.定期清洁液晶显示屏

在清洁液晶显示屏时,务必先关闭电源,并取下电源线插头,把笔记本电脑放在光线较好的地方。使用高压吹气球先吹掉液晶显示屏表面的灰尘,然后使用不掉毛的软布轻轻擦去液晶显示屏上的污垢，必要时可以用软布蘸点清水，拧干后对液晶显示屏进行清洁，切记不要用湿布擦拭。擦拭时建议从显示屏一侧擦到另一侧，直到全部擦拭干净为止。不要使用含有酒精或丙酮的清洁液清洁液晶显示屏，可以使用液晶显示屏专用的清洁剂配合软布进行清洁。

7.3.4 笔记本电脑键盘的保养维护

键盘是笔记本电脑使用最频繁的部件之一，很多厂商在设计、生产时都考虑到其耐用性，特别在结构上做了充分的优化，但是用户在使用过程中仍然需要注意以下两点。

1.日常维护

使用时，操作键盘不可用力过猛，避免机械部件受损；勿将重物压在键盘按键上。尽量不要在使用笔记本电脑时吃东西、吸烟或者喝水，保持键盘的清洁；使用键盘时，应养成良好习惯，保持双手清洁，防止油污、汗液黏在按键键帽上。

2.清洁保养

笔记本电脑键盘底座和各按键之间有较大的空隙，灰尘容易侵入，因此定期对键盘进行清洁是十分必要的。

键盘按键的缝隙中累积灰尘后，可用小毛刷清洁，或者使用高压吹气球将灰尘吹出。也可以用掌上型吸尘器清洁键盘上的灰尘和碎屑。清洁键盘面时，可以用软布蘸上少许清水或中性清洁剂，在关机的情况下轻轻擦拭。

小贴士：

很多人为了保持键盘清洁，在键盘上覆盖一个键盘膜，殊不知这样做是弊大于利。笔记本电脑键盘有一定的散热功能。如果在键盘上盖上键盘膜，不利于笔记本电脑的散热，长时间使用会加快笔记本电脑的老化，严重的造成内部温度过高可能导致蓝屏、死机等问题。另外使用键盘膜后，手感不如直接触摸键盘那么好，还容易造成联键、错键等问题。

7.3.5 笔记本电脑指点设备的保养维护

大多数笔记本电脑都自带了触摸板或鼠标杆来代替鼠标。

触摸板(Touchpad)也是一种鼠标，由一块能够感应手指运行轨迹的压感板和两个按钮组成，两个按钮相当于标准鼠标的左右键，如图 7-6 所示。第三代的触摸板已经把功能扩展为手写板，可直接手写汉字输入；有些触摸板整合了液晶屏，把液晶屏应用到触摸板上，模仿 3D 鼠标模式，在触摸屏上设计了滚屏区，提高了用户的工作效率。

图 7-6　笔记本电脑触摸板

触摸板的优点是反应灵敏,没有机械磨损,控制精度也不错;缺点是当使用电脑时间较长,手指出汗时,会出现打滑现象,并且触摸板对环境要求较高,不适合在潮湿、多灰的环境下工作。

指点杆(鼠标杆)最初由 IBM 发明,其好处在于节省装配空间,如图 7-7 所示。

图 7-7　笔记本电脑指点杆

作为常用的一种零件,需要了解这两种输入设备的日常维护技巧。

1. 触摸板的保养

触摸板一般分为两层;第一层是透明的保护层;第二层为触感层。保护层主要的功能是加强触摸板的耐磨性。由于触摸板的表面经常受到手指的按压和摩擦,所以保护层的作用至关重要。注意不能使用硬物擦划保护层,这层保护膜如果被破损,会导致触摸板的耐磨性减弱,甚至造成触摸板失灵;不要把重物压在触摸板上;使用触摸板时,应养成良好习惯,保持双手清洁,防止油污、汗液粘上。

2. 指点杆的保养

在使用指点杆时要注意拨动的力度以免损坏。除此以外,指点杆的上方都有一个橡胶头,这个橡胶头如果在使用过程中过于用力,时间长了也会变质、脱落,所以平时也要注意鼠标杆上橡胶头的保护。

7.3.6　笔记本电脑电池维护保养

笔记本电脑电池不单是外出方便使用,也是在突然断电时,能够保护你的数据不会因为断电而丢失,而且也对硬盘也起到保护作用的。

笔记本电脑使用的都是锂离子电池,一般情况下,锂电池的充放电次数是固定的。现在很多笔记本电脑厂商都考虑到电池的易损性，因而增强了对电池的保护，锂电池在不满足条件时是不会充放电的，并不是使用一次笔记本电脑电池就充放电一次。关于正确使用锂离子电池需要注意以下几点。

①笔记本锂电池不需要前三次每次 12 小时的充电。

②建议尽量使用外接电源，在能提供稳定良好的电压的环境下使用笔记本最好是使用外接电源，此时可以考虑把电池取下。

③如果电池的使用频率较高，那么应该将电池放电到电量较低（电量为 10%～15%）后再充电，可以起到电池电力校正的效果。但如果放电到笔记本电脑开不了机（电量为 0%～1%），就属于对锂电池有较大损伤的深度放电。一般来说，只要每 3 个月进行一次这样的电池电力校正就可以了。

④如果长期不使用笔记本或笔记本电池，放光电长期保存会令电芯失去活性，充满电长期保存会带来安全隐患，最理想的保存方法是放电到剩余 40%电量左右保存。锂电池害怕潮湿和高温，因此应该放在阴凉干燥的地方保存，室温 20℃～30℃为电池最适宜的工作和保存温度，温度过高或过低的操作环境都会降低电池的使用寿命。

动动手——笔记本日常保养

参考 7.3 小节内容，拿出自己的笔记本电脑，完成以下任务。

【任务 7.3.1】清洁保养笔记本电脑外壳。

【任务 7.3.2】保养、清洁笔记本电脑屏幕、键盘、手写板、鼠标等外部设备。

7.4 计算机软件日常维护

计算机软件系统功能强大，能够保证计算机的正常运行，在日常使用过程中只有合理维护计算机的软件资源，才能减少计算机出现软件故障的概率，让计算机发挥其自身功能，为我们提供更便捷的服务。

7.4.1 修复系统漏洞

1. 什么是系统漏洞

系统漏洞是操作系统存在的缺陷或者错误。这些漏洞如果被不法者利用，会有很严重的后果。比如：通过植入木马控制用户电脑，窃取信息，构建僵尸网络，或者利用被控制的主机挖矿等等。一夜之间袭击全球的 WannaCry 勒索病毒、

“EternalBlue”(永恒之蓝)漏洞进行传播的。

系统漏洞是计算机的主要安全防御对象之一,我们可以通过安装补丁来修复系统漏洞。补丁专为漏洞而生,我们所使用的操作系统以及软件都可能存在漏洞,就像衣服破了洞、房屋有了裂缝,存在安全风险(恶意利用和入侵),而补丁是要把这些漏洞修补好,避免外来的风险入侵。打补丁能让电脑更安全,及时堵住系统漏洞,可以很大程度避免被恶意入侵和利用

2. 系统漏洞修复

除了通过操作系统自身升级修复系统漏洞外,最常用的方法就是通过软件进行修复,下面以腾讯电脑管家修复操作系统漏洞为例进行讲解。

腾讯手机管家是腾讯推出的一款免费的手机安全管理软件,集手机杀毒、安全防护、体检加速、健康优化以及软件管理于一体,如图 7-8 所示。

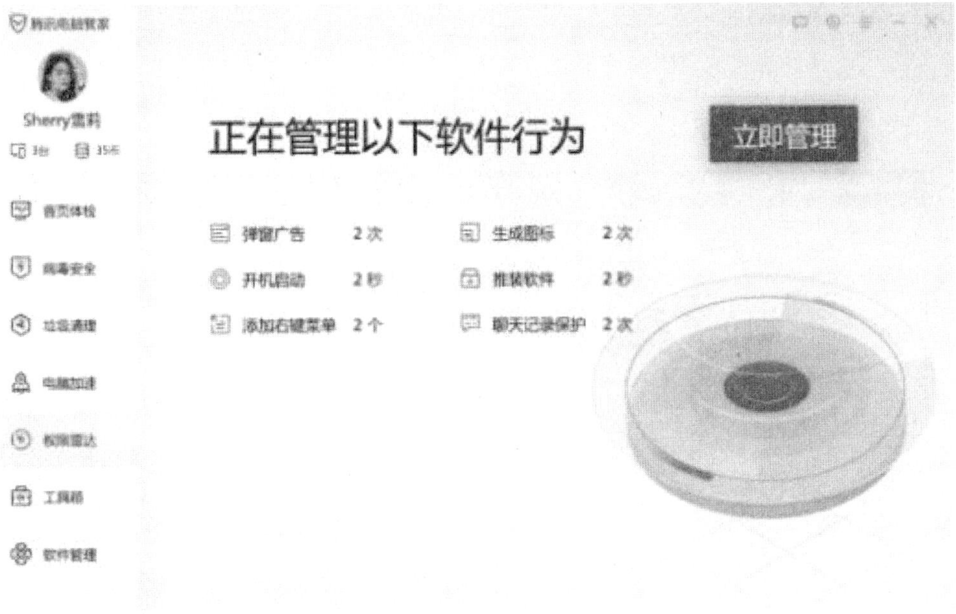

图 7-8 腾讯电脑管家

腾讯电脑管家漏洞修复支持系统漏洞修复,防御 0day 漏洞攻击。

(1)漏洞检测与修复

电脑管家支持 Windows、Office、Flash 等产品的漏洞修复,采用快速修复引擎,降低 60%的下载数据大小,还原 Windows 更新功能,能够保证漏洞修复的准确性和系统兼容性

(2)0day 漏洞防御

通过电脑管家本地检测和云感知能力,对 0day 漏洞的利用进行检测和拦截,在补丁未发布的情况下,利用管家的立体防御体系和云规则为主机提供安全防护。

在电脑管家主界面中单击左侧列表中的“病毒查杀”按钮,之后单击界面中的

"漏洞修复"按钮，如图 7-9 所示。在弹出的修复漏洞对话框中程序将自动检测系统中存在的各种漏洞，如图 7-10 所示，检测后将漏洞按照不同的危险程度和功能进行分类，根据电脑管家"提醒和修复方式"设置自动下载漏洞补丁或提醒用户下载漏洞补丁，下载后修复完成。

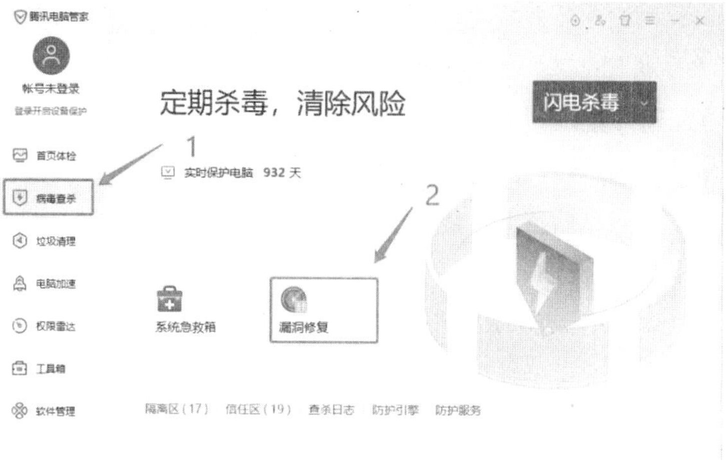

图 7-9　启动电脑管家漏洞检测

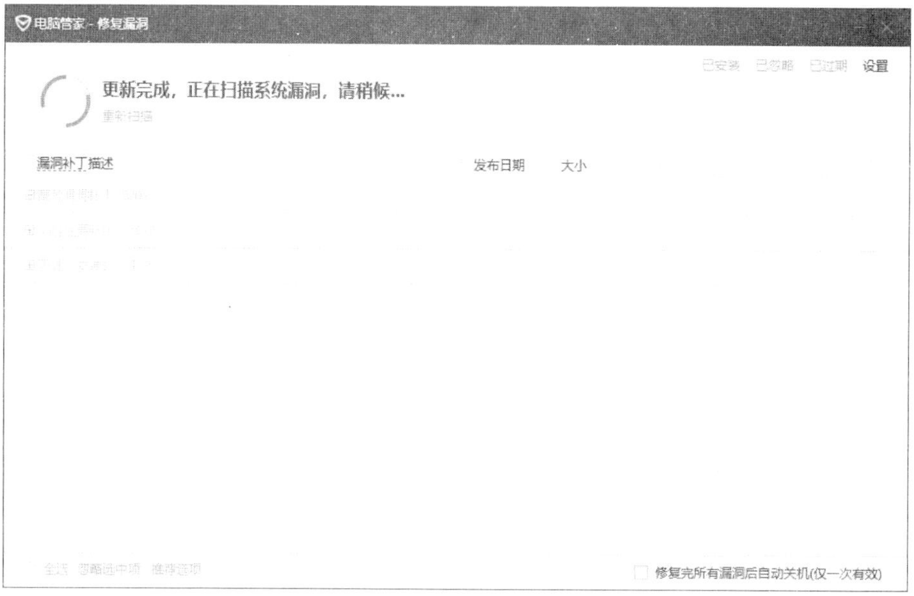

图 7-10　电脑管家修复漏洞

7.4.2　数据备份与恢复

随着大数据时代的来临，数据安全的问题日益突出，为防止数据被破坏或丢失，数据备份与恢复也成了计算机维护不可缺少的一部分。

计算机是我们用来处理数据的工具，在数据存储、数据处理等操作中，都有可能存在数据安全问题。

• 病毒入侵。病毒入侵是产生数据差错的一个重要原因，如特洛伊木马、逻辑炸弹等病毒都会造成数据丢失、数据被篡改、增加无用数据等问题，并且这些病毒造成的数据丢失往往是难以恢复的。

• 存储设备故障。硬盘硬件受损会造成数据丢失，这种情况很难找回丢失数据，尤其是 SSD 固态硬盘或 U 盘等闪存设备一旦受损，数据基本无法恢复。

• 操作失误。因个人操作失误将数据误删除或误修改或对计算机设备进行误格式化，忘了备份重要数据，会造成数据丢失。

• 其他不可抗因素或者突发事件产生的数据丢失。

1. 计算机数据备份

(1)使用移动存储设备

使用移动存储设备如 U 盘、移动硬盘等，对计算机上的数据进行备份，不仅安全又便于携带。只要将计算机中的重要数据复制到移动存储设备上就可以实现数据备份，当计算机上的数据丢失时，便可通过移动设备将数据恢复。

(2)利用云盘备份数据

利用各种云盘工具来实现计算机数据的主动备份或自动备份，如百度云盘、坚果云、阿里云盘等。下面以百度网盘为例，讲解其备份数据的方法。

(3)使用系统自带的“备份和还原”功能备份系统

Windows 系统中自带“备份和还原”功能，可以直接在计算机中实现数据的备份和还原。与之前各 Windows 版本操作系统相比，Windows 10 针对系统的稳定性得到极大的提升，尤其在系统备份及还原部分，提出了更好的解决方案。下面简述 Windows 10 备份及还原系统的方法。

①点击桌面左下角的“开始”按钮，从打开的扩展面板中找到“设置”按钮点击进入，如图 7-11 所示。

图 7-11　Windows 10 设置按钮

②从打开的“设置”窗口中，找到“更新和安全”项点击进入详细设置窗口，如图 7-12 所示。

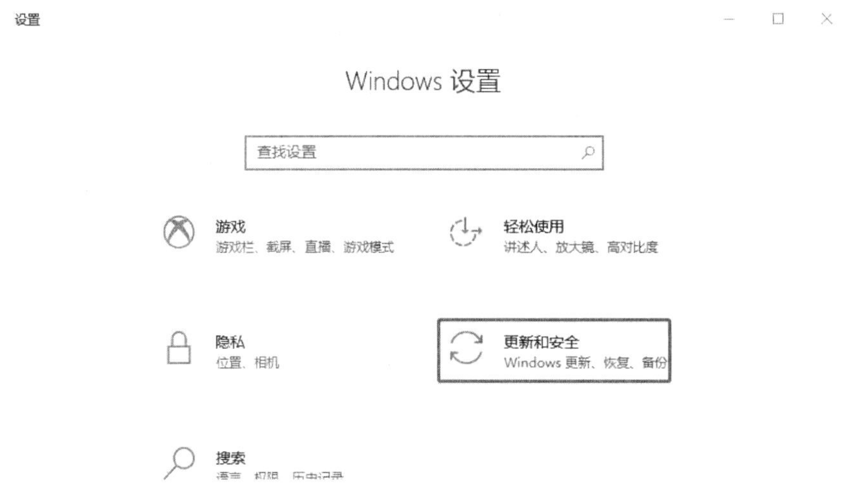

图 7-12　Windows 10 设置窗口

③待进入“更新和安全”窗口后，切换到“备份”选项卡，点击“转到‘备份和还原’(Windows 7)”按钮，如图 7-13 所示。

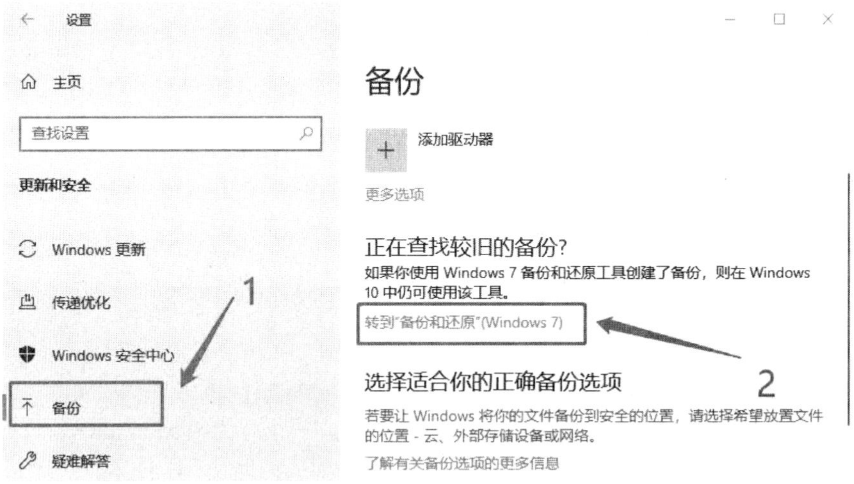

图 7-13　开始 Windows 10 备份和还原

④进入“备份和还原(Windows 7)”窗口后，在“备份或还原文件”的备份栏目中单击“设置备份”按钮，如图 7-14 所示，弹出对话框“设置备份”，在“设置备份”对话框中设置备份位置，可以根据实际情况选择备份的磁盘分区，推荐选择最大容量的磁盘分区。当然也可以根据网络环境选择将备份位置设置在某台服务器或计算机上，如图 7-15 所示。点击下一步，打开设置备份对话框。

图 7-14 备份和还原(Windows 7)

图 7-15 设置备份对话框

⑤在备份内容提示框中，如果对 Windows 系统比较了解，则选中“让我选择”单选按钮，否则默认选中“让 Windows 选择(推荐)”单选按钮，如图 7-16 所示。

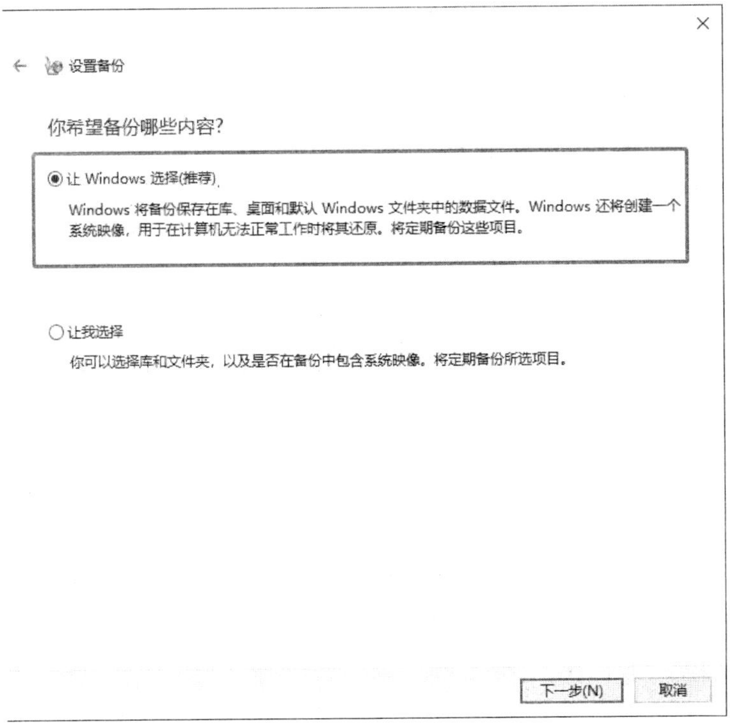

图 7-16　设置备份对话框-2

⑥在"设置备份"对话框中,可以看到备份摘要,单击"保存设置并运行备份"按钮,如图 7-17 所示。

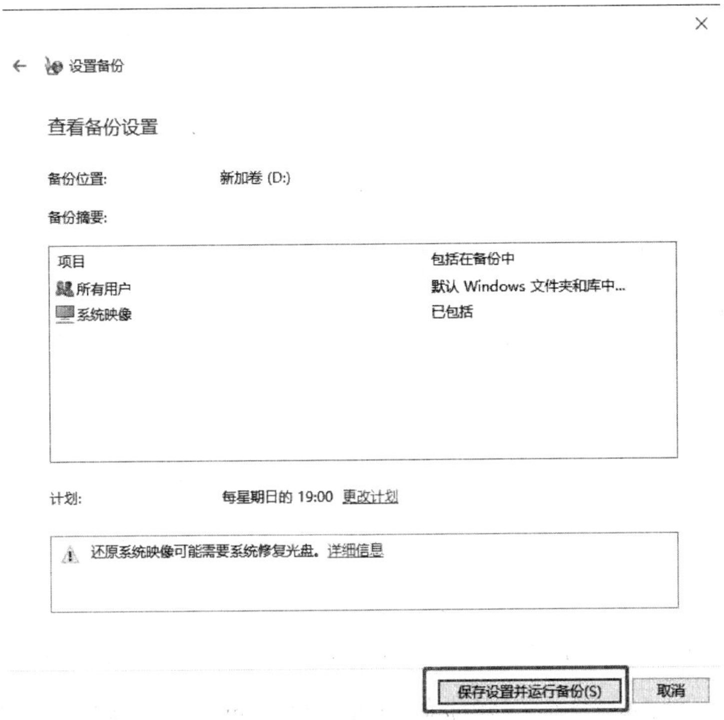

图 7-17　设置备份对话框-3

⑦设置完成后，Windows 10 会自动进行备份工作如图 7-18 所示，等待备份完成即可。

图 7-18　系统备份进度

(4)使用 Ghost 软件进行全盘备份

Ghost 是使用得比较多的一款全盘备份软件。可以利用该软件做全盘镜像，这样数据丢失时就可以直接实现全盘数据的还原。Ghost 全盘备份的过程如下。

①开机进入 BIOS，将启动设置为 U 盘启动。通过系统修复 U 盘进入 Win PE，进入 Win PE 以后，桌面会显示一些 ghost 自动备份还原的工具，这里选择手动操作，点击“开始”菜单，选择“手动运行 Ghost”，如图 7-19 所示，然后在弹出的窗口中单击“OK”按钮。

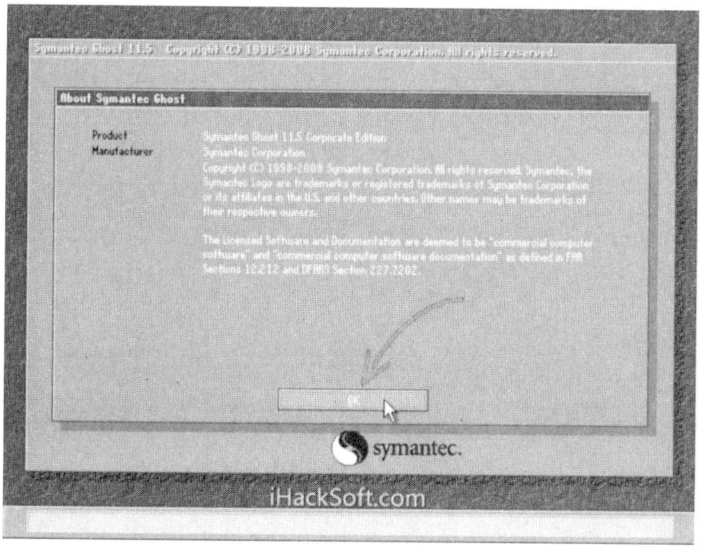

图 7-19　Ghost 主窗口

②选择“Local”→“Partition”→“To Image”选项，如图 7-20 所示。

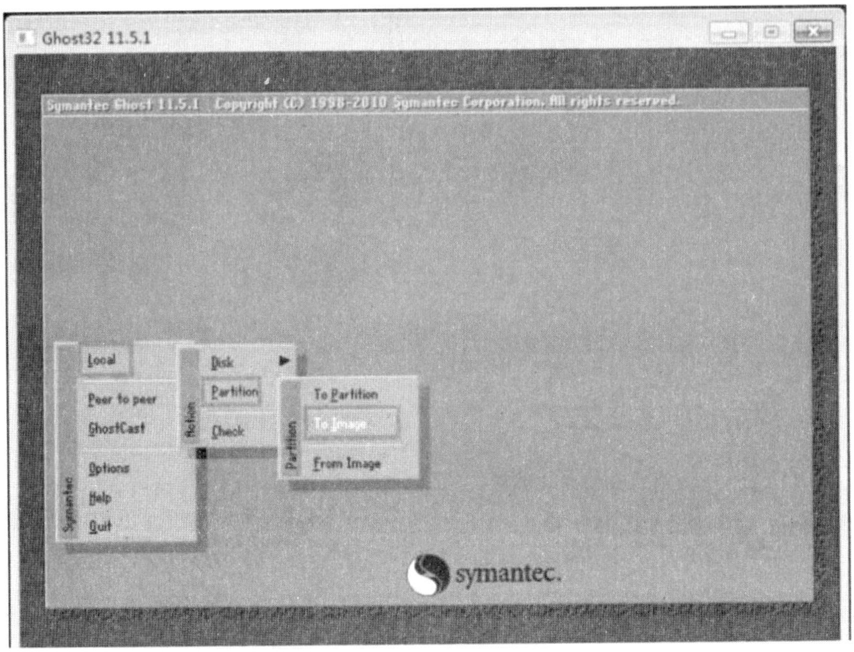

图 7-20 Ghost 选项窗口

③选择要备份的硬盘，然后单击“OK”按钮，如图 7-21 所示。

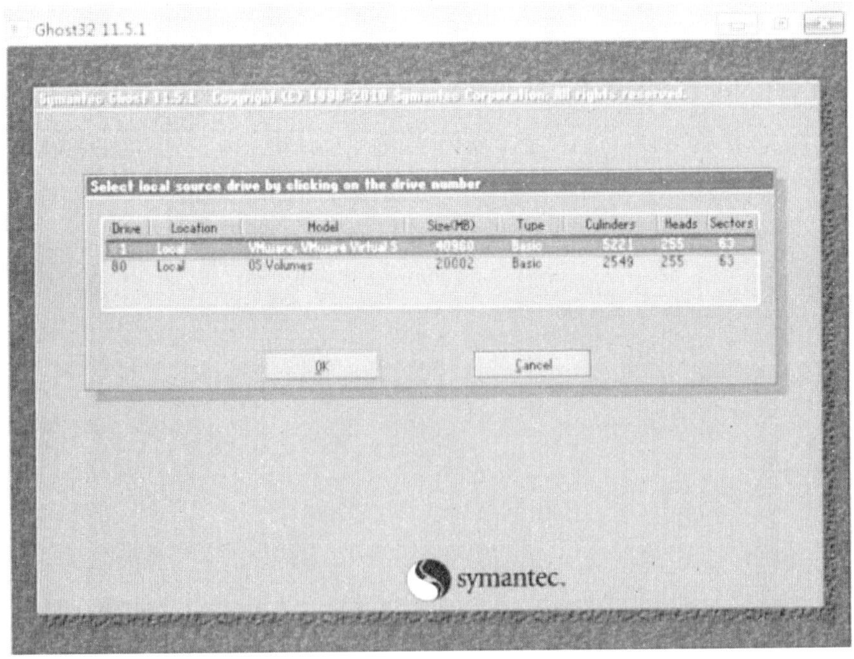

图 7-21 Ghost 备份硬盘的选择窗口

(4)选中所有需要备份的磁盘，然后单击“OK”按钮，如图 7-22 所示。

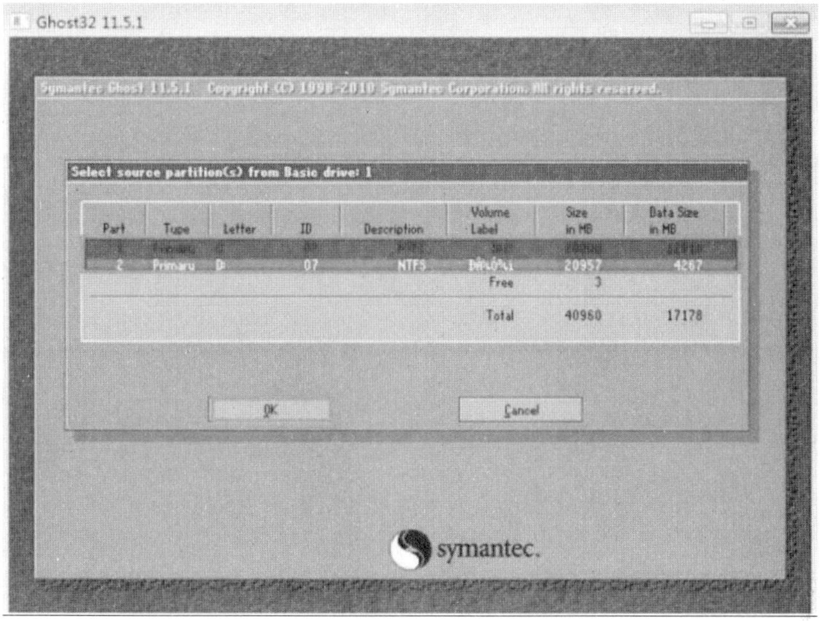

图 7-22 Ghost 备份硬盘的确认窗口

(5)在如图 7-23 所示窗口中,选择备份镜像要保存的位置,然后单击“Save”按钮。

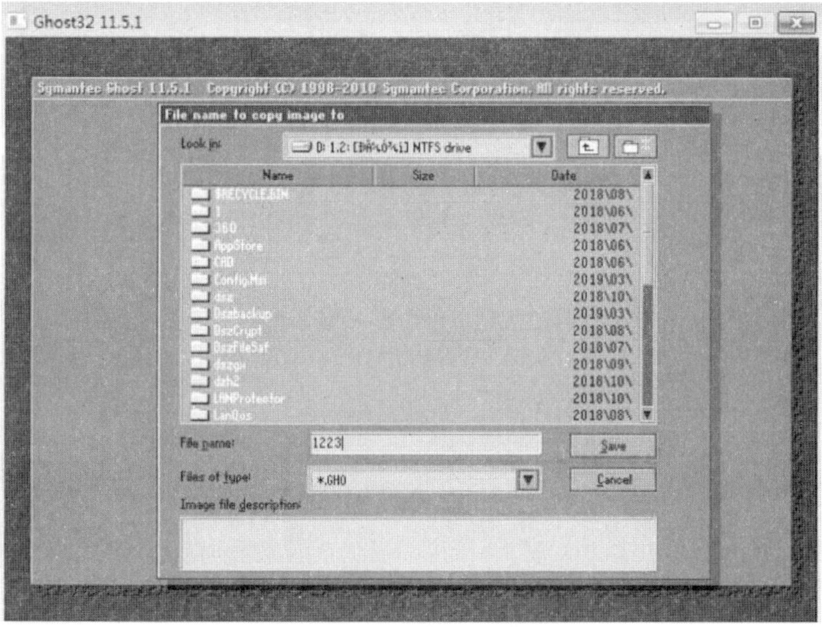

图 7-23 Ghost 备份镜像的保存位置

(6)在弹出的窗口中单击“Fast”按钮进行快速备份,如图 7-24 所示。然后单击“Yes”按钮,进度条为 100%时代表备份完成,如图 7-25 所示。

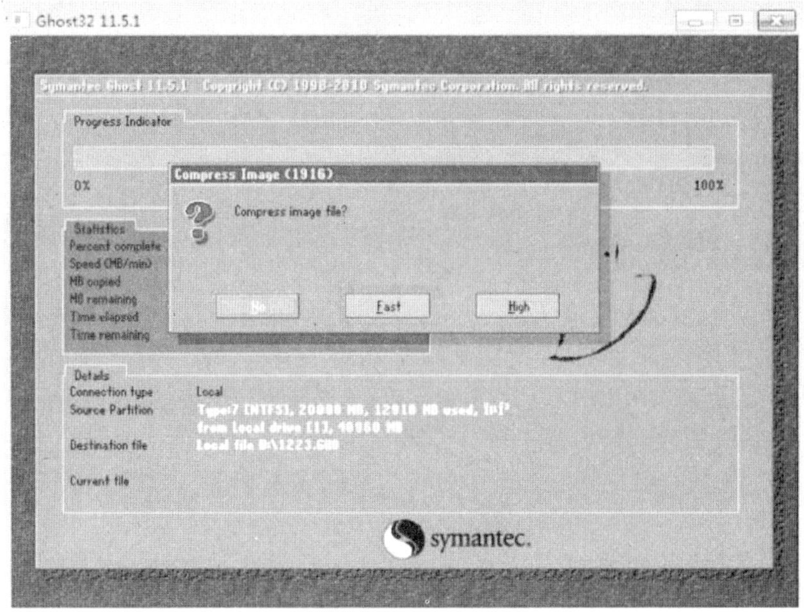

图 7-24　Ghost 备份窗口

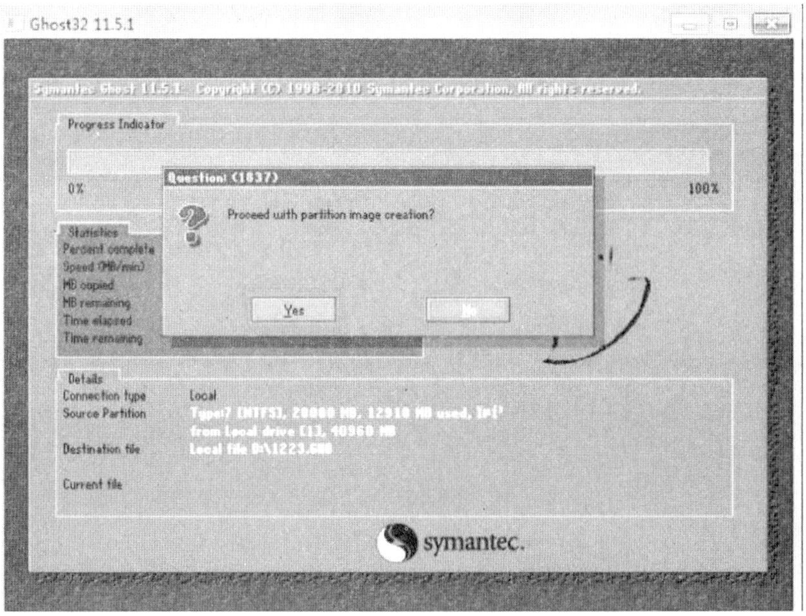

图 7-25　Ghost 备份完成

2. 计算机数据还原

(1)使用系统自带的“备份和还原”功能恢复系统

①点击桌面左下角的“开始”按钮，从打开的扩展面板中找到“设置”按钮点击进入，如图 7-26 所示。

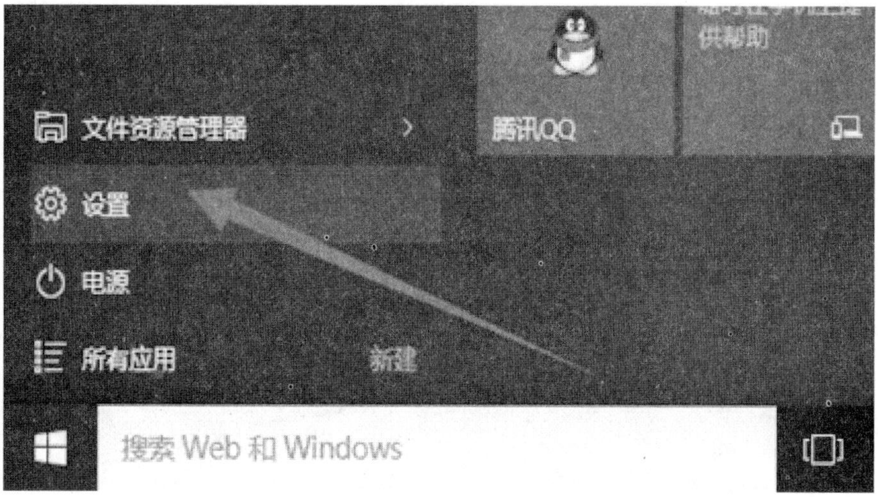

图 7-26　Windows 10 设置按钮

②从打开的“设置”窗口中，找到“更新和安全”项点击进入详细设置窗口，如图 7-27 所示。

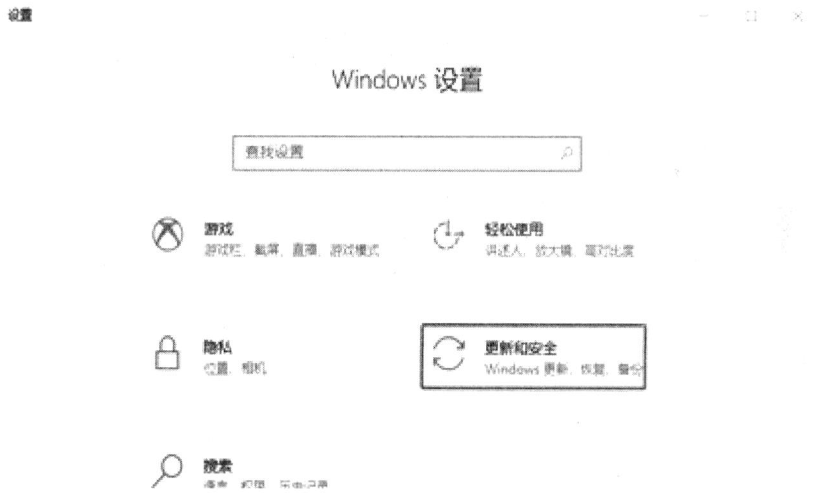

图 7-27　Windows 10 设置窗口

③待进入“更新和安全”窗口后，切换到“恢复”选项卡，如图 7-28 所示，点击“查看备份设置”按钮，进入 Windows 10 备份设置，点击“转到‘备份和还原’(Windows 7)”，如图 7-29 所示。

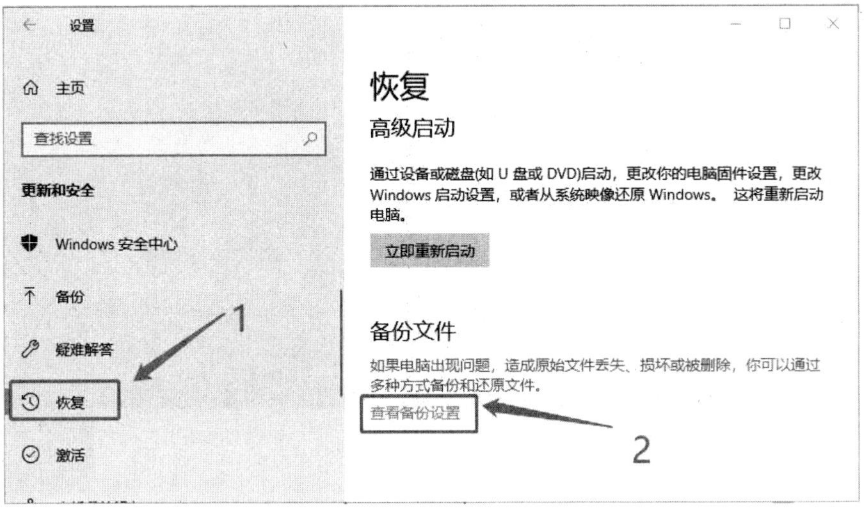

图 7-28　开始 Windows 10 备份和还原

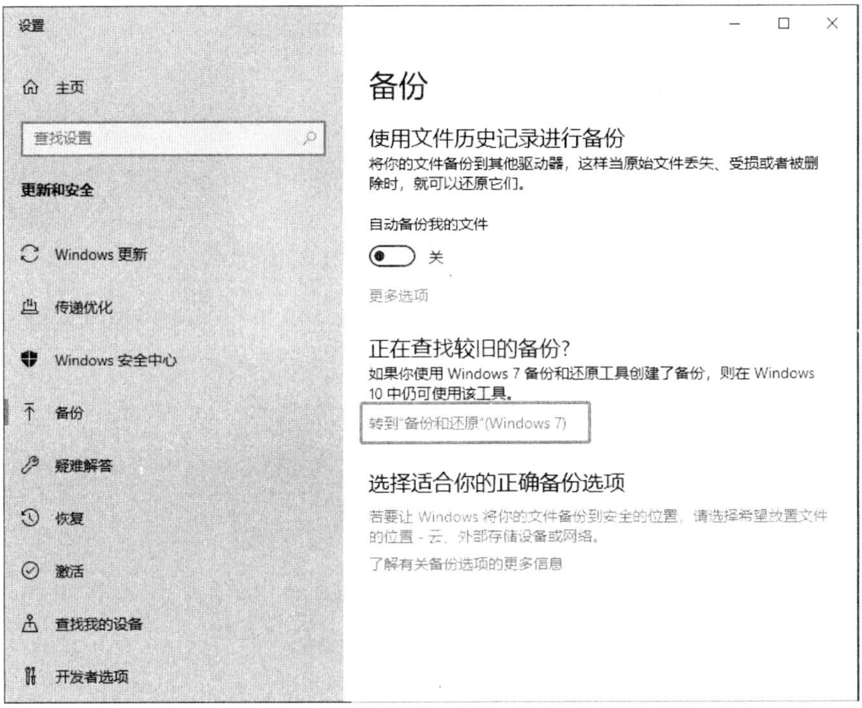

图 7-29　Windows 10 备份设置

④进入“备份和还原(Windows 7)”窗口后，在“备份或还原文件”的还原栏目中单击“还原我的文件”按钮，如图 7-30 所示。

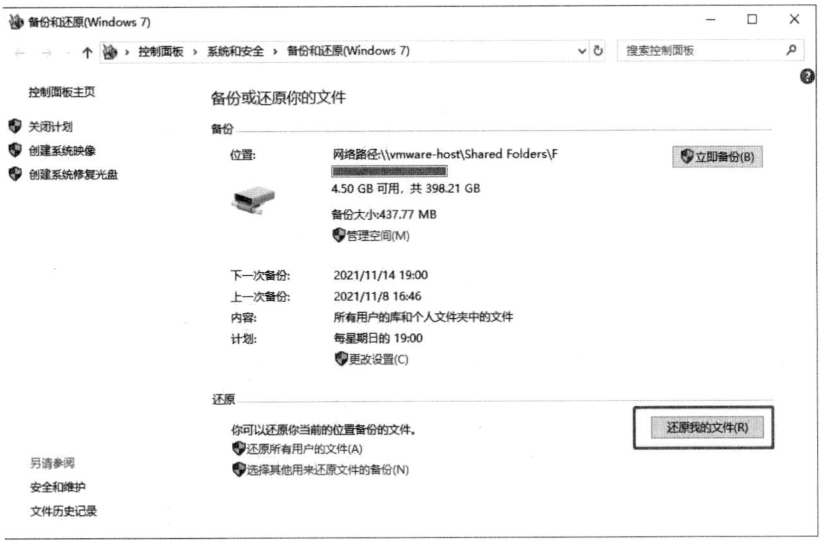

图 7-30　备份和还原(Windows 7)

⑤在打开的“还原文件”对话框中，点击浏览文件夹或浏览文件，选择之前备份的文件夹或文件，如图 7-31 所示，之后点击下一页。

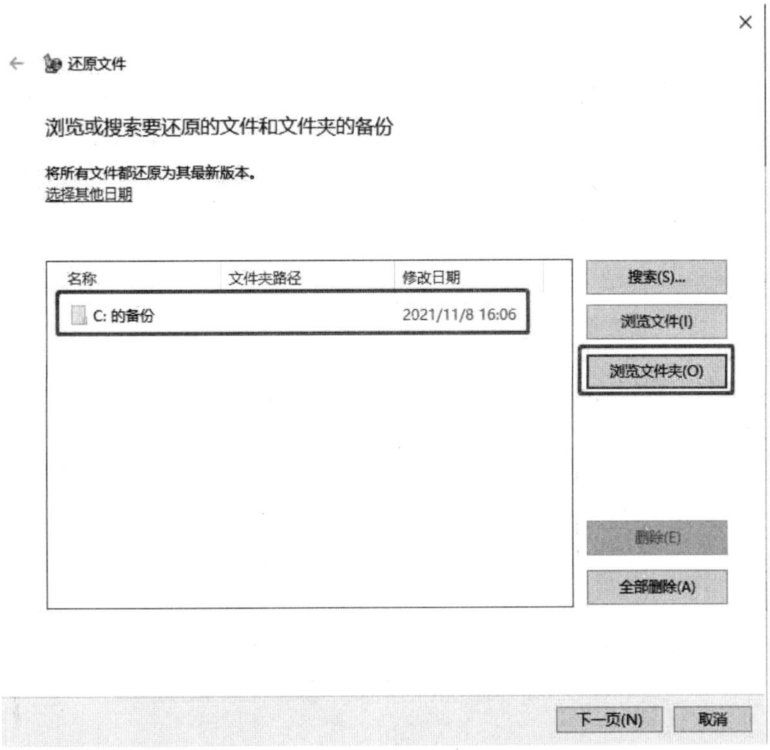

图 7-31　选择 WIndows 10 备份文件

⑥接下来选择“在原始位置”，点击还原，直至还原完成，如图 7-32 所示。

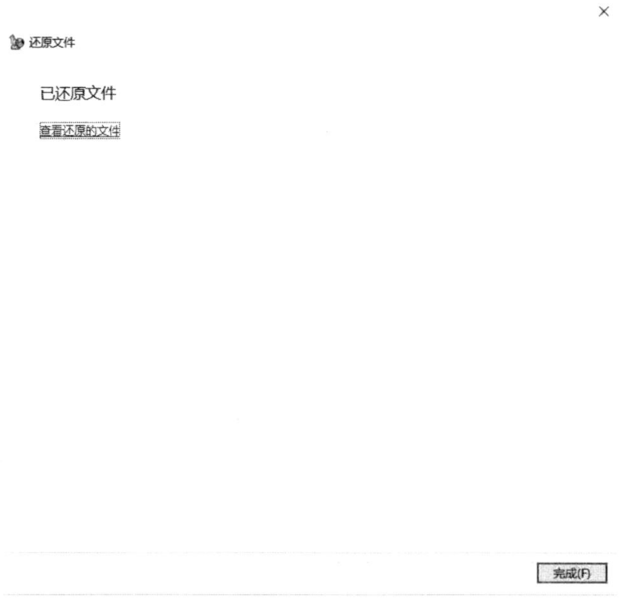

图 7-32　Windows 10 还原完成

(2)利用 Ghost 软件恢复已经备份的数据

如果计算机硬盘中已经备份的分区数据受到损害,用一般数据修复的方法不能修复,或系统被破坏后不能启动,都可以用早期备份的数据进行完全的复原。

例如,将存放在 E 盘根目录下原 C 盘的镜像文件 win10. GHO 恢复到 C 盘的过程。

①开机进入 BIOS,将启动设置为 U 盘启动。通过系统修复 U 盘运行 Windows PE,运行 GHOST,如图 7-33 所示。

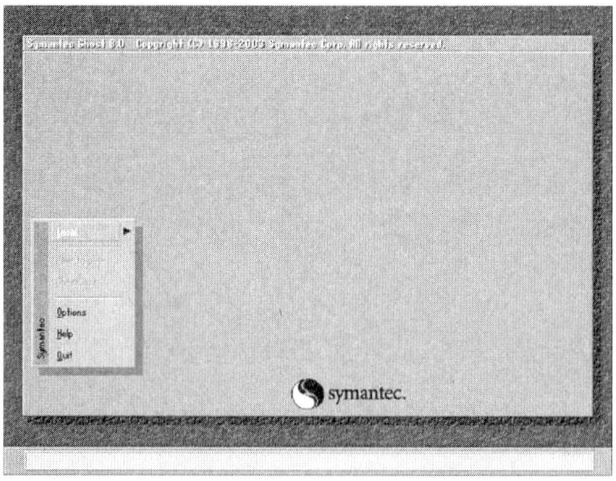

图 7-33　运行 GHOST 准备恢复

②选择“Local”→“Partition”→“From Image”选项,如图 7-34 所示。

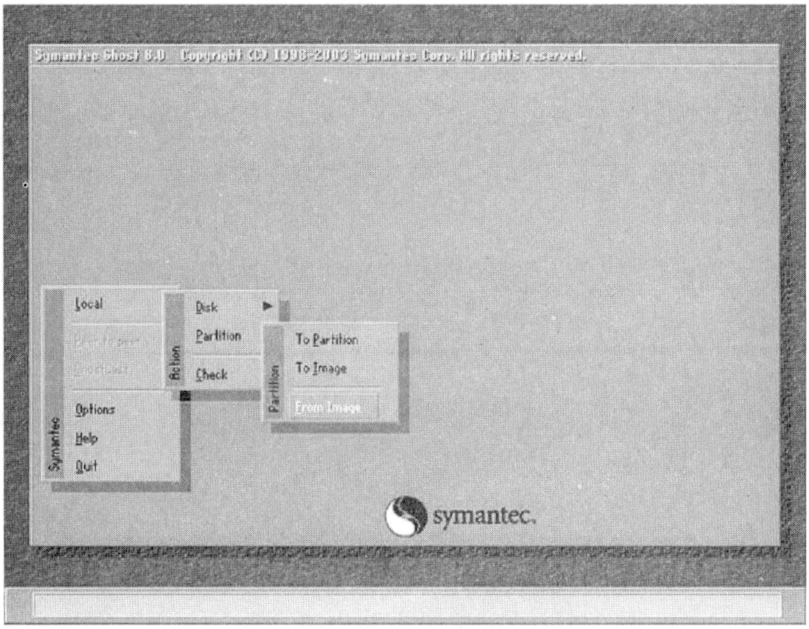

图 7-34　选择恢复镜像

③按“Enter”键确认后，显示如图 7-35 所示下拉菜单。

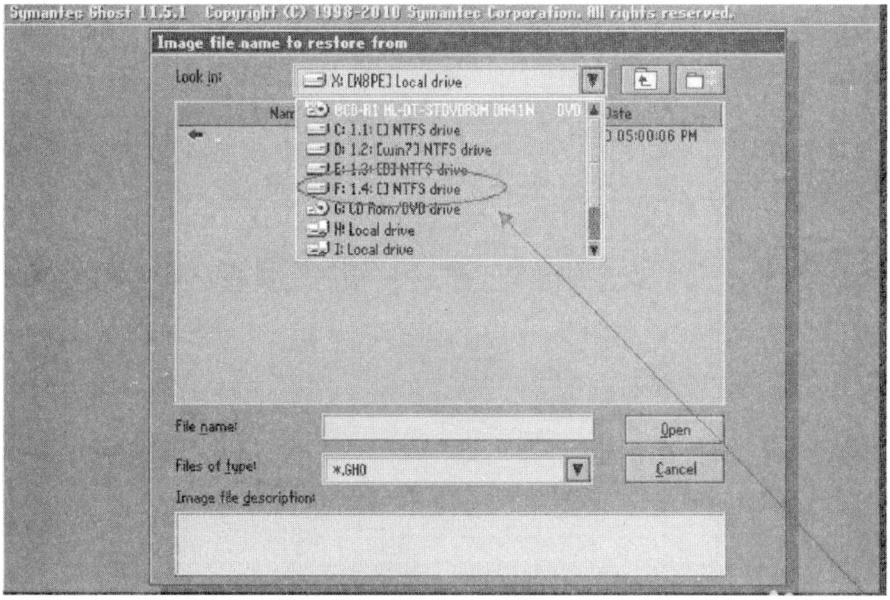

图 7-35　下拉菜单

④选择镜像文件所在的分区，镜像文件 win10. GHO 存放在 E 盘根目录，所以这里选择“F：1. 4：[ ] NTFS drive”选项，按“Enter”键确认后，显示如图 7-36 所示。

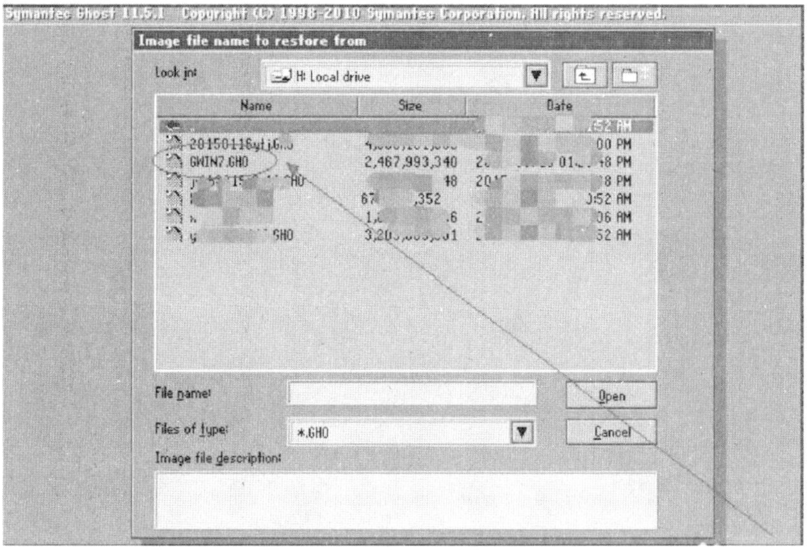

图 7-36 选择源文件所在分区

⑤确认选择分区后，内容窗口中会显示该分区的目录，用方向键选中镜像文件“Win10.GHO”后，镜像文件名栏内的文件名可自动完成输入，按“Enter”键确认后显示如图 7-37 所示。

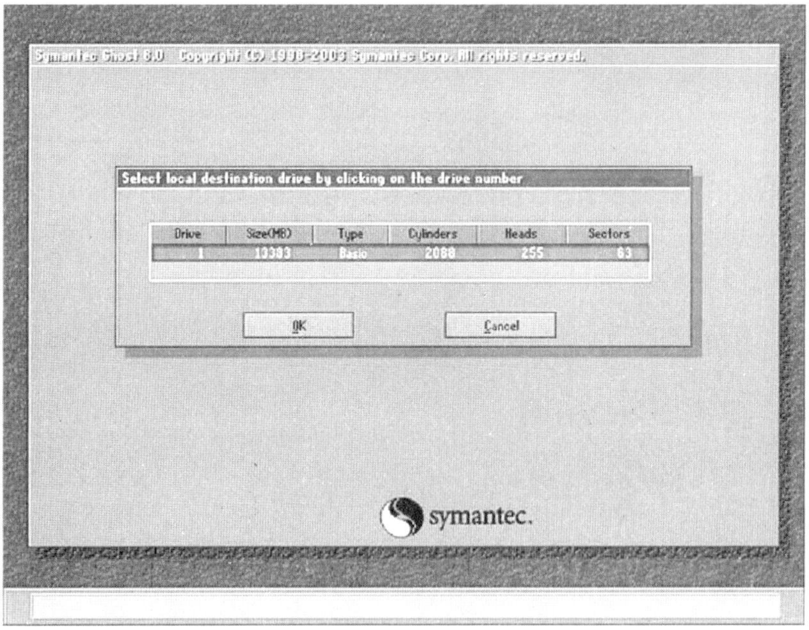

图 7-37 备份分区文件信息

⑥显示选中镜像文件备份时的备份信息(从第 1 个分区备份，该分区为 NTFS 格式，大小为 4000MB，已用空间 1381MB)，确认无误后，单击“OK”按钮，显示如图 7-38 所示。

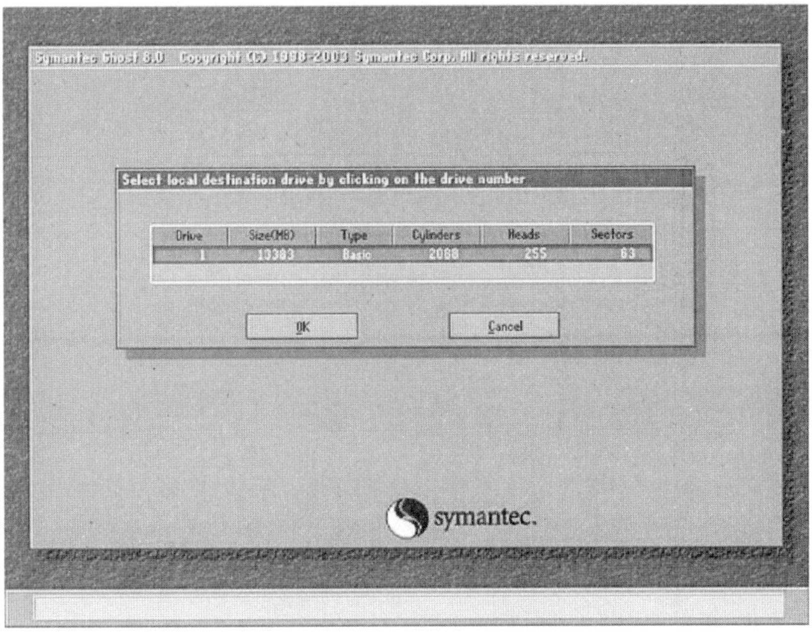

图 7-38 选择目的硬盘

⑦选择将镜像文件恢复到哪个硬盘，这里只有一个硬盘，不用选，单击"OK"按钮，显示如图 7-39 所示。

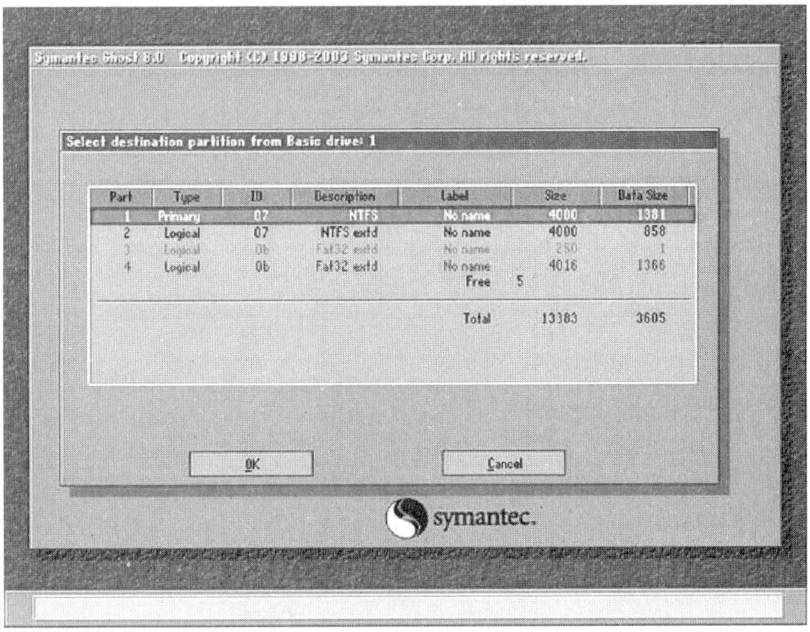

图 7-39 选择目的硬盘中的分区

⑧选择要恢复到的分区，此处要将镜像文件恢复到 C 盘(第一个分区)，所以这里选第一项，单击"OK"按钮，显示如图 7-40 所示。

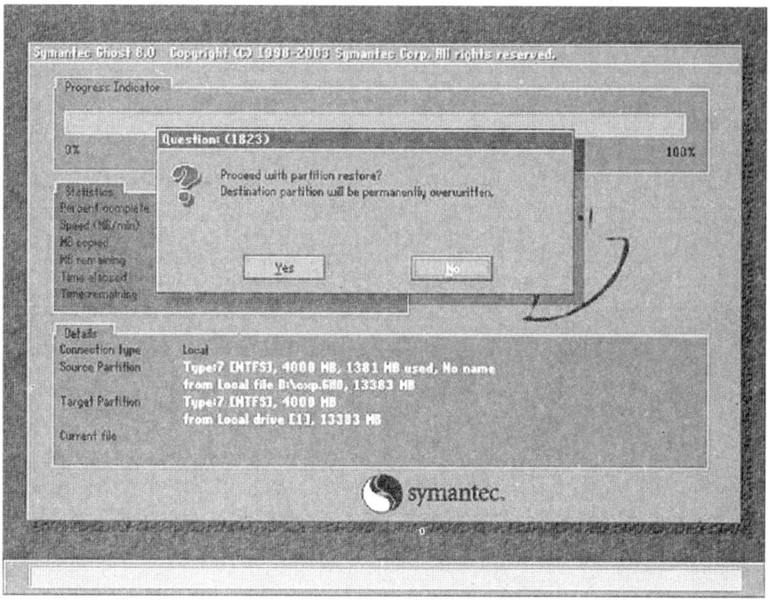

图 7-40　选择是否要恢复

⑨提示即将恢复，会覆盖选中分区破坏现有数据！这里单击“Yes”按钮开始恢复，如图 7-41 所示。

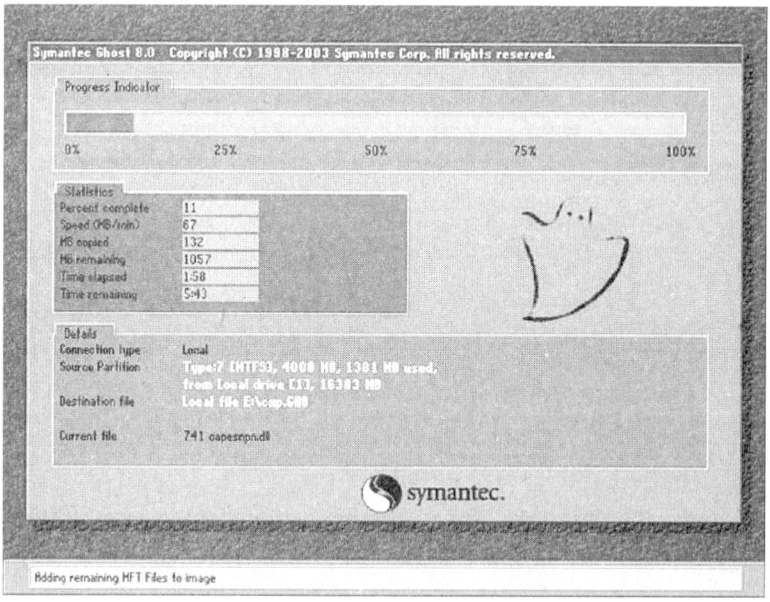

图 7-41　分区恢复进度

⑩将备份的镜像恢复，完成后的提示信息如图 7-42 所示。

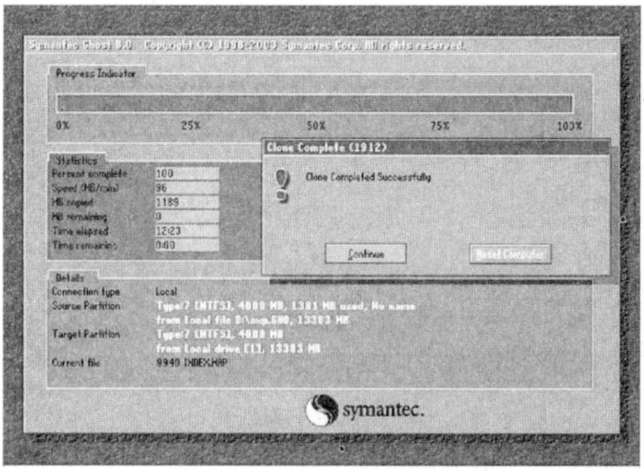

图 7-42　分区恢复完成

数据恢复完成后，取出系统修复的 U 盘，按"Enter"键，系统重新启动，启动后，系统数据恢复到和原备份时一样的状态。

(3)恢复误删除数据

在使用计算机时，常常会发生误删文件的事情，一般文件被删除后会转存到回收站里，如果没有清空回收站，将文件直接还原即可。如果清空了回收站，则再恢复文件就需要借助一些数据恢复软件才能恢复。下面我们以 Recuva 为例介绍误删除数据文件的恢复操作。

官网下载 Recuva 安装包，安装后运行打开软件后，进入 Recuva 向导(建议每次启动都使用它的向导)，如图 7-43 所示，点击下一步。

图 7-43　Recuva 向导

选择需要恢复的文件类型(如果你不确定文件的类型就选所有文件)，如

图 7-44 所示，点击下一步。

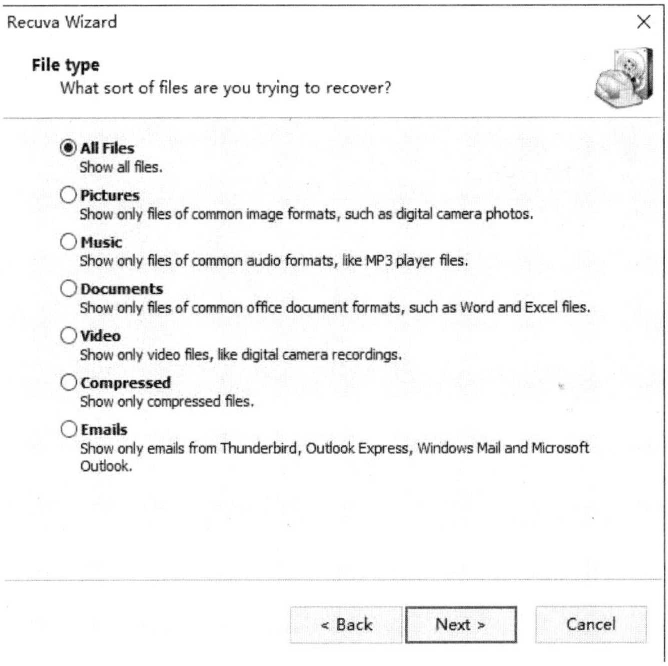

图 7-44　Recuva 选择文件类型

确定要恢复的文件位置，同理，如果不确定放在了哪个盘，就点“无法确定”，如图 7-45 所示，点击下一步。

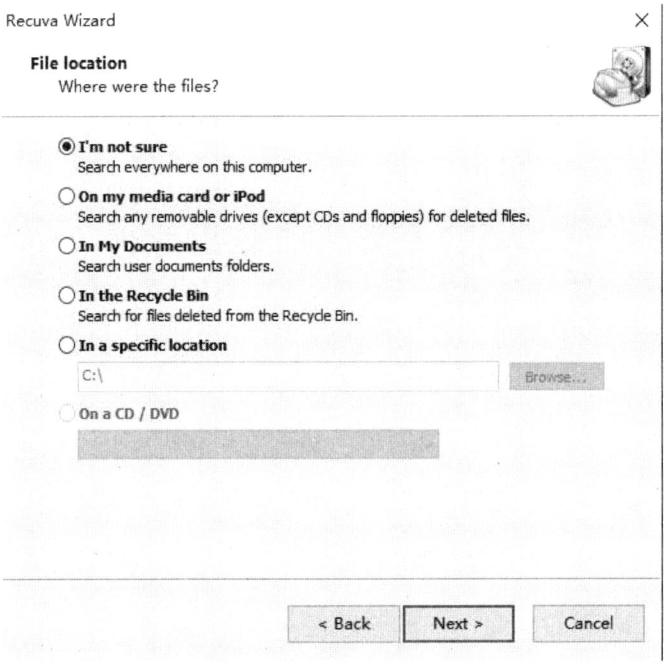

图 7-45　Recuva 选择文件位置

接下来可以点击启动深度搜索，如图 7-46 所示，建议第一次恢复数据不要点这个选项，如果第一次没有找到文件，再点击选择深度搜索，因为启用深度搜索的时间会很长。

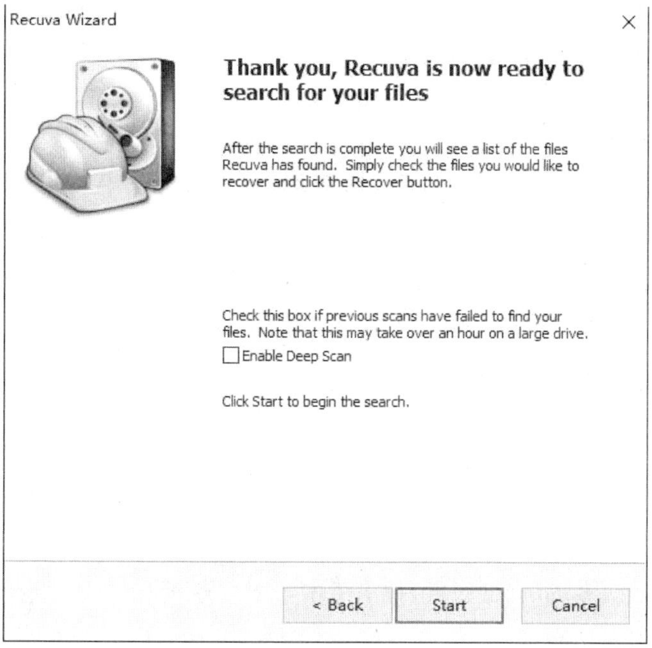

图 7-46　Recuva 是否深度搜索

一般正常扫描的时间比较快，扫描完成后，点击右上角按钮切换到高级模式，可以看到每个文件的具体信息，包括状态、创建时间等，如图 7-47 所示。

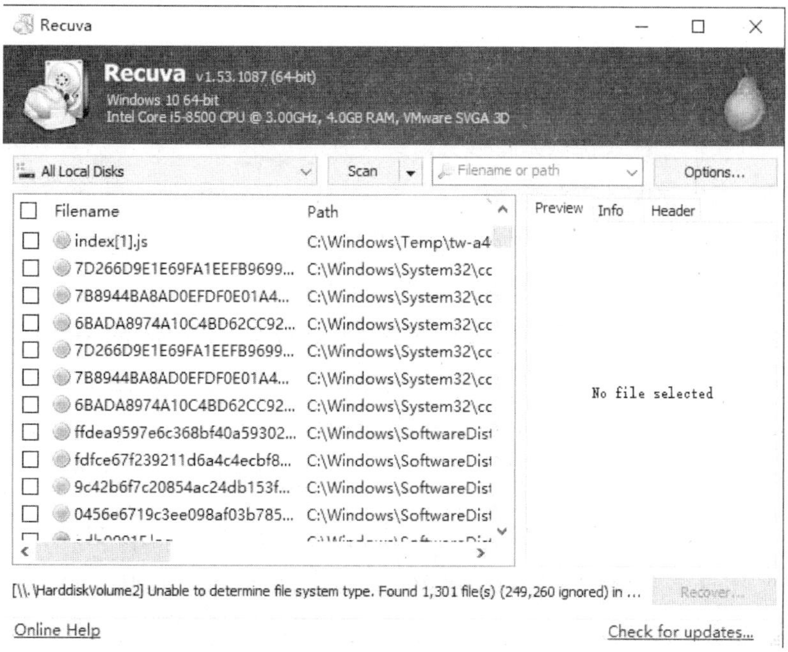

图 7-47　Recuva 高级模式

可以看到数据的状态包括无法恢复、很差、不佳、极好等，状态越好，成功率越高。可以对文件进行搜索或者按照时间排序，很快能找到需要的数据，选中数据，点击恢复就可以了。

7.4.3 查杀计算机病毒

1.什么是计算机病毒

计算机病毒(Computer Virus)是编制者在计算机程序中插入的破坏计算机功能或者数据的代码，能影响计算机使用，能自我复制的一组计算机指令或者程序代码。计算机病毒是人为制造的、有破坏性又有传染性和潜伏性、对计算机信息或系统起破坏作用。计算机病毒不是独立存在的，而是隐蔽在其他可执行的程序中。计算机中病毒后，轻则影响机器运行速度，重则死机，系统被破坏，因此，计算机病毒会给用户带来很大的损失。

2.计算机病毒的分类

从计算机病毒的基本类型来分，计算机病毒可以分为系统引导型病毒、可执行文件型病毒、宏病毒、混合型病毒、特洛伊木马型病毒和Internet语言病毒等等。

(1)系统引导型病毒

系统引导型病毒在系统启动时，先于正常系统的引导将病毒程序自身装入到操作系统中，在完成病毒自身程序的安装后，该病毒程序成为系统的一个驻留内存的程序，然后再将系统的控制权转给真正的系统引导程序，完成系统的安装。表面上看起来计算机系统能够启动并正常运行，但此时，由于有计算机病毒程序驻留在内存，计算机系统已在病毒程序的控制之下了。

按照引导型病毒在硬盘上的寄生位置又可细分为主引导记录病毒和分区引导记录病毒。主引导记录病毒感染硬盘的主引导区，如大麻病毒、2708病毒、火炬病毒等；分区引导记录病毒感染硬盘的分区引导区，如小球病毒、Girl病毒等。

(2)可执行文件型病毒

可执行文件型病毒依附在可执行文件或覆盖文件中，当病毒程序感染一个可执行文件时，病毒修改原文件的一些参数，并将病毒自身程序添加到原文件中。在被感染病毒的文件被执行时，由于病毒修改了原文件的一些参数，所以首先执行病毒程序的一段代码，这段病毒程序的代码主要功能是将病毒程序驻留在内存，以取得系统的控制权，从而可以完成病毒的复制和一些破坏操作，然后再执行原文件的程序代码，实现原来的程序功能，以迷惑用户。

可执行文件型病毒主要感染计算机中的可执行文件(.exe)和命令文件(.com)。它对计算机的源文件进行修改，使其成为新的带毒文件。一旦计算机运行该文件就会被感染，从而达到传播的目的。

(3)宏病毒

宏病毒是利用宏语言编制的病毒，宏病毒充分利用宏命令的强大系统调用功能，实现某些涉及系统底层操作的破坏。宏病毒仅感染 Windows 系统下用 Word、Excel、Access、PowerPoint 等办公自动化程序编制的文档以及 Outlook express 邮件等，不会感染给可执行文件。

一旦打开感染宏病毒的文档，其中的宏就会被执行，于是宏病毒被激活后，转移到计算机上，并驻留在 Normal 模板上。从此，所有自动保存的文档都会“感染”上这种宏病毒，如果其他用户打开了感染病毒的文档，也就会被其“感染”。

(4)混合型病毒

混合型病毒是以上几种的混合。混合型病毒的目的是为了综合利用以上 3 种病毒的传染渠道进行破坏。

混合型病毒的引导方式具有系统引导型病毒和可执行文件型病毒的特点。一般混合型病毒的原始状态依附在可执行文件上，通过这个文件作为载体而传播开来的。当文件执行时，如果系统上有硬盘就立刻感染硬盘的主引导扇区，以后由硬盘启动系统后，病毒程序就驻留在系统内存中，从而实现了由可执行文件型病毒向系统引导型病毒的转变。以后，这个驻留内存的病毒程序只对系统中的可执行文件进行感染，又实现了由系统引导型病毒向可执行文件型病毒的转变。当这个被感染的文件被复制到其他计算机中并被执行时，就会重复上述过程，导致病毒的传播。

(5)特洛伊木马型病毒

特洛伊木马型病毒也叫“黑客程序”或后门病毒，属于文件型病毒的一种，但有其自身的特点。此种病毒分成服务器端和客户端两部分，服务器端病毒程序通过文件的复制、网络中文件的下载和电子邮件的附件等途径传送到要破坏的计算机系统中，一旦用户执行了这类病毒程序，病毒就会在每次系统启动时偷偷地在后台运行。当计算机系统联上 Internet 时，黑客就可以通过客户端病毒在网络上寻找运行了服务器端病毒程序的计算机，当客户端病毒找到这种计算机后，就能在用户不知晓的情况下使用客户端病毒指挥服务器端病毒进行合法用户能进行的各种操作，包括复制、删除、关机等，从而达到控制计算机的目的。这种病毒具有极大的危害性，在互联网日益普及的今天，必须要引起足够的重视，否则网上安全无从谈起。

(6)Internet 语言病毒

Internet 语言病毒是利用 java、VB 和 ActiveX 的特性来撰写的病毒，这种病毒虽不能破坏硬盘上的资料，但是如果用户使用浏览器来浏览含有这些病毒的网页，使用者就会在不知不觉中，让病毒进入计算机进行复制，并通过网络窃取宝贵的个人秘密信息或使计算机系统资源利用率下降，造成死机等现象。

3. 计算机感染病毒的典型症状

计算机感染病毒的症状很多，凡是电脑不正常都有可能与病毒有关。电脑染上病毒后，如果没有发作，是很难觉察到的。但病毒发作时就很容易从以下症状中感觉出来：

- 莫名其妙的死机；
- 突然重新启动或无法启动；
- 程序不能运行、磁盘坏簇莫名其妙地增多；
- 磁盘空间变小、系统启动变慢、数据和程序丢失；
- 出现异常的声音、音乐或出现一些无意义的画面问候语等显示；
- 外设使用异常，如打印出现问题，键盘输入的字符与屏幕显示不一致；
- 异常要求用户输入口令。

4. 计算机病毒的防范

计算机病毒无时无刻不在关注着计算机，时时刻刻准备发出攻击，但计算机病毒也不是不可控制的，可以通过下面几个方面来减少计算机病毒对计算机带来的破坏：

①安装最新的杀毒软件，及时升级杀毒软件病毒库，定时对计算机进行病毒查杀，上网时要开启杀毒软件的实时监控。

②培养良好的上网习惯，例如：对不明邮件及附件慎重打开，可能带有病毒的网站尽量别上，尽可能使用较为复杂的密码，猜测简单密码是许多网络病毒攻击系统的一种新方式。

③不要执行从网络下载后未经杀毒处理的软件等；不要随便浏览或登录陌生的网站，加强自我保护现在有很多非法网站，而被潜入恶意的代码，一旦被用户打开，即会被植入木马或其他病毒。

④培养自觉的信息安全意识，在使用移动存储设备时，尽可能不要共享这些设备，因为移动存储也是计算机进行传播的主要途径，也是计算机病毒攻击的主要目标，在对信息安全要求比较高的场所，应将电脑上面的 USB 接口封闭，同时，有条件的情况下应该做到专机专用。

⑤用 Windows Update 功能打全系统补丁，同时，将应用软件升级到最新版本，比如：播放器软件，通信工具等，避免病毒从网页木马的方式入侵到系统或者通过其他应用软件漏洞来进行病毒的传播；将受到病毒侵害的计算机进行尽快隔离，在使用计算机的过程，若发现电脑上存在有病毒或者是计算机异常时，应该及时中

断网络；当发现计算机网络一直中断或者网络异常时，立即切断网络，以免病毒在网络中传播。

5.使用电脑管家查杀病毒

国内常见的杀毒软件有360杀毒、腾讯电脑管家、百度杀毒等；国外的杀毒软件有卡巴斯基、诺顿、McAfee等。下面我们以腾讯电脑管家为例介绍如何查杀病毒。

腾讯电脑管家深入驱动层，从底层保护电脑自身安全；同时严控应用接入和网络接入两大病毒入口，从源头堵截入侵。层层拦截病毒攻击，监控进程行为，实时发现和拦截恶意程序和病毒木马。

使用电脑管家主动查杀病毒时，启动电脑管家，在如图7-48所示的主窗口中切换到“病毒查杀”，在右侧点击“闪电杀毒”按钮开始查杀病毒，如图7-49所示，直到病毒查杀完成，如图7-50所示。

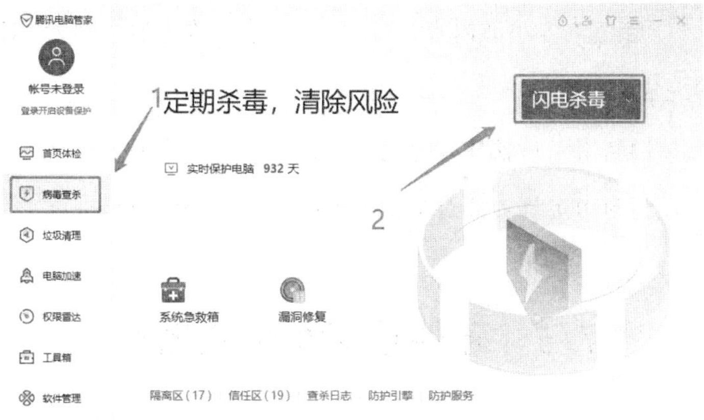

图7-48　开启电脑管家闪电杀毒

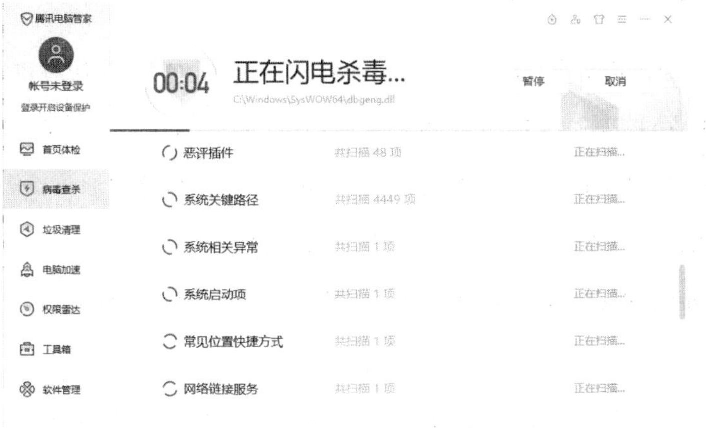

图7-49　电脑管家查杀病毒

图 7-50 电脑管家病毒查杀完成

动动手——漏洞检测与病毒查杀

参考 7.4 小节内容，拿出自己的笔记本电脑，下载工具软件（如腾讯电脑管家）完成以下任务。

【任务 7.4.1】利用工具软件对笔记本电脑进行漏洞检测与修复。

【任务 7.4.2】利用工具软件对笔记本电脑进行病毒检测与查杀。

7.5 硬件检测与性能测试

7.5.1 使用 CPU-Z 检测 CPU 和内存

CPU-Z 是一款家喻户晓的 CPU 检测软件，是检测 CPU 使用程度最多的一款软件。CPU-Z 支持的 CPU 种类相当全面，软件的启动速度及检测速度都很快。另外还能检测主板和内存的相关信息，其中就有常用的内存双通道检测功能。

（1）下载运行 CPU-Z，弹出如图 7-51 所示的主界面。

（2）切换到“内存”选项卡，可以查看内存的类型、大小、通道数、频率等，如图 7-52 所示。

（3）切换到“SPD”选项卡，会显示更多内存信息，如图 7-53 所示。

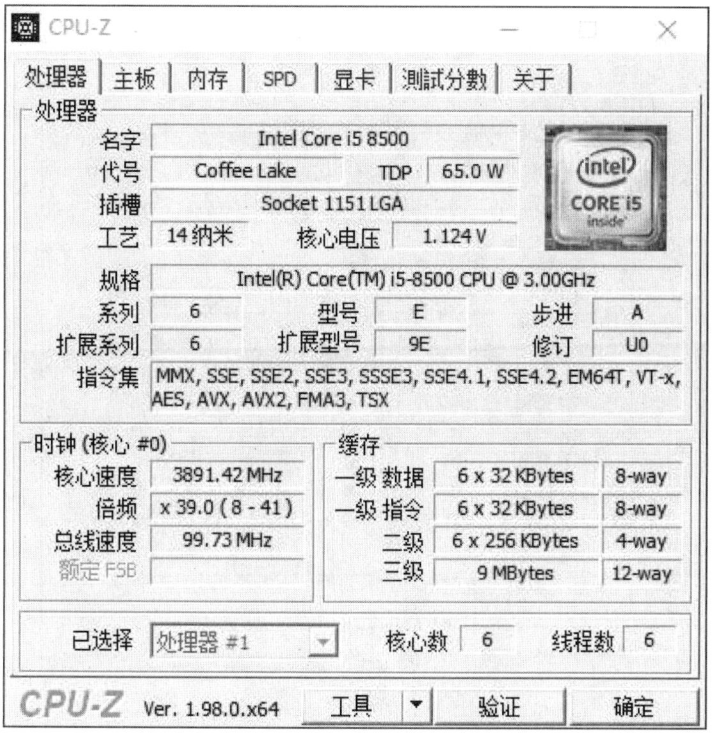

图 7-51　CPU-Z 主界面

图 7-52　CPU-Z 查看内存信息

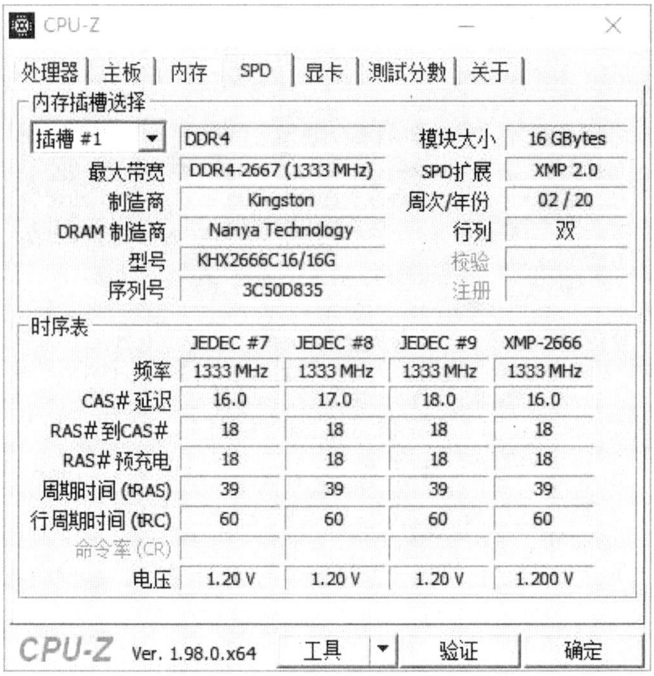

图 7-53 CPU-Z 查看 SPD

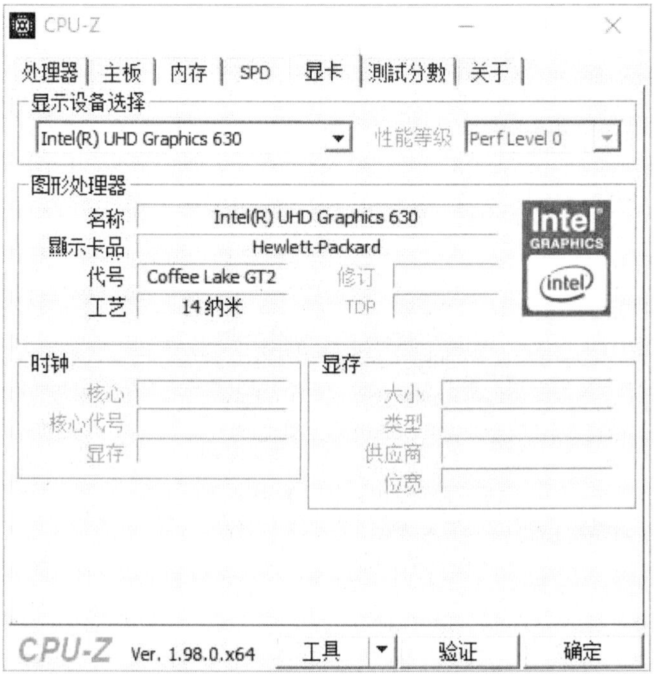

图 7-54 CPU-Z 查看显卡信息

7.5.2 使用 3Dmark 测试电脑图形运算能力

3Dmark 是 futuremark 公司的一款专为测量显卡性能的软件，目前已经趋向主机整体测试了,不过依旧以显卡测试、跑分为主导。3Dmark 是收费软件,在网上可以找到资源下载,可以在 steam 购买正版。

运行 3Dmark 后后可以右上角选项设置中文。

1. 3Dmark 常用测试项目

- TIME Spy:测试显卡在 DX12 环境 2K 分辨率的性能
- TIME Spy Extreme:DX12 4K 分辨率
- Fire Strike Ultra:DX11 4K 分辨率
- Fire Strike Extreme:DX11 2K 分辨率
- Fire Strike:DX11 1080P 分辨率测试
- Sky Diver:DX11 1080P
- Night Raid:DX12 1080P
- Port Royal:光追性能测试

2. 3Dmark 测试举例

3Dmark 的每个测试项目都需要单独下载安装,下载要测试的项目,点击运行,几分钟就可以测试成功,一般最常用的就是 Time Spy、Fire Strike Extreme。

(1)Time Sky 测试

如图 7-55 所示 Time Sky 项目测试结果,有显卡和 CPU 的综合得分,也有单项得分,还可以在线 PK 其他人的跑分。一般来说,大部分评测都侧重于显卡的单项得分。

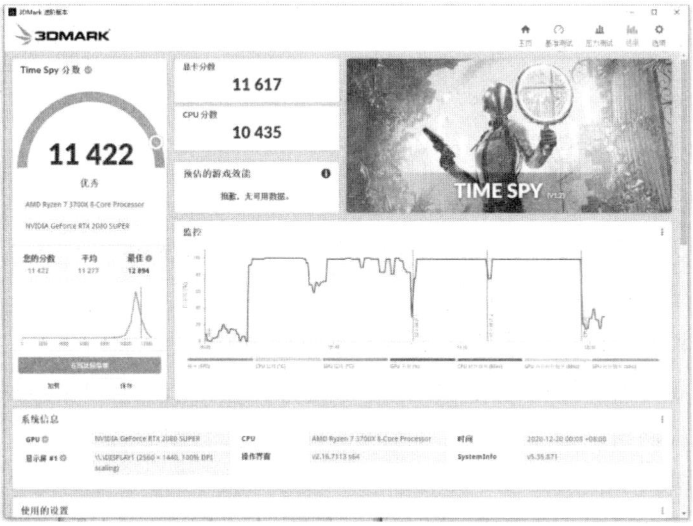

图 7-55　Time Spy 测试结果

(2)压力测试

3Dmark 进行压力测试一般测试 20 分钟以上即可,如图 7-56 所示为 3Dmark 压力测试结果,只要稳定性大于 97%就是正常的。

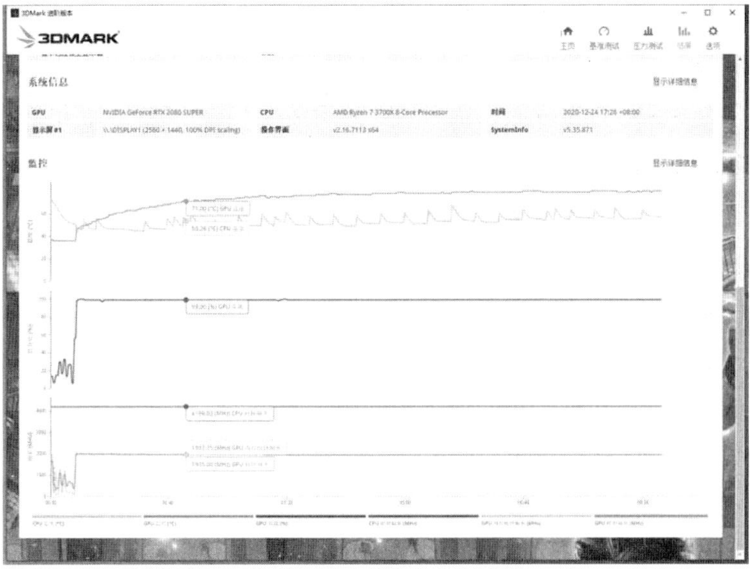

图 7-56　压力测试结果

我们还可以在压力测试时查看计算机硬件的实时数据，只要不出现降频，基本就没有问题。

3Dmark 是计算机性能测试的常用软件，网上很多工具箱中都带有 3Dmark，不过有的只有部分功能，而且还有可能会带捆绑，使用时需要多加注意。

7.5.3　使用 MemTest64 测试内存可靠性

对于一台计算机来说，内存是否稳定是相当重要的，它会影响整个电脑的使用感，所以及时测试是很有必要的。

MemTest64 是一款测试电脑内存稳定性的测试软件，体积非常小巧且完全免费，支持 32 位 64 位运行环境。

1. MemTest64 特色

- 支持所有现代处理器，包括 Intel 酷睿和 AMD Ryzen；
- 无需重启或在 DOS 模式下测试；
- 您可以控制内存测试值，以减少对系统的影响；
- 使用各种检测算法测试内存；
- 自动检测错误；
- 无需管理员权限；
- 无需安装或修改注册表。

2. 核心功能

(1)内存测试

当新购了内存条想要看看是否跟之前的内存兼容，建议使用 MemTest64，如果新买的组装电脑更应该用它来测试一下内存的稳定性。

(2)内存故障检测

内存硬件错误可能会导致应用程序崩溃、蓝屏死机(BSOD)和数据损坏,这可能是由于硬件故障或存储器定时/频率不良引起的。

(3)测试内容

MemTest64 可以选择测试内存容量、CPU 线程、测试循环次数/时间(默认无限测试),然后使用各种不同检测算法来检验内存的稳定性,遇到错误还可以自动停止。

3. 使用方法

MemTest64 运行界面如图 7-57 所示。

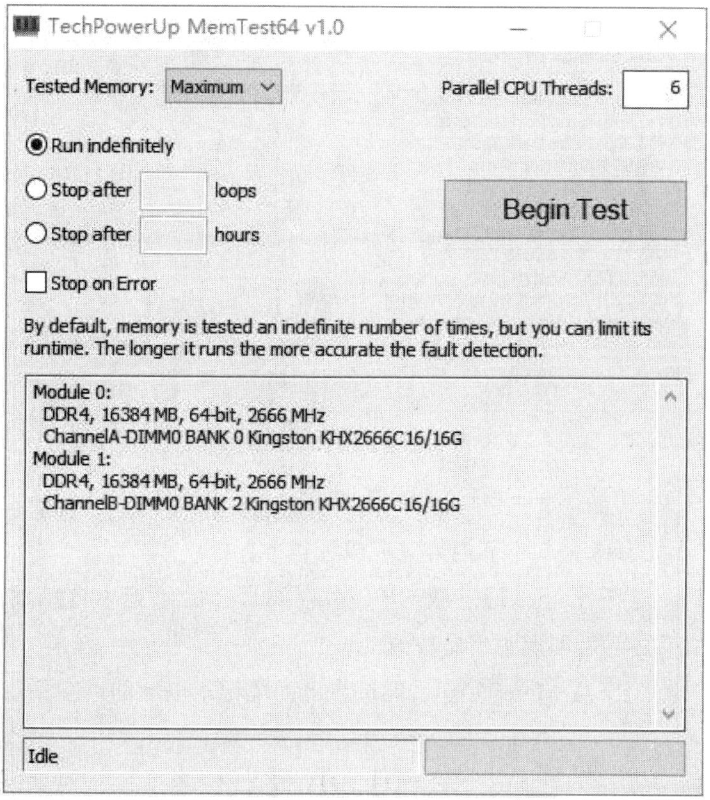

图 7-57 MemTest64 界面

①进入软件的主界面,对测试内存的最大值设置,打开任务管理器查看内存和 CPU 使用情况,根据空余内存资源选择合适内存值;通过"Parallel CPU Threads"设置改变 CPU 使用率。

②对运行进行设置,包括运行多少次循环后停止、运行多少小时后停止,这里不建议选择"Run indefinitely(无限制使用)";

③设置完成之后,点击"Begin Test"按开始进行测试,支持对进度查看。

4. 测试完成

测试完成支持对相关的信息查看，如图 7-58 所示。

图 7-58　内存测试结果

动动手——测试计算机性能

参考 7.5 小节内容完成以下任务。

【任务 7.5.1】下载 CPU-Z，检测自己的笔记本电脑的 CPU 和内存，看检测结果是不是和说明书是一致的。

【任务 7.5.2】下载 MemTest64，测试自己的笔记本电脑的内存稳定性。

学 习 小 结

通过对本章的学习，对计算机的软硬件维护已有所了解，包括台式机的硬件维护、笔记本电脑的硬件维护和计算机软件的日常维护以及计算机维护的注意事项。

本章内容包含了计算机软硬件维护等劳动技能，旨在培养学生的实际动手和规范操作的能力。

思 考 题

1. 计算机日常使用过程中有哪些注意事项？

2. 什么是计算机中的漏洞？

3. 什么是计算机病毒？计算机病毒的种类有哪些？

拓 展 练 习

1. 按照学习的相关知识，找一台式计算机，对其硬件进行基本的保养维护。

2. 上网搜索、学习计算机安全相关的知识。

关 键 词 语

计算机病毒　　Computer Virus

第 8 章　计算机常见故障处理

本 章 导 读

本章从认识计算机故障入手，先介绍计算机硬件故障排查原则，然后分别针对计算机软件故障的排查与处理和计算机硬件故障的排查与处理，阐述计算机常见故障及其排查、处理方法，最后介绍计算机维修操作规范。本章立足实际操作，着重培养学生的独立思维能力、规范意识、安全意识；训练学生动手实践能力、问题处理能力、团队意识和沟通交流能力。

8.1　认识计算机故障

在计算机使用过程中，由于计算机本身的特性，计算机故障的存在是一个无法避免的事实，不过也无需担心，绝大多数的计算机故障我们都可以自行解决，这些故障可能是硬件故障，也可能是软件故障，我们只要学会正确区分故障类型，就可以更快地排查故障的原因进而加以排除。

1. 按故障影响的范围分类

(1)全局性故障

该故障的出现将导致整个系统不能正常工作。如电源故障将会影响整个电脑无法工作。

(2)局部性故障

该故障只影响该系统的部分功能，电脑的其他部分照样能运行。如光驱故障并不影响电脑其他部分的运行。

2. 按故障的性质分类

(1)软件故障

软件故障是指操作系统或应用软件在使用过程中出现的故障，如无法进入系统、无法使用某个软件等。一般来说，软件故障不会损坏硬件，也比较容易修复。常见的软件故障有以下几种。

·电脑自检后无法进入系统，此类故障多是由于系统启动相关的文件被破坏所致。

·由于软件的安装、设置和使用不当造成某个程序运行不正常。

·系统长期运行会产生大量垃圾文件，造成系统运行速度缓慢。

·电脑的硬件驱动程序安装错误，造成硬件不能正常运行。

·由于病毒破坏使系统运行不正常。

·BIOS 设置错误造成系统出错。

(2)硬件故障

硬件故障是由于计算机硬件安装不正确或硬件损坏而导致电脑不能正常运行的故障，常见的硬件故障有以下两大类。

①主板级故障，指因主板电路、电子元件出现物理性损坏，导致系统不能正常工作。

②板卡级故障，CPU、内存条、显卡、存储设备、电源、外设等与主板插接不牢或出现物理性损坏，导致系统不能正常工作

硬件故障中有因主板、各种插卡、外设等出现电气、机械等物理性损坏，导致系统不能正常工作的真故障，对于真故障，要由专业人员用专业工具修复或用相同的设备更换。也有系统内部各部件、外设完好，但由于安装不当、设置不正确或环境因素，造成系统不能正常工作的假故障。

在出现计算机故障时，不要慌乱，在实际工作中，大多数计算机故障都属于假故障和软件故障，可由计算机维护人员进行处理。

8.2 计算机故障排查处理原则

遇到计算机故障时不要慌张，根据经验来说，绝大多数计算机故障都可以通过一些简单的方法自行解决，真正意义上的硬件损坏等计算机故障出现的概率很小，因此只要我们认真思考，大胆动手，就可以迅速确认故障原因，并对症下药，将其排除。

8.2.1 计算机故障排查处理原则

计算机出现故障时，维修人员要有清晰的故障判断思路，不能盲目下手或无所适从，应从简单的故障排查开始，先仔细观察计算机故障现象及其工作环境，遵循以下原则排查故障。

1. 先静后动

先观察故障现象、提示信息，对计算机故障有一个直观的了解，例如是否正常

加电、开机;出现故障时系统给出的出错提示等,然后动手操作。

2.先软后硬

计算机出了故障,应先从操作系统和应用软件上来分析故障原因,如分区表丢失、CMOS设置不当、病毒破坏了主引导扇区、注册表文件出错等。从软件判断入手,首先判断是否为软件故障,待软件故障排除后,再来检查硬件的故障。切记不要一开始就盲目拆卸硬件,以免走弯路。

3.先外后内

先观察计算机外部工作环境,包括电源是否开启、电源线是否正确连接;主机与外设是否正确连接;计算机与网络是否正确连接等。

如果没有找到问题所在,我们进入主机箱内部察看计算机内部工作环境,包括是否有灰尘、指示灯状态、各器件是否正确连接、插卡是否有松动等。

4.先简单后复杂

在排除故障时,先排除简单而易修的故障,再去排除困难的不好解决的故障,有时在排除了简单易修的故障后,不好解决的故障也变得好解决了。

8.2.2 计算机故障排查注意事项

排查计算机故障时,需要注意一些事项,以保证故障排查的顺利进行。

1.保证良好的工作环境

在进行计算机故障排查时,一定要注意保证良好的工作环境,否则可能会应为环境因素的影响而造成排查失败或扩大故障。

2.注意操作安全

在检测故障时一定要注意安全,特别是在拆机检修时务必将电源切断。此外,静电的预防与绝缘也是十分重要的。落实安全防范措施不仅保护了自己,也保障了电脑硬件的安全。

8.2.3 计算机硬件故障排查方法

面对计算机硬件故障时,我们遵循前述计算机故障排查原则,使用行之有效的故障排查方法,可以极大地提高工作效率。

1.观察法

观察法也就是直接观察。中医在长期的医疗实践中,总结出了四种论断疾病的方法,这就是“望、闻、问、切”四诊。望诊就是中医运用视觉来观察病人全身或局部的神、色、形、态的变化,在计算机维修中,“望”——也就是看、观察。看各配件与主机板之间的接触是否良好,看配件是否有明显的烧坏、烧毁痕迹,是否有变形、脱落等现象，有没有短路、接触不良等现象，是否有生锈和损坏的明显痕迹。各种风扇运转是否正常，各种线的连接是否正确，听听是否有异常声音看计算机的运行是否正常。

维修之前不要太盲目，通过耐心细致的观察，有的时候会很快地找到故障的原因，缩短维修时间，避免走弯路。

2.清洁法

计算机使用过程中容易积聚灰尘，灰尘会产生静电对计算机硬件造成损坏，或使计算机硬件接触不良工作不稳定。通过对计算机主板、电源风扇、CPU 风扇等部件进行除尘，就有可能找到故障所在并排除。

3.触摸法

利用手指的灵敏感觉触摸一些部件，检查是否有过热现象，可人为地利用电吹风对可能出现故障的部件进行升温试验，促使故障提前出现，从而找出故障原因，或利用酒精对可疑部件进行人为降温试验，如故障消失了，证明此部件过热稳定性差，应予以更换。此方法适用于计算机运行时而正常、时而不正常的故障的检修。

小贴士:灰尘对计算机的影响

1.灰尘过多，会产生静电对电路板和电子元件制成破坏，使其稳定性、使用寿命都有所下降。

2.CPU 温度过高会导致频繁自动重启、死机 、蓝屏等问题。

3.电源风扇的叶片上更是容易堆积灰尘。功率晶体管和散热片上堆积灰尘将影响散热，风扇叶片上的积尘将增加风扇的负载，降低风扇转速，也将影响散热效果。在室温较高时，如果电源不能及时散热，将烧毁功率晶体管。

因此电源的除尘维护是十分必要的。

4.敲击法

计算机运行时好时坏可能是计算机板卡电子元件虚焊或板卡接触不良等原因造成的，通过敲击插件板，使之彻底接触不良，再进行检查就容易发现了。

5.插拔法

经常用在计算机黑屏、无法启动时，通过拔插机内一些板卡来判断故障部件的方法。检查电源线、各板卡间是否有松动或接触不良的现象，把怀疑的板卡拆下，用橡皮擦将金手指擦干净再重新插好，以保证接触良好。每拔一块板卡即开机检查机器的状态，从而找出故障。在插拔板卡时一般配合板卡金手指的清洁。

6.替换法

当怀疑计算机某个部件有问题时，我们可以用好的部件代替可能有故障的部件，通过查看故障是否消失来判断故障所在。使用替换法时，好的部件和疑似问题部件只要求接口、功能相同，不要求型号一致。

7. 最小系统法

最小系统法是指从维修判断的角度能使计算机开机或运行的最基本的硬件和软件环境，可以帮助我们比较快地找到硬件问题所在。最小系统分为 3 类。

(1)启动型

启动型最小系统仅包含电源、主板和 CPU。正常状态，蜂鸣器会有错误提示音，否则启动不了，或者启动一下，又停止。如果不正常，那就是组成启动型最小系统的 3 个配件存在故障。

(2)点亮型

点亮型最小系统包含电源、主板、CPU、内存、显卡和显示器，启动型最小系统能够正常工作时可以使用点亮型最小系统进一步排查。

正常状态，显示器上能够看到显示内容，跳出检测不到硬盘，键盘等提示，可以进入 BIOS，蜂鸣器没有异常叫声。

如果不正常，显示器没有显示(或者花屏)或者蜂鸣器有异常叫声，可以考虑显卡获显示器存在故障。

(3)进入系统型

进入系统型最小系统包含电源、主板、CPU、内存、显卡、显示器、硬盘和键盘，这个时候其实已经是完整的计算机了，不过光驱、软驱、打印机、电视卡、鼠标、摄像头、网卡、手柄之类的还是没有插上。

正常状态可以进入系统(前提是使用格式化，安装系统以后的硬盘)。

如果不正常会显示检测不到硬盘，键盘。也可能在进入系统过程中，重启、死机。此时可以考虑键盘获硬盘存在故障。

最小系统法以启动型最小系统为基础，依次向系统中添加部件，观察系统是否正常工作，以此判断、定位故障部件。

8. 比较法

一台计算机出现故障，用一台能正常运行的计算机与之比较，当怀疑某些部件或模块有问题时，用测试仪器分别测试两台机器中两个相同部件或模块的相同测试点，然后比较所测试的这两组信号，从而分析确定故障位置。

9. 使用工具及软件

在实践中我们也可以使用一些软件诊断计算机故障，如使用软件 HD TURE 诊断硬盘故障。此外，还可以使用一些工具诊断计算机故障，如使用主板诊断卡诊断主板及插接在主板上的硬件的故障，使用万用表检查元器件参数，使用打阻值卡诊断总线故障等。

8.3 计算机软件故障排查与处理

计算机故障可以分为软件和硬件两方面，其中软件故障所占的比重最大。遵循“先软后硬”的原则，本节将从软件角度介绍计算机的一些常见故障、检测方法以及排除手段。

计算机软件故障是指由于计算机系统配置错误、计算机病毒入侵或用户对软件使用不当造成的计算机不能正常工作。一般分为软件兼容故障、系统配置故障、计算机病毒故障等。

①软件兼容故障是指当软件的版本与运行环境的配置不兼容时，造成软件不能运行、宕机、文件丢失或遭到破坏等现象。

②系统配置故障是指基本的 BIOS 设置、CMOS 芯片设置、系统命令配置等，如果这些系统配置不正确也会引起计算机故障。

③计算机病毒故障是指由于计算机感染病毒，造成重要数据丢失或计算机不能正常工作。

8.3.1 Windows 蓝屏故障

Windows 蓝屏是一件非常让人头疼的事情。蓝屏是在 Windows 操作系统无法从一个系统错误中恢复过来时，为保护计算机数据文件不被破坏而强制显示的屏幕图像。Windows 操作系统的蓝屏死机提示已经成为标志性的画面，大部分是提示系统崩溃，如图 8-1 所示。

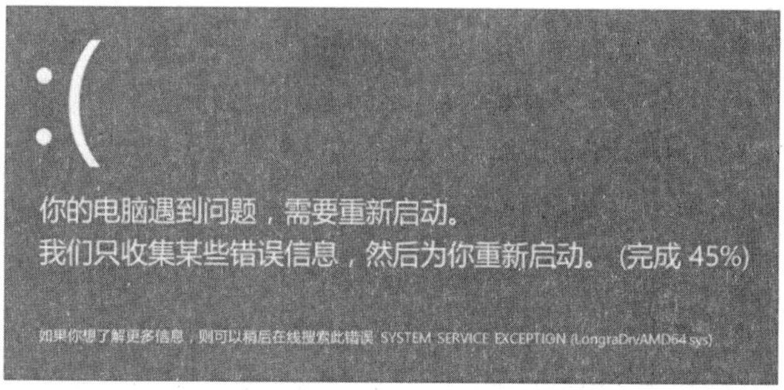

图 8-1　Windows 操作系统蓝屏画面

1. 蓝屏故障的产生原因

引发 Windows 蓝屏故障的原因非常多，几乎涵盖了整个计算机系统的方方面面。

· 不正确的 CPU 运算；

· 运算返回了不正确的代码；

- 系统找不到指定文件或者路径；
- 硬盘找不到指定扇区或磁道；
- 系统无法打开文件；
- 系统运行了非法程序；
- 系统无法将文件写入指定位置；
- 开启共享过多或者访问过多；
- 内存控制模块读取错误，内存控制模块地址错误或无效，内存拒绝读取；
- 物理内存或虚拟内存空间不足，无法处理相关数据；
- 网络出现故障；
- 无法中止系统关机；
- 指定的程序不是 Windows 可识别的程序；
- 错误更新显卡驱动；
- 计算机超频过度；
- 软件不兼容或有冲突；
- 计算机病毒破坏；
- 计算机温度过高。

2. Windows 蓝屏故障的一般解决方案

偶然性的蓝屏可以重启计算机。如果是开机就蓝屏，多数和系统引导有关，可以修复引导。如果缺失文件，可以采用替换或者从其他计算机复制正常的文件过来。如果是超频和 BIOS 引起的，恢复默认值即可。

在使用过程中，运行某个软件造成的蓝屏，可以通过进入安全模式卸载软件或者更换软件的方法解决。

硬件引起的蓝屏多数集中在内存和硬盘上，可以先清理内存，然后更换硬盘接线、接口、检测硬盘坏道来进行测试。

如果是系统问题造成的故障，可通过进入 PE 环境测试或者更换系统测试。如果系统没有问题，那么就要使用替换法排查硬件了。

8.3.2 死机

计算机死机（宕机，computer crashes）是指计算机突然无法正常工作的现象。死机对许多计算机用户来说，是经常遇到的情况，尤其是那些经常运行大型软件或同时运行很多软件的用户。死机对于那些正在编辑或处理的重要数据，而并未对其进行保存的用户来说，也许意味着再次地长时间重复同样的工作，甚至是灾难性的数据丢失。因此，怎样解决死机是每个计算机用户都需要面对的问题。

死机分为“真死机”与“假死机”两种情况，“真死机”是指计算机没有任何反应，包括画面、声音、键盘、鼠标等均无任何反应，必须要重启计算机才可恢复。“假死机”是指计算机某个进程出现问题，导致CPU占用率过高、系统反应变慢、显示器输出画面无变化，但键盘、鼠标、指示灯等有反应，过一段时间有可能会恢复的现象。

1.计算机死机的原因

①计算机中病毒，木马等恶意程序，破坏计算机系统文件导致。主要表现在如主页被篡改，QQ号被盗等发生。

②由于误操作，导致计算机系统文件损坏，也非常容易导致计算机死机。

③计算机配置比较低，但同时运行大量应用程序或大型运行程序，导致系统运行不畅，死机，主要表现在大量程序运行无响应，鼠标键盘没反应。

④由于软硬件兼容方面的问题，出现计算机死机。

⑤硬件问题引起的，如散热不良，计算机内灰尘过多，CPU超频运行，硬盘存在坏道，内存条松动等。

⑥添加安装完某硬件后发生了设备冲突问题，如中断、DMA、端口、I/O等出现冲突。

⑦更新某硬件的驱动程序后，硬件设备的驱动程序因和另一个设备的驱动程序存在冲突；或者是驱动程序本身存在BUG；或者从网上下载的驱动程序已损坏；或者驱动程序与系统的某个文件存在版本冲突等等以至于发生死机故障。

⑧使用病毒实时监控软件或防火墙后占用大量CPU、内存资源导致系统经常死机。

2.计算机死机的预防和处理

①除去机器内部的灰尘，在清理工作中，注意不要用水清洗，而是刷子、毛笔等柔软的东西来清理。同时，对于计算机的摆放，应选择一个比较干爽、洁净的环境。

②定期检查电脑中各风扇的工作状态，并定期为其进行润滑以避免硬件的散热不良而导致频繁死机故障。在检查过程中，应注意检查机箱内的风扇是否异常（如噪声很大或转速明显减慢或停转等），硬件温度是否异常（用手摸芯片或散热片非常烫手），从而就可以找出故障所在并进行处理。

③取消超频，超频虽然可以提高系统的性能，但同时也会使其稳定性变得不稳定。对于超频引起的死机故障，可以将各个设备的工作频率调回默认值。如果确实想超频，应定期对散热系统进行检查或加强散热工作（如更换更大功率的风扇），而且不要把频率超得太高（一般不超过30%）。

④及时更新杀毒软件病毒库，开启病毒实时监控，定期进行病毒查杀，为操作系统打上必要的的系统补丁。

⑤对于插件接触不良而引起的无规律死机现象此类故障通常只要把主要的设备，如内存、显卡和电源插头等拔下来做清洁再插上去就可能解决问题。如果有生

锈的设备,应先除锈或将这个生锈的部件换新。

⑥尽量减少系统随机启动的程序,尤其是实时性的程序。随机启动程序可以在“运行--> msconfig”、计算机注册表的“run”里面进行调整或使用第三方应用程序如腾讯电脑管家等进行管理。

⑦安装新硬件或更新硬件驱动程序造成死机,应采用多种检测和解决方法,比如:以“安全模式”启动,然后在“设备管理器”中进行相应的查看和调整;从别处下载驱动安装调试;使用其他版本的驱动程序;更新“DirectX”版本;用“DirectX 诊断程序”进行检查等等。

⑧由于存在软硬件兼容方面的问题造成的死机,可以卸载该软件,使用与该软件功能相同或相近的其他软件或者升级操作系统。

8.3.3 系统资源占用率过高

出现此类故障可能是如下原因造成。

(1)感染病毒或木马

针对此类故障,建议使用最新的杀毒软件进行病毒、木马查杀。日常使用注意加强防范意识,掌握防毒、杀毒、木马防范知识,及时升级杀毒软件和防火墙。

(2)安全软件

一些安全软件运行时,在后台开启了大量的实时监控功能,会占用大量系统资源,增加系统负担,此时建议更换资源占用较小的安全软件。

(3)SVCHOST 进程

SVCHOST.EXE 位于 Windows\system 32 系统文件夹,其文件描述为“Generic Host Process for Win 32 Services”。当 Windows 启动时,SVCHOST.EXE 将自动检查 Windows 注册表的系统服务组成、构建系统服务列表,然后将相关的.DLL 动态链接库文件加载为具体的运行中的系统服务。因此,我们可以将 SVCHOST.EXE 看作一个“用于加载系统服务的宿主程序”。

每个 SVCHOST.EXE 进程可能会加载一个或若干个系统服务,直到所有的 SVCHOST.EXE 将全部系统服务加载完毕,所以我们会在任务管理器中看到多个 SVCHOST.EXE 同时运行。

由于 SVCHOST.EXE 是加载系统服务的宿主进程,所以如果发现 SVCHOST.EXE 进程占用的系统资源较多,即表明通过这个 SVCHOST.EXE 进程加载的系统服务占用的系统资源较多。首先需要确定通过 SVCHOST.EXE 进程加载的系统服务具体是什么,然后根据计算机的实际情况决定是否关闭相应的系统服务、以释放服务占用的系统资源,这样 SVCHOST.EXE 即可释放相应的系统资源。

虽然大多数系统服务只有在遇到故障时才会占用较高的系统资源,但某些特殊的服务即使是正常工作状态也将消耗较多系统资源。例如 Automatic Updates 自动更新服务，当自动更新在后台搜索可用的系统更新程序时必将占用较高的资源，这是设计使然而不是故障。

8.3.4 BIOS 错误设置引起故障

出现此类错误时可能无法正常启动，或连续显示启动界面但无法进入操作系统。

BIOS 程序是笔记本电脑主板启动的基本程序，不同型号主板上使用的 BIOS 芯片的封装形式不同，但是其容量及存储的内容是相同的。BIOS 芯片主要负责对软件、硬件的连接，其内部固化有开机自检程序以及主板开机、特殊功能设定参数。

如果在使用过程中对 BIOS 程序的设置不当，会使计算机无法正常启动，或连续显示启动界面但无法进入操作系统。在升级 BIOS 程序或优化设置 BIOS 程序的时候，一定要设置合理，以免引起故障。

如果设置了 BIOS 芯片程序而无法进入操作系统或开机后频繁重启，那么此时就是由于 BIOS 程序设置不当而导致笔记本电脑主板出现故障。如果可以再次进入 BIOS 程序界面，将修改的参数改回来即可排除故障；若无法再次进入 BIOS 程序界面，可以使用编程器重新烧录 BIOS 程序。

8.4 台式机硬件故障排查与处理

8.4.1 主板常见故障排查与处理

主板是计算机的中枢，主板出现故障的概率不高，但仍然要综合考虑故障原因。

1. 主板常见故障现象

由于主板集成了大量电子元件，作为计算机的工作平台，主板故障的表现形式也是多种多样，而且涉及大量不确定因素。主板的主要故障现象有如下几种。

- 计算机经常死机；
- 计算机经常重启；
- 计算机的接口无法使用；
- BIOS 无法保存、无法进入 BIOS；
- 计算机无法开机；
- 计算机经常蓝屏；
- 没有声音、网络无法连接。

2. 主板故障排查思路

①先了解主板在什么状态下发生了故障，或者添加、去除了哪些设备后发生了故障。

②观察法，通过主板报警声提示判断故障。

③观察主板上的元器件，对元器件状态进行仔细排查，是否有明显的烧坏、烧毁痕迹，是否有变形、脱落等现象。

④清理主板，主板维修前，需要对主板进行清理，除去主板上的灰尘、异物等容易造成故障的因素。清理时一定要去除静电，使用油漆刷、毛笔、皮老虎、电吹风等设备仔细进行清理，尽量减少二次损害的发生。

⑤清理接口，用插拔法排除接触不良造成的故障。切记一定要在切断电源的情况下进行，可以使用无水酒精、橡皮擦除去接口的金属氧化物。

⑥使用最小系统法进行检修。主板只安装 CPU、风扇、显卡、内存，然后短接进行点亮，查看能否开机，再添加其他设备进行测试。

⑦利用主板诊断卡诊断计算机故障。计算机每次开机时，BIOS 会对系统的电路、内存、键盘、显卡、硬盘等各个组件进行自检，并对已配置的基本 IO 设置进行初始化，一切正常后，再引导操作系统。

主板诊断卡也叫 PC Analyzer 或 POST (Power On Self Test)卡，其工作原理是利用主板中 BIOS 内部自检程序的检测结果，通过代码一一显示出来，结合代码含义速查表就能很快地知道计算机故障所在。尤其 PC 开机不能引导操作系统、黑屏、没有报警声时，使用主板诊断卡能很快查出计算机故障。

主板诊断卡由数码显示管、指示灯、金手指接口等组成，如图 8-2 所示 4 位 PCI 主板诊断卡，可以用于台式机或笔记本电脑主板诊断。

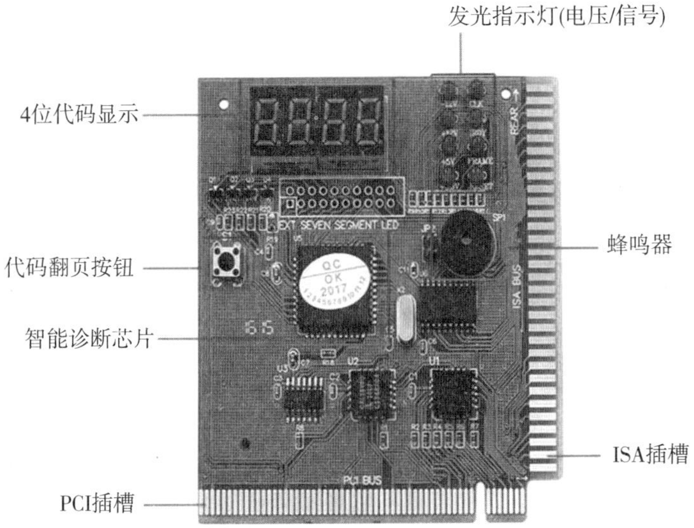

图 8-2　4 位 PCI 主板诊断卡

⑧利用主板自带检测卡功能排查故障。有些主板上带有诊断工作状态的LED灯或LED数码管，当遇到故障时，查看说明书就可以通过数码管显示的数字判断故障设备，如图8-3所示。

图8-3 带检测数码管的主板

3. 主板故障处理实例

实例1：开机提示CMOS信息丢失

【故障现象】

启动计算机后显示“CMOS信息丢失”信息，进入BIOS后重新设置时间和日期。启动计算机恢复正常，但下次使用计算机时故障依旧。

【故障排查】

BIOS数据存放在CMOS芯片中，该芯片由主板上的电池供电。如果电池电量不足，CMOS芯片中的信息就会丢失。

主板上的CMOS跳线设置错误也有可能导致此故障，有时将CMOS跳线设置为清除，或者外接电源使得无法保存CMOS数据。

【故障处理】

如果判断BIOS由于电池电量不足，更换主板上的电池即可(更换时要注意电池的型号和容量等)即可，进一步可尝试将跳线设置为普通模式。

实例2：接通电源，计算机自动关机

【故障现象】

计算机开机自检完成后，就自动关机了。

【故障排查】

出现这种故障的原因是开机按钮按下后未弹起、电源损坏导致供电不足或者主板损坏导致供电出问题。

首先需要检查主板，测试是否为主板故障，看是不是主板故障。如果不是主板故障，检查是否开机按键损坏，拔下主板上开机键连接的线，用螺丝刀短接开机针脚，启动计算机，如故障仍然存在，则排除开机键原因。那么最有可能就是电源供电不足，应用替换法，用一个好电源连接计算机主板，再次测试，如计算机顺利启动，未发生中途关机现象，确定是电源故障。

【故障处理】

可将此计算机的电源拆下来，使用观察法，对电源内部进行检查，看是否有电容之类的元器件损坏。

实例3:电脑开机时，反复重启

【故障现象】

电脑开机后不断自动重启，无法进入系统，有时开机几次后能进入系统。

【故障排查】

观察电脑开机后，在检测硬件时会自动重启，分析应该是硬件故障导致的。故障原因主要有以下几点:CPU损坏、内存接触不良、内存损坏、显卡接触不良显卡损坏、主板供电电路故障。

【故障处理】

对于这个故障应该先检查故障率高的内存，然后再检查显卡和主板。

· 用替换法检查CPU、内存、显卡。

· 检查主板的供电电路，测试12V电源的电路对地电阻。

实例4:电脑开机无反应

【故障现象】

主板上的检测灯亮，不能开机，闻到烧焦的味道。

【故障排查】

很可能是主板的线路短路或是芯片的烧毁。主板的烧毁一般是由于超频、市电不稳定、静电(由于主板的防静电能力差)、线路短路和漏电、电容老化漏电、CPU散热不好温度过高、长时间的烤机测试也使得主板的供电电压出现偏差、雷击、显卡不匹配等

【故障处理】

这类情况只能送修或换新。

实例4:电脑频繁死机

【故障现象】

一台电脑经常出现死机现象，在CMOS中设置参数时也会出现死机，重装系统后故障依然不能排除。

【故障排查】

先从软件入手，排除了病毒感染可能。判断有可能是硬盘碎片过多，导致系统不稳定。整理硬盘碎片，甚至格式化C盘重做系统，依然反复死机。进一步考虑硬

件出了问题。

出现此类故障一般是由于CPU有问题、主板Cache有问题或主板设计散热不良引起。

【故障处理】

触摸CPU周围主板元件，查看CPU温度是否异常，发现CPU温度过高，而此时如CPU风扇工作正常，可以考虑更换大功率风扇。如果上述方法还是不能解决问题，可以更换主板或CPU。

8.4.2 CPU常见故障排查与处理

总体来说，CPU出现故障的概率极低，一旦CPU出现故障后，往往出现计算机无法启动、死机、重启、运行缓慢等现象。

1. CPU常见故障现象

CPU出现故障后，现象主要有如下几种：

- 加电后系统没有任何反应，主机无法启动；
- 计算机频繁死机；
- 计算机不断重启，特别是开机不久便连续出现重启的现象；
- 不定时蓝屏；
- 计算机性能下降，下降的程度相当大。

2. CPU故障排查思路

CPU出现故障后，应当按照一定的顺序查看CPU的故障情况，然后分析原因。

(1)CPU故障排查顺序

- 在开不了机的情况下，检查CPU是否插好，是否存在接触不良的故障；
- 排除接触不良，检查CPU的供电电压是否有问题，此时重点检查电源；
- 开机后，用手快速触摸CPU，查看是否有温度，如果没有温度，说明供电确实有问题或者CPU已经损坏；
- 如果可以开机但存在死机的现象，需要检查CPU散热系统是否正常工作；
- 检查CPU是否超频，如果超频，需要将频率改回来。

(2)CPU常见故障原因

①散热造成的故障。CPU工作时会散发大量的热，当CPU散热不良时，会使CPU温度过高，造成计算机死机、黑屏、机器变慢、主机反复重启等。

此类故障常见于CPU风扇安装不当造成风扇与CPU接触不够紧密，而使CPU散热不良的故障。解决方法是在CPU上均匀涂抹一层薄薄的硅脂后，正确安装CPU风扇。

另外，如果 CPU 散热器的灰尘很多，也会造成散热器导热功能减弱，可以将 CPU 风扇卸下，用毛笔或软毛的刷子将灰尘清除。如果 CPU 风扇的功率不够大或老化，可以更换 CPU 风扇。

②超频不当造成的故障。超频后的 CPU 运算速度会更快，但是对计算机稳定性和 CPU 的使用寿命都有影响。超频后，如果散热条件达不到散发的热量需要的标准，将出现无法开机、死机、无法进入系统、经常蓝屏等状况。所以在超频的同时，需要通过增加散热条件、提高 CPU 的工作电压，增加稳定性。如果故障依旧，建议恢复 CPU 的默认工作频率。

③CPU 预警温度设置不当引起的故障。如果在 BIOS 中将警戒值设置得过低，很容易会产生死机、黑屏、重启等故障，而如果设置得过高，CPU 瞬时发热量过大，很容易造成 CPU 的烧毁。

④物理故障。检查时，不仅要检查 CPU 与插槽之间是否连接通畅，而且要注意 CPU 底座是否有损坏或安装不牢固。尤其要注意 CPU 针脚，CPU 针脚一旦弯曲，掰直非常困难，还会影响 CPU 的安全及性能。

3. CPU 故障排查实例

实例 1：CPU 温度上升太快

【故障现象】

一台电脑在运行时 CPU 温度上升很快，开机几分钟后温度就由 33℃上升到 58℃，随后不再上升。

【排查处理】

一般情况下 CPU 的温度最高不要超过 85℃，最好控制在 70℃以下；否则很容易引起电脑死机或自动关机等。尽管 58℃属于正常温度，根据现象分析升温太快应该是 CPU 风扇的问题。

【故障处理】

检查 CPU 风扇是否正常运转，如 CPU 风扇工作正常，可以考虑更换大功率风扇。

实例 2：电脑不断重启

【故障现象】

电脑开机之后只能正常工作 40 分钟，然后重新启动。随着使用时间越来越长，重启的频率也越来越高。

【故障排查】

一般情况下，如果主机工作一段时间后出现频繁死机的现象，首先要检查 CPU 的散热情况。

在开机情况下查看散热器风扇的运转情况，一切正常，说明风扇没有问题。将散热器拆下后认真清洗后装上，问题仍然存在，利用替换法更换散热风扇后问题解决，经反复对比终于发现原来是扣具方向装反造成散热片与CPU核心部分接触有空隙。主板检测CPU过热，于是启动自保护。

随着工艺和集成度的不断提高，CPU核心发热已是一个比较严峻的问题。目前的CPU对散热风扇的要求越来越高，散热风扇安装不当而引发的问题也是相当普遍和频繁的。在挑选散热风扇时，我们一定要选择质量过关的产品，并且一定要注意正确的安装方法；否则轻则造成机器重启，严重的甚至会造成CPU烧毁。如果CPU长期在高温下工作，会出现电子迁移现象，从而缩短其寿命。

【故障处理】

检查CPU风扇是否正常运转，如CPU风扇工作正常，可以考虑更换大功率风扇。

8.4.3 内存常见故障排查与处理

内存是与计算机内部CPU进行沟通的桥梁，随着科学技术不断地进步和计算机的普及，计算机的内存容量和速度频率也不断提高，容量越大的内存及频率越高内存会使得计算机在处理各类专业软件起来更为快速，对计算机的性能影响非常重要。只要计算机在运行中，CPU就会把需要运算的数据调到内存中进行运算，当运算完成后CPU再将结果传送出来，内存的运行也决定了计算机的稳定运行。

内存与其他设备一样，容易受到不稳定电压、过热、灰尘等方面的影响，但在内存故障中，绝大多数的问题出现在内存与插槽的接触上。

1. 内存常见故障现象

- 开机时无法通过自检不显示而且报警；
- 提示要求用户恢复系统，注册表报错；
- Windows 自动从安全模式启动；
- 随机性死机；
- 运行软件时会提示内存不足；
- 系统莫名其妙自动重启。

2. 常见的内存故障原因

- 内存金手指氧化；
- 内存颗粒损坏；
- 内存与主板插槽接触不良；
- 内存与主板不兼容；
- 内存电压过高；

· CMOS 设置不当；

· 内存损坏；

· 超频带来的内存工作不正常。

3. 内存故障排查思路

内存出现问题后，可以按照下面的方法排查故障原因。

①先将内存拔下，用橡皮清理内存金手指和主板内存插槽，然后装入计算机再开机，也可换一个插槽放内存；

②如果不能开机，检查内存供电是否正常；如果没有电压，排查机箱电源故障；

③如果电源正常，则检查内存芯片是否损坏，如损坏，直接更换内存条；

④如果内存芯片完好，有可能是内存和主板不兼容，建议用替换法排查；

⑤如果可以开机，可以通过系统自检查看问题或者使用检测软件检测；

⑥如果自检不正常，首先检查内存的大小与主板支持的大小是否有冲突；

⑦如果没有冲突，就要考虑内存与主板是否不兼容；如果超出了主板支持的大小，就只能更换内存或者主板；

⑧如果自检正常，查看使用时是否有异常，在异常的情况下，发热量是否过大；

⑨如果发热量过大，需要进一步查看是否超频、是否散热系统有问题。

4. 内存故障排查实例

实例 1：开机长鸣

【故障现象】

电脑开机后一直发出“嘀，嘀，嘀……”的长鸣，显示器无任何显示。

【故障排查】

从开机后电脑一直长鸣可以判断出是硬件自检不通过，根据声音的间断为一声，基本可以判断为内存问题。关机后拔下电源，打开机箱并卸下内存条，仔细观察发现内存的金手指表面覆盖了一层氧化膜，而且主板上有很多灰尘。因为机箱内的湿度过大，内存的金手指发生了氧化，从而导致内存的金手指和主板的插槽之间接触不良，而且灰尘也是导致元件接触不良的常见因素。

【故障处理】

排除该故障的具体操作步骤如下。

(1)关闭电源，取下内存条，用皮老虎清理一下主板上的内存插槽。

(2)用橡皮擦一下内存条的金手指，将内存插回主板的内存插槽中。在插入的过程中，双手拇指用力要均匀，将内存压入主板的插槽中，当听到“啪”的一声表示内存已经和内存卡槽卡好，内存成功安装。

(3)接通电源并开机测试，电脑成功自检并进入操作系统，表示故障已排除。

实例2:内存接触不良引起死机

【故障表现】

电脑在使用一段时间后,出现频繁死机现象。

【故障排查】

造成电脑死机故障的原因有硬件不兼容、CPU过热、感染病毒、系统故障。使用杀毒软件查杀病毒后,未发现病毒,故障依然存在。

【故障处理】

打开电脑机箱,检查CPU风扇,发现有很多灰尘,但是转动正常。另外主板、内存上也沾满了灰尘。在将风扇、主板和内存的灰尘处理干净后,再次打开电脑,故障消失。

8.4.4 显卡常见故障排查与处理

显卡是计算机最基本的配置和最重要的配件之一,发生故障后可导致计算机开机无显示,用户无法正常使用计算机。

1.显卡常见的故障现象

显卡常见的故障现象如下。

·开机无显示,主板报警,提示显卡故障。

·系统工作时发生死机、蓝屏现象。

·显示画面不正常,出现偏色、花屏现象。

·屏幕出现杂点或者不规则图案。

·运行游戏时发生卡顿、死机现象。

·系统显示不正常,分辨率无法调节到正常状态。

2.显卡故障产生的原因

常见显卡故障产生的原因如下。

·显卡与主板上的插槽接触不良:该故障主要由灰尘、金手指氧化等造成,在开机时有报警提示。拆下显卡后仔细观察金手指是否发黑、氧化,板卡是否变形。如无变形,清除显卡及主板的灰尘,用橡皮擦拭显卡金手指,重新安装显卡。

·BIOS中设置不当:这里主要指和显卡相关的各种参数的设置。如果设置出现问题,会造成很多故障,这在超频后经常发生。

·驱动程序异常:没有正确安装驱动程序或驱动程序出错,导致显示异常,此时只需重新安装或升级驱动程序即可。

·散热不良:显卡在工作时,显示核心、显存颗粒会产生大量热量,这些热量如果不能及时散发出去,往往会造成显卡工作不稳定,所以出现故障后,需要检查显卡的散热，风扇是否正常运行，散热片是否可以正常散发热量。

· 超频：超频不仅会导致系统不稳，还会降低显卡寿命。

· 兼容问题造成的故障：兼容问题通常发生在升级或者计算机刚组装完成时，主要表现为主板与显卡不兼容，或者由于主板插槽与显卡不能完全接触所产生的物理故障。

3. 显卡故障排查思路

①如果计算机无法正常启动或启动后无显示，我们可以通过插拔法和替换法排查：先将显卡与主机箱的固定螺丝卸下，然后取出显卡。使用清洁工具清理显卡表面、金手指及显卡插槽，然后重新安装。

如插拔法无法解决故障，找一块可以正常使用的显卡替换故障电脑中的显卡，也可以将故障电脑中的显卡插到一台工作正常的电脑的主板上，从而快速找出故障主体。

②如果计算机能够启动，但是启动后显示画面不正常，如花屏、偏色、分辨率不正常，以及运行游戏软件死机等。

此时应该先考虑是否为显示器或数据线有问题，可以通过替换法进行排除。如果确定是显卡故障，则查看是否为显卡散热不良或驱动程序的问题。如果以上因素均排除，则可能是显卡的元器件故障，需要更换显卡或送修。

4. 显卡故障排查实例

实例 1：开机无显示

【故障现象】

启动电脑时，显示器出现黑屏现象，而且机箱喇叭发出一长两短的报警声。

【故障排查】

此类故障一般是因为显卡与主板接触不良或主板插槽有问题造成。另外，一些的集成显卡主板，如果显存共用主内存，则需注意内存条的位置，一般在第一个内存条插槽上应插有内存条。

【故障处理】

①先判断是否是显卡接触不良引发的故障。关闭电脑电源，打开电脑机箱，将显卡拔出来，用毛笔刷将显卡板卡上的灰尘清理掉。接着用橡皮擦拭显卡的“金手指”，清理完成后将显卡重新安装好，查看故障是否已经排除。

②使用橡皮清除显示卡锈渍后仍不能正常工作的话，可以使用除锈剂清洗金手指，然后在金手指上轻轻敷上一层焊锡，以增加金手指的厚度，但一定注意不要让相邻的金手指之间短路。

③查看显卡 PCB 是否变形而导致接触不良，一些劣质的机箱背后挡板的空档

不能和主板 AGP 插槽对齐，在强行上紧显示卡螺丝以后，过一段时间可能导致显示卡的 PCB 变形的故障，这时候需要松开显示卡的螺丝故障就可以排除。如果使用的主板 AGP 插槽用料不是很好，AGP 槽和显示卡 PCB 不能紧密接触，用户可以使用宽胶带将显示卡挡板固定，把显示卡的挡板夹在中间。

④检查显卡与主板是否存在兼容问题，此时可以使用新的显卡插在主板上，如果故障解除，则说明兼容问题存在。另外，也可以将该显卡插在另一块主板上，如果也没有故障，则说明这块显卡与原来的主板确实存在兼容问题。对于这种故障，最好的解决办法就是换一块显卡或者主板。

⑤检查显卡硬件本身的故障，一般是显示芯片或显存烧毁，用户可以将显卡拿到别的机器上试一试，若确认是显卡问题，更换显卡后就可解决故障。

实例 2:玩游戏时系统无故重启

【故障现象】

计算机运行其他应用程序正常，但在运行 3D 游戏时出现重启现象。

【故障排查】

先排除病毒原因，查杀病毒后看故障是否存在。进一步可以对计算机进行磁盘清理。如故障仍未排除，此时判断很可能是因为玩游戏时显示芯片过热导致的，检查显卡的散热系统，看有没有问题。另外，显卡的某些配件，如显存出现问题，玩游戏时也可能会出现异常，造成系统死机或重新启动，可以尝试用软件测试显卡显存是否正常。

【故障处理】

如果是散热问题，可以更换更大功率显卡散热器。如果显卡显存出现问题，可以采用替换法检验一下显卡的稳定性，如果确认是显卡的问题，可以维修或更换显卡。

8.4.5 硬盘常见故障排查与处理

硬盘是电脑最主要的外部存储设备，用于存放电脑数据，所以硬盘的故障是用户最不愿意看到的。而硬盘故障也会导致系统无法启动或者死机现象。

1. 硬盘常见故障现象

硬盘故障通常不会影响电脑启动，因此故障主要出现在 BIOS 检测阶段、操作系统启动阶段和系统运行阶段，硬盘故障的常见现象如下。

- BIOS 无法识别硬盘；
- 无法引导操作系统启动；
- 电脑经常无故死机、蓝屏；

- 无法读取硬盘和执行任何操作；
- 硬盘灯常亮，使用率100%，系统运行非常缓慢；
- 机械硬盘读取数据时发出异响；
- SSD变成只读，拒绝写入操作。

2.常见硬盘故障原因

硬盘故障产生的原因主要有以下几种。

①硬盘数据线或电源线接触不良：这类故障往往是因为硬盘数据线或电源线没有接好，从而造成BIOS无法识别硬盘。

②硬盘分区表被破坏：产生这种故障的原因较多，如使用过程中突然断电、带电拔插、病毒破坏和软件使用不当等。从而导致无法进入操作系统，甚至硬盘数据丢失。

③机械硬盘坏道：机械硬盘因为剧烈碰撞、不正常关机、使用不当等原因造成硬盘坏道，从而导致系统无法启动或频繁死机等故障。

④SSD存在散热问题：NVMe SSD运行时可能会产生中等意思的热，一旦执行高级计算等需要密集计算的操作时，NVMe SSD就会产生很高的温度，如果散热不当就会导致SSD出现各种故障。

⑤SSD固件故障：SSD固件极其复杂，很多SSD故障往往只是极端情况-仅在正常运行参数范围之外才会出现此问题。当出现严重的固件问题时，大多数SSD会自动进入故障保护模式。如果SSD无法保证数据的完整性，那么通常厂商会预置“断言(assert)”或其他故障模式，使名称空间脱机或置于只读模式，以保护主机软件免于读取不良数据。

⑥SSD大量随机写入误使用：关于这一点，比较有争议。目前具有较低耐久性的SSD主要用于横向扩展存储或对象存储，而不能用作为大量随机写入的高速存储器。

3.硬盘故障排查思路

硬盘故障排查思路如下。

①如果无法启动操作系统，提示引导盘丢失，首先需要进入BIOS中查看是否能够识别硬盘。

②如果不能识别硬盘，则需要检查硬盘电源线和数据线是否接好，可以更换电源接口和数据线后再行尝试。

③如果仍然无法识别硬盘，则可以断定是硬盘硬件故障，使用替换法进一步确认。

④如果可以识别硬盘信息，检查BIOS引导盘设置，进一步需要查看硬盘分区表是否损坏；可以用分区软件查看硬盘分区情况是否正常，还可以进入Windows

PE 系统查看硬盘各分区读写是否正常；如果分区表被破坏，则需要恢复分区表或重新分区。

⑤如果是新硬盘，确认是否将系统分区设置为活动分区。

⑥如果故障出现在 Windows 启动阶段，则需要对系统进行修复或重装系统。

⑦如果重装操作系统后仍不能进入系统，则说明硬盘出现了坏道，需要使用分区软件手动屏蔽坏道，或者更换新硬盘。

4. 硬盘故障排查实例

实例 1：计算机自检时提示"Hard disk drive failure"

【故障现象】

一台计算机在自检时提示"Hard disk drive failure"，无法启动。

【故障排查】

根据故障提示判断，造成此故障的原因主要有：BIOS 设置错误、硬盘电路板损坏或硬盘盘体损坏。

【故障处理】

①进入 BIOS，检查 BIOS 中硬盘的参数(一般在 BIOS 中的"Standard CMOS Features"中)，结果发现没有硬盘参数。

②打开机箱，检查硬盘的数据线和电源线的连接，发现数据线和电源线连接正常。

③应用替换法将故障机硬盘接入其他正常运行的计算机，仍无法识别，说明硬盘的固件损坏，必须将硬盘返回厂商进行维修。

实例 2：硬盘分区表损坏导致无法启动

【故障现象】

一台计算机开机后提示"Error Loading Operating System"或"Missing Operating System"，无法启动。

【故障排查】

根据故障提示信息分析，此故障是由于系统读取硬盘的主引导程序失败引起的，造成读取失败的原因一般是分区表的结束标识被改动。

【故障处理】

将故障硬盘接到另一台计算机中(或使用 U 盘引导系统进入 Windows PE)，运行磁盘修复软件，在软件界面选择要检修的磁盘分区(可以同时选择多个)，修复引导分区。

修复后将硬盘重新安装到原来的计算机中，开机测试，故障排除。

8.4.6 电源常见故障排查与处理

电源为主机中的所有硬件提供运行所需的电力。随着电脑性能的不断提高，对电源的功率、质量和安全性的要求也越来越高。如果电源出现故障，电脑不可能正常运行。

1.电源常见故障现象

计算机电源的常见故障现象如下。

- 电源无电压输出，电脑无法正常开机；
- 电脑重复性重启；
- 电脑频繁死机；
- 电脑正常启动，但一段时间后自动关闭；
- 电源输出电压高于或者低于正常电压；
- 电源无法工作，并伴随烧焦的异味；
- 启动电脑时，电源有异响或者有火花冒出；
- 电源风扇不工作。

2.电源故障的主要原因

电源故障的主要原因如下。

- 电源输出电压低；
- 电源输出功率不足；
- 电源损坏；
- 电源保险丝被烧坏；
- 开关管损坏；
- 300 V 电容损坏；
- 主板开关电路损坏；
- 机箱电源开关线损坏；
- 机箱风扇损坏。

3.电源故障排查思路

判断电源故障思路如下。

- 电脑加电，观察是否开机。如果不能，则检查电源开关是否正常；
- 如果电源开关损坏，则维修电源开关；
- 如果电源开关正常，则测试电源是否能工作；
- 如果电源不能工作，则检查电源保险丝、电源开关管、电源滤波电容是否正常；
- 如果电源可以工作，则检查主板是否正常；

· 如果主板没有问题，那么故障点在于电源负载过大；

· 如果是主板损坏，那么检查是主板开关电路出现故障还是其他部分损坏；

· 如果电脑可以开机，那么检查电脑工作时是否会重启或者死机；

· 如果出现死机或重启等状况，那么检查电源电压是否正常；

· 如果电压不正常，那么检修电源；

· 如果电压正常，重点查看内存、CPU 等部件，查看是否为其他原因引发的故障。

4. 电源故障排查实例

【故障现象】

用最小系统法后开机毫无反应，发现连主板上的检测灯也不亮。

【故障排查】

此类问题多是由于市电和电源质量问题引起的。

【故障处理】

可先尝试通过替换法换个电源，如果更换电源仍未解决，很可能是由于市电电压过低，建议通过在电脑供电线路上采取稳压措施或安装后备式 UPS 电源来解决。

8.5 笔记本电脑硬件常见故障与处理

8.5.1 笔记本电脑 CPU 常见故障与处理

笔记本电脑 CPU 集成度非常高，一般情况下很少出现故障，所以可维修性非常低。

1. 笔记本电脑 CPU 常见故障现象

笔记本电脑 CPU 出现故障的概率非常小，通常是由于运输、保养、维修等外部因素造成 CPU 损坏。笔记本电脑 CPU 经常出现的故障现象有如下几种。

(1)笔记本电脑无法开机

对笔记本电脑 CPU 进行更换时，由于插拔不当，造成针脚损坏，无法开机；或由于笔记本电脑长期工作在潮湿环境，CPU 针脚出现氧化、锈蚀，与 CPU 插槽接触不良，无法开机，或能够开机但会出现蓝屏、黑屏。

注：大部分笔记本电脑的 CPU 是焊接在主板上边，无法更换的，也不存在接触不良问题。

(2)CPU 工作不稳定、频繁死机或自动重启

CPU 工作时会产生大量热量,会使 CPU 自身温度升高。此外,CPU 超频也很容易造成发热增加。当 CPU 温度提升到一定程度时,会产生电子热迁移问题,CPU 中的硅晶体管的漏电流会增大,从而造成 CPU 工作不稳定或损坏。

(3)CPU 资源占用率过高

在笔记本电脑工作过程中,可能出现运行缓慢,并且打开“任务管理器”后发现 CPU 使用率过高,甚至达到 100%。

2.笔记本电脑 CPU 常见故障处理

(1)CPU 针脚断裂

在对笔记本电脑进行维修、保养时,如果操作不当,可能引起 CPU 针脚弯曲变形或断针,此时可以通过修复 CPU 针脚的方法,重新焊接损坏的针脚,对 CPU 进行修复。

(2)CPU 温度过高

笔记本电脑相比台式机优势在于轻薄便携性,但是就是由于轻薄便携性,笔记本电脑内部空间狭窄,所以散热能力就会受到限制,尤其是夏季,散热更是不尽人意。

笔记本电脑长期使用后,内部会积聚大量灰尘,也会造成笔记本散热不良。此外,笔记本使用两三年,风扇轴里边油泥太多了,会导致风扇性能下降。

①清理灰尘与更换硅脂。由于笔记本内部空间狭窄,灰尘是笔记本的最大元凶,建议定期对笔记本进行拆机清理灰尘,对 CPU 和显卡芯片更换硅脂,以提升笔记本散热能力。

②增加外置散热设备。笔记本内部虽然不能增加散热风扇,但是可以买一个笔记本散热底座或者是抽风式散热器,以增强散热能力。

8.5.2 笔记本电脑主板常见故障与处理

笔记本电脑的主板是承载各种芯片并拥有各种电路模块的电路板,如供电电路、接口电路等都在主板上。因此,笔记本电脑的主板是一个非常庞大的、复杂的集成电路部件。

1.笔记本电脑主板常见故障现象

笔记本电脑主板出现故障通常是由软件设置、环境因素以及硬件设备引起的。

通常笔记本电脑的主板出现故障时,笔记本电脑也许就无法实现开机或某一功能无法实现。在排除是人为因素、环境因素、软件设置以及其他组成部分的故障以后,很可能就是主板故障,这时经常出现以下故障现象。

①插拔接口不当,造成主板接口引脚松动,使接口电路出现故障.导致笔记本

电脑无法识别该接口连接的设备或出现频繁死机重启现象。

②笔记本电脑长期工作在潮湿环境中，会使主板上的电子元器件因为潮湿出现短路甚至烧焦现象，从而使笔记本电脑无法开机，严重时在使用过程中会出现打火现象。

③笔记本电脑主板长期工作会使电子元器件出现老化现象，如电容漏电、半导体器件损坏等。

2.笔记本电脑主板的故障处理

对于笔记本电脑主板的故障检修可以借助主板诊断卡、打阻值卡等专用工具。下面就来分别介绍笔记本电脑主板专用检修工具的使用方法。

(1)使用主板诊断卡对笔记本电脑主板进行检修

结合诊断卡的代码含义速查表就能很快地知道电脑故障所在，而不仅依靠电脑主板上的警告声来粗略判断硬件错误。

(2)使用 CPU 假负载对笔记本电脑主板进行检修

如图 8-4 所示为笔记本电脑使用的 CPU 假负载的实物外形。

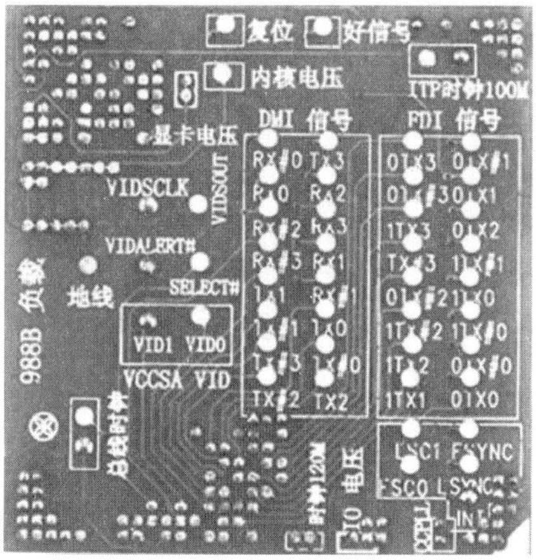

图 8-4　笔记本 CPU 假负载

CPU 假负载主要用来检测 CPU 的各点电压等是否正常，使用 CPU 假负载可以避免因为 CPU 电压不正常而将 CPU 烧坏的现象。除此之外，CPU 假负载还可以用来测 CPU 通向北桥或其他通道的 64 根数据线和 32 根地址线是否正常。

(3)使用内存插槽打阻值卡对笔记本电脑主板进行检修

打阻值卡主要用来测量内存插槽、PCI 插槽、PCI-E 插槽、AGP 插槽的各种信号。由于这些插槽的金属触点都在槽内，且针脚较多，不易观察，因此就将打阻值卡插到槽内，然后在打阻值卡上测试，如图 8-5 所示。

内存插槽打阻值卡主要用于检测内存引脚的对地阻值。目前，常用的笔记本电脑的内存插槽主要有、DDR、DDRⅡ和 DDRⅢ内存插槽，用于笔记本电脑主板的内存插槽打阻值卡也有 DDR、DDRⅡ和 DDRⅢ内存插槽打阻值卡 3 种。

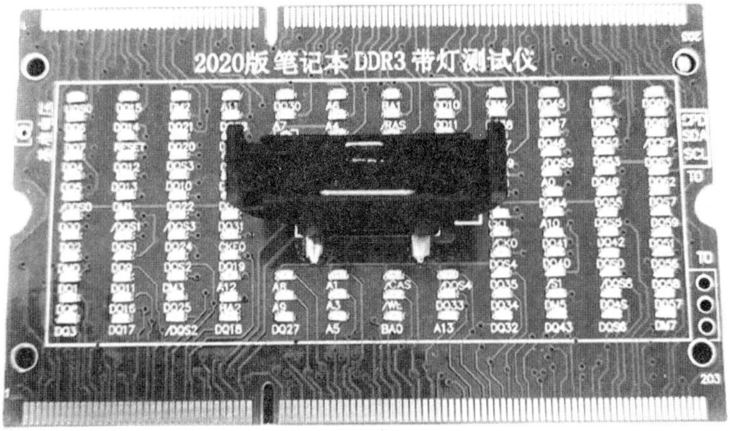

图 8-5　笔记本电脑打阻值卡

(4)使用 MINI PCI 插槽打阻值卡对笔记本电脑主板进行检修

MINI PCI 插槽是笔记本电脑特有的接口,可用于安装独立显卡。如果笔记本电脑带有 MINI PCI 插槽,就可咀使用 MINI PCI 打阻值卡对笔记本电脑的主板进行检修。图 8-5 右下所示为 MINI PCI 打阻值卡。

我们可用万用表检测 MINI PCI 打阻值卡上的各检测点,主要检测点包括 5V 和 3.3V 供电电压、复位信号电压值、帧信号电压值、时钟信号电压值等。

8.5.3　笔记本电脑内存常见故障

内存是笔记本电脑中常用的存储设备之一,其最大的特点就是“暂时”存储数据。由于内存的数据存储量和传输量很大,因此难免会发生一些故障,通常是由软件设置不当、增加/更换内存和内存芯片损坏引起的故障。

1. 笔记本电脑内存常见故障

(1)设置不当引起的笔记本电脑内存故障表现

在内存故障检修过程中,首先确定笔记本电脑是否能开机,开机后能否正常进入操作系统。如果都可以,就检查与内存相关的软件设置,如 BIOS 和虚拟内存。

①笔记本电脑关于内存的 BIOS 设置不合理

· 笔记本电脑开机后,多次对内存进行自检。

· 笔记本电脑运行某个程序时提示“内存分配错误”、系统运行缓慢或突然死机;

②笔记本电脑虚拟内存设置不合理

· 笔记本电脑开机工作一段时间后提示“内存资源不足”。

· 笔记本电脑运行某一程序时提示“没有足够的可用内存运行此程序”。

(2)增加,更换内存引起的笔记本电脑内存故障表现

如果笔记本电脑是在增加/更换内存之后出现故障,则主要原因为内存与插槽

之间接触不良、多条内存之间不兼容或主板不支持新内存。

①内存与插槽接触不良。在安装内存时，没有安装到位或无意间的碰触会使内存脱离插槽，或使内存与插槽之间接触不良，笔记本电脑开机后就会有报警声、无法开机或开机后死机。

②内存不兼容。增加/更换内存时一定要选择同品牌的产品，因为不同的内存芯片或不同的内存频率会使内存出现兼容性问题。内存与主板之间也有兼容性问题，主要表现为主板不支持增加，更换的内存的频率和主板展大支持的内存容量不匹配。

笔记本电脑内存不兼容时会出现以下故障。

- 内存容量显示不正确。
- 无法启动笔记本电脑。
- 运行一段时间后出现死机。

(3)硬件问题引起的笔记本电脑内存故障表现

如果笔记本电脑根本无法实现开机，在排除电源供电问题之后，就有可能是内存硬件故障，经常出现的故障现象如下。

①笔记本电脑长期工作在潮湿环境下，使内存出现氧化锈蚀，造成新增内存与插槽之间接触不良，使笔记本电脑无法读取到内存中的信息，严重时会出现无法开机、开机报警或开机后死机。

②内存插槽中堆积大量的灰尘或污物，不但会造成内存接触不良，还有烧坏内存的可能，从而造成笔记本电脑无法开机、开机报警或死机。

③若笔记本电脑无法开机，而其他硬件设备均无故障，此时怀疑内存上的内存芯片或 SPD 芯片损坏。

2.笔记本电脑内存常见故障处理

当怀疑内存问题引起的故障时，可以按照下面的步骤进行处理。

①将 BIOS 恢复到出厂默认设置，然后开机测试。

注：目前，大多数笔记本内存都是焊接在主板上边，无法拆卸，所以后续处理无法进行

②如果故障依旧存在，将内存条拆下，清洁内存条及主板内存插槽上的灰尘，清洁后看故障是否排除。

③如果故障依旧存在，接着用橡皮擦拭内存的“金手指”，擦拭后，安装好开机测试。

④如果故障依旧存在，接着将内存安装到另一插槽中，然后开机测试。如果故障消失，重新检查原内存插槽的弹簧片是否变形。如果有，调整好即可。

⑤如果更换内存插槽后，故障依旧，接着用替换法检测内存。当用一条好的内存安装到主板后，故障消失，则可能是原内存的故障；如果故障依旧，则是主板内存

插槽问题。同时将故障内存条安装到另一块好的主板上测试，如果可以正常使用，则内存条与主板不兼容；如果在另一块主板上出现相同的故障，则是内存条质量差或损坏。

8.5.4 笔记本电脑液晶屏常见故障

笔记本电脑液晶是笔记本电脑中最重要的组成部件，如果屏幕出现故障，一般是没有办法解决的，必须依靠专业人员的或厂家来解决问题。不过我们也要对笔记本电脑屏幕故障作一个判断，清楚什么地方出现了故障。下面，让我们一起来看看如何判断笔记本电脑屏幕的故障。

笔记本电脑工作的时候，液晶屏自身并不发光，它需要借助背光灯管才能发光，从工作原理上说，笔记本电脑主板提供低电压直流先进入升压电路板，通过开关电路转换为高频高电压，然后将液晶背光灯管变亮。

当我们打开笔记本电脑后，如果液晶屏上显示的文字或图像非常暗淡，说明背光灯管没有工作，出现上述故障，一是驱动背光灯管的生涯电路损坏造成，二是灯管自身损坏造成。

如果笔记本电脑在开机后，表现为黑屏，在屏幕上隐隐约约能看到淡淡的字样，这种故障被称为“暗屏”。

①当笔记本电脑频繁出现暗屏时、笔记本电脑有可能是由于电流过大造成连接线烧坏，断裂造成，我们在电压不稳定的情况下使用笔记本电脑，很容易让过大的电流击穿连接线液晶屏的连接线，在电压不稳定的情况下，造成暗屏现象。

②部分笔记本电脑的液晶屏连接线置于屏幕下方，由于我们经常开关机盖，使得连接线频繁折叠，同样也能造成暗屏现象。当笔记本电脑顶盖遭受重压后，很容易造成灯管破损，也会造成暗屏。

8.5.5 笔记本电脑键盘和触摸板常见故障

1.笔记本电脑键盘和触摸板常见故障现象

笔记本电脑的键盘是输入设备之一，通过键盘我们能够对笔记本电脑进行操作控制，键盘出现故障时通常表现为某一个按键失灵或整个键盘失控。

笔记本电脑的触摸板相当于鼠标，也是输入设备之一。便于我们对电脑进行控制。它出现故障时通常表现为触摸板失灵，左右按键失控。

2.笔记本电脑键盘的故障处理

(1)笔记本电脑键盘由于意外原因引起的故障的处理

笔记本电脑的键盘不能正常工作，首先确定是否为外界因素引起的，如键盘进水。如果是由于键盘进水而不能正常工作，应在进水的第一时间内将笔记本电脑倒置,以免水流入主板而造成灾难性损失。

①拔掉电源,强行关机。这里的关机只关掉电源是不够的.因为电池仍然可能造成短路,所以要将电池和适配器取下来。

②用干布吸干键盘表面的水,再将其放到阴凉处风干。

③检查键盘上是否有积水,确定完全干透后再启动电脑。

④笔记本电脑的键盘长时间暴露在外.容易积聚灰尘.因此需要经常清洁键盘缝隙。

(2)笔记本电脑键盘硬件故障的处理

①笔记本电脑键盘上的某个按键失灵时,首先应检查按键失灵是否为“X”支架和橡胶垫变形引起的。若是,更换新的配件即可排除故障。

②笔记本电脑的整个键盘失灵时,应检测键盘电路板是否损坏,如果损坏且无法修复,只能通过更换键盘或使用外置键盘来排除故障。

3.笔记本电脑触摸板的故障检修

(1)笔记本电脑触摸板软件故障的处理

触摸板失控可能是由于手部汗水过多所致,因此使用触摸板时,应尽量保持触摸板表面干燥和清洁。

如果是由系统禁止了触摸板的设置,那么只要将其解除禁用即可。

①在“控制面板”界面中选择“鼠标”命令.然后就会弹出“鼠标属性”界面。

②选择“硬件”选项卡。查看触摸板设备的属性。

③在随即弹出的“属性”界面中可以查看触摸板的“常规”“高级设置”和“驱动程序”。

④在“驱动程序”选项卡中选择“更新驱动程序”。使触摸板驱动程序重新启动,即可排除触摸板无法使用的故障。

(2)笔记本电脑触摸板硬件故障的检修

触摸板失控时,首先检查它与主板之间的散据线接口,若该接口松动,会引起触摸板失灵。除了与主板连接的接口,触摸板与左右按键之间也有数据线连接.这些接口松动同样会引起触摸板失灵的故障,因此需要逐个检查。

检查了数据线接口以后,还应使用万用表检测数据线是否存在断路现象,如果有,需要更换数据线就能排除故障。

如果接口与数据线都没有故障,那么就应检测触摸板电路。在触摸板电路中有多个元器件,根据损坏情况更换元器件或整个触摸板电路。

除了触摸板电路,左右按键也是需要检测的,如检测控制左右按键的微动开关以及外围电路等。在检测过程中如发现故障点,应进行修理或更换。

8.5.6 笔记本电脑电池常见故障与处理

笔记本电脑电池属于易耗品，在使用的过程中经常会出现故障。因此，需要掌握处理电池故障的操作方法。

1.电池故障产生的原因

电池在使用了一段时间之后就会“衰老”，具体表现是内阻变大，在充电时两端电压上升比较快。这样容易被充电控制线路判定为已经充满，容量也自然下降。

由于电池的内阻比较大，在放电时电压下降幅度较大且速度快，所以系统很容易误认为电压不够，电量不足。总之，电池的衰老是一个恶性循环的过程。在发现电池工作时间比较短时，应该采取相应的措施。

另外，很多锂电池失效是电池包中的某节电芯失效导致的，这种现象无法避免。因为每节电池的电芯性质不可能完全一致，用久后有些质量稍差的开始老化，而破坏了整体(串联之后)的放电曲线。

2.电池常见故障的处理方法

(1)使用电池时会突然断电

出现此类故障后，可以按照“先软后硬”的故障处理原则检测，首先检查系统的电源管理设置，看看是否设置为待机或休眠，然后检查笔记本电脑自身的电源管理程序，看看是否正常。若最后检查出可能是电池组内部电路板故障或者与电池芯片匹配不良，则将笔记本电脑送到售后服务站进行维修即可。

(2)充满后使用时间很短

若是电池组内部设定数值有偏差，可以执行电池自我校正程序进行校正，即可处理该故障。

若是电池老化导致故障，采用替换法将电池接到其他同型号的笔记本电脑上故障依旧，则需要更换新的电池才能处理该故障。

(3)无法正常充电

出现此类故障可能是电源适配器和插座没有正确连接或出现故障，或电池没有正确安装在笔记本电脑的电池基座上。

因此，用户需要检查电源适配器和电池是否正确连接，若仍无法进行充电，则需要拿到维修点请专业人员对电池进行测试，查看电池内部电路是否损坏。

(4)需要很长时间才能充满

先从软件入手查找故障点，如是否习惯开机充电或开启过多的应用程序等。接着检查电源适配器，若发现正在使用兼容电源适配器，而不是原厂电源适配器，则可能是电源适配器有故障，使用替换法更换电源适配器，即可处理该故障。

(5)电池充满电后无法开机使用。

如果笔记本电脑在电池充满电后，按下开机按钮，无法开机启动，那么首先应怀疑是否为电池组内部设定数值有偏差，多次尝试开机，进入 BIOS 执行电池自我校正程序。若故障依旧，则将笔记本电脑送至售后服务检修。若经检修发现电池组内部电路板存在故障，则应更换新的由路板以处理该故障。

8.6 计算机维修操作规范

8.6.1 工具准备

计算机维修前我们要准备必要的维修工具，如表 8-1 所示。

表 8-1 计算机维修常备工具

序号	名称	规格	用途
1	大十字螺丝刀	φ7×150 mm	用来拆装部件时，拧下或装上固定螺钉
2	小一字螺丝刀	φ3×75 mm	用于拆卸小器件，如电池等
3	钟表维修螺丝刀	一套	用于拆卸小器件
4	尖嘴钳	6 英寸	用于处理变形档片
5	镊子		用于拆装部件上的跳接线、调整 CPU 等引脚
6	零件盒	不小于 $8\times6\times1\ cm^3$	用于存放拆卸下来的螺钉和跳接线帽等
7	起拔器		用于拔出硬盘、光驱上的电源线
8	偏口钳	6 英寸	用于拆开捆绑线
9	捆绑线		用于固定机箱内的电缆或连接线
10	小刷子	25～35 mm 棕毛刷	用于清扫部件上的灰尘
11	皮老虎		用于吹出机箱内的小量的尘土
12	硅胶		使 CPU 与风扇充分接触
13	清洁剂		用于机器清洁
14	清洁小毛巾		用于机箱外清洁
15	橡皮		清洁内存、板卡金手指
16	防静电手环		用于消除静电
17	防静电布、手套		用于减少摩擦，从而减少静电的产生机会

8.6.2 拆装前的准备

由于各机型结构不同，因此具体机型的部件拆装，要参考相应机型的“产品手册”。

要拆装的机器，应放置在比较宽大的平台上。平台应整洁，避免人为划伤、磕碰。必须在切断与市电（220V 交流电）连接的情况下（将主机电源线拔掉），进行拆装操作。严禁带电操作。

在进行机器的拆装前，必须佩戴好防静电手环，在平整的台面上铺好防静电布。并且要将防静电手环与机箱的金属部分可靠连接，更换完部件，加电验机前必须将防静电手环与机箱的金属部分断开连接。

8.6.3 拆机注意事项

拆卸顺序为：先外后内、先连接线后部件；如有其他部件遮挡，应先拆卸其他部件。安装顺序正好与拆卸顺序相反，即先内后外、先部件后连线。

拆装操作中，必须使用本标准中规定的工具，并将拆卸下来的螺钉等放入零件盒内。使用的工具要求摆放整齐，以便于取放为准。

拆装操作中，每拆卸一部件，要观察连接部分是否完好。

8.6.4 装机注意事项

(1)安装完成后，要对内部的连接线进行整理，要求连接线、电缆必须按拆装前的形式用捆绑线捆好，并遵守如下原则：

①连接线电缆等应不遮挡机箱内部的风道；

②连接线电缆等不能在 CPU 风扇的上方，必须避开 CPU 风扇的位置（可在四周绕行）；

③硬盘、软驱、光驱信号线须在主板的前侧端（面板一侧）。

电脑部件在不用时，要装入防静电包装中，不允许竖放、裸露叠放。取放部件必须轻拿轻放，严禁野蛮操作。

(2)在安装完成后，应确保：

①连接线安装齐全；

②不应有缺漏的固定螺钉，并且各部件所用螺钉的规格符合要求；

③连线设置正确（按照各部件的设置说明和系统要求设置）。

(3)更换完成后的检验

①将防静电手环与机箱的金属部分断开连接；

②连接主机电源；

③进行针对故障点的检验，保证故障排除。

(4)在合上机箱后，应对机箱外部进行必要的清洁，并将各设备复原到原来的连接状态。

8.6.5 常用检测工具介绍

1. 主板诊断卡(POST 卡)

计算机每次开机时,BIOS 会对系统的电路、内存、键盘、显卡、硬盘等各个组件进行自检,并对已配置的基本 IO 设置进行初始化,一切正常后,再引导操作系统,这样的检测称为 POST(Power On Self Test)上电自检。POST 上电自检,每一个设备都有对应的检测代码。

当 BIOS 在对某个设备进行检测时,首先将对应的代码写入 80H 诊断端口,当设备检测通过,则接着送另一个设备代码,对此设备进行测试。如果某个设备测试没有通过,则此代码会在 80H 出保留下来,检测程序也会终止。

主板诊断卡也叫 PC Analyzer 或 POST (Power On Self Test)卡,其工作原理是利用主板中 BIOS 内部自检程序的检测结果,通过 PC、ISA 和 LPC 总线读取 I/O 80H 地址内的 POST CODE,并由译码器译码,在通过数码管显示出来,结合代码含义速查表就能很快地知道电脑故障所在。尤其 PC 开机不能引导操作系统、黑屏、没有报警声时,使用主板诊断卡能很快查出计算机故障。

主板诊断卡由数码显示管、指示灯、PCI 插槽金手指等组成,如图 8-6 所示 4 位 PCI 主板诊断卡,可用于台式机或笔记本电脑主板诊断。

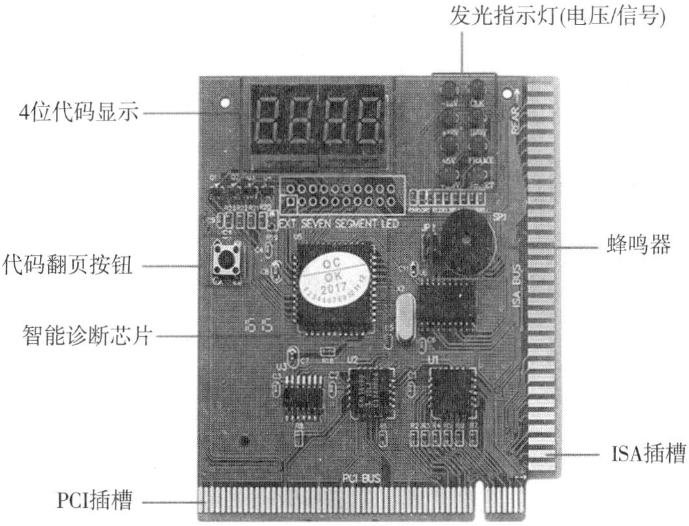

图 8-6 4 位 PCI 主板诊断卡

· 数码显示管:左侧二位数码管代表上一次检测显示的代码(16 进制值表示);右侧二位数码管代表本次检测显示的代码。如果当前检测项目正常,则右侧数码管上的数字会很快跳过;如果当前检测的项目不正常,则数码管上的数字会停止不动,此数字就是错误代码,对照 POST 代码表(如表 8-2 所示)很快就能查清故障。

表 8-2 主板诊断卡(POST 卡)常见代码表

代码	说明	备注
00 或 FF	运行一系列代码之后,出现 00 或 FF 代码,则主板 OK	由于主板设计及芯片组之间的差异,部分主板自检完成后可能显示 23、25、26 代码,属于正常现象
	开机显示一个固定代码(如:00 或 FF),没有任何变化,通常为主板或 CPU 没有正常运行	
C0	初始化高速缓存	主板或 CPU 故障
C1 或 C6	内存自检	喇叭报警,部分主板显示 A7
31	显示器存储器/写测试或扫描检测失败	主板显示部分或显卡故障,喇叭将报警
41	初始化软盘驱动器	主板 BIOS 问题

· 指示灯:主板诊断卡上的常用指示灯及相关说明如表 8-3 所示。

名称	信号	说明
CLK	总线时钟	即使是一块连 CPU 都没插的空主板,接通电源后该指示灯就应该亮,否则是主板时钟信号损坏
IRDY	主设备准备好	有主板 IRDY 信号时才闪烁,否则不亮
BIOS	基本输入输出	主板运行时对 BIOS 有读操作时就闪亮。BIOS 灯若是不亮,不-定是主板 BIOS 问题,没有插入 CPU 时,BIOS 灯一般也不会亮。插上 CPU 后,BIOS 灯会无规则闪烁,此时若 BIOS 灯还是不亮,则可能是主板 BIOS 问题,主板跳线不对或 CPU 损坏
FRAME	帧周期	PCI 槽有循环帧信号时灯才闪烁,平时常亮
RESET	复位	开机瞬间或按下主机 RESET 按钮后,亮半秒熄灭属正常情况;若常亮,通常为主板复位电路、复位按钮损坏,或复位插针连接有误
12 V、5V、3.3 V	电源	空主板通电即应常亮,否则无此电压输出或主板有短路。这几个指示灯如果不亮或亮度不足,必然是电源输出问题或是主板供电电路异常。此时,替换电源可更快地区分出主板故障还是电源故障

· PCI 插槽金手指:将主板诊断卡插在主板的 PCI 插槽中。

(1)主板诊断卡诊断计算机故障操作步骤

当机器在加电启动的自检过程中出现无显故障时(例如:自检硬件不通过、喇叭报警、显示器不能正常显示等)

①断开电源,观察检查整机各部件的外观情况。

②如未见异常,再利用硬件最小系统法,将主板诊断卡插在 ISA 或 PCI 槽上,连接好喇叭与主板 SPEAKER 插座的连线。

③接通电源,启动最小系统。观察主板诊断卡左上角的两个发光管显示的代码,对照故障代码表,确认故障。此时也可通过指示灯状态、喇叭声音来判断故障。

④如果在最小系统下没发现问题,再利用逐步添加法,逐一添加其他设备,观

察诊断卡显示代码的情况，找出故障件。

(2)注意事项

①在最小系统下，部分故障存在重码(例如："OO"、"C0"、"C1"代码)现象，导致无法最终定位到一个部件上。当遇到此情况时，建议采用替换法进一步确认，以便分离故障件。

②由于存在兼容性问题，可能出现使用第一个或最后一个 PCI 槽时(少量的 QDI 810、694X 芯片组主板)，引起系统无显，代码为"00"的情况，因此在使用诊断卡时，最好使用靠中间的 PCI 槽。

③由于每款主板的设计以及 BIOS 厂商都有差异，显示的代码略有区别，另外个别代码(例如："A7"，通常为主板内存插槽或内存条故障)在说明书中可能没有说明，请注意特殊情况的归纳总结。

④当遇到显示器正常显示后出现的故障，该诊断卡基本已不再起作用，请根据显示器显示的情况来处理故障，此时诊断卡的代码仅供参考。

⑤当诊断卡插在 ISA 槽上时，请将诊断卡有元件的一面朝向主板电源接口位置，若插反，系统无法工作，而且还可能损坏部件。

2. 万用表

(1)使用万用表的意义

①提高故障判断准确率：精确测量。

②提高维修效率：避免凭经验维修，盲目替换造成新备件损坏，如：电源故障，电压输出异常烧毁主板，造成开机无显，有些工程师盲目替换主板，造成新主板再次被烧毁。

(2)使用万用表安全注意事项

①测量电流与电压不能旋错档位。如果误将电阻档或电流档去测电压，就极易烧坏万用表。

②如果不知道被测电压或电流的大小，应先用最高档，而后再选用合适的档位来测试，以免烧坏万用表。所选用的档位越靠近被测值，测量的数值就越准确。

③测量电阻时，必须把电阻从电源中断开，不得带电测量，不要用手触及元件的裸体的两端(或两支表棒的金属部分)，以免人体电阻与被测电阻并联，使测量结果不准确。

④万用表不使用时，请将档位旋至交流电压最高档，红表笔插在测量电压接口(如图所示的位置)，或拔出，避免因使用不当而损坏。

(3)哪些情况应使用万用表

①检查电源各端口电压输出或供电线路是否正常

适用现象：

· 按开关后，主机不启动，无报警；

· 使用中突然黑屏，之后无法启动，无报警；

· 开机后无显，风扇不转，指示灯不亮。

万用表检查步骤：

· 检查电源插板的 220V 交流输出；

· 检查主机电源输出，此时应不连接设备，直接测量输出。

②检查部件是否损坏、烧毁

适用现象：

· 检测不到硬盘、光驱等设备。

万用表检查步骤：

· 检查电源电压输出；

· 检查设备（如硬盘）电源输入接口的正极与地之间的阻值，为零或无穷大都不正常；

· 采取对比测试，量取同类正常设备的阻值进行比较。

③检查数据线、电源线通断

适用现象：

· 由于数据线、或电源线不通，导致设备检测不到；

· 由于数据线不通导致信号缺失，失真，如 LCD 花屏、显示器缺色、音箱无输出等。

万用表检查步骤：

测量电源线、数据线的两端，阻值如无穷大则线断路，需要更换。

④主板故障检测

适用现象：

· 开机无显，不加电；

· CMOS 数据丢失。

万用表检查步骤：

· 未插入电源插头情况下测量主板上电源 +5V 与地（GND）之间的电阻值，应为 300Ω，最低不<100Ω。再反向测阻值，略有差异，但不能相差过大。若正反向阻值很小或接近导通，就说明有短路，主板有故障；

· 检查 CMOS 电池是否有效，电压标准值 3.0V，最低不应低于 2.6V。可以用 10A 或 mA 档，测量 CMOS 电池短路电流，新 CMOS 电池可能达到 500mA，如果，测量结果低于 50mA，电池已经不能再使用。请在 2 秒内完成，否则电池电量会被放完。

(4)ATX电源输出端电源线颜色与输出电压对应关系

颜色	电压	颜色	电压	颜色	电压
红色	+5V	黑色	COM	黄色	+12V
紫色	+5VSB	灰色	PWR-OK	橘黄	+3.3V
白色	-5V	绿色	PS-ON	蓝色	-12V

注:COM表示“地”,有时也用GND表示。

3.简易负载器

简易负载器可以在测试电源时提供轻量负载,以避免电源在无负载测量时无输出及避免电源在无负载测量时输出不正确,如图8-6所示。

图8-6 简易负载器

(1)测试步骤

①插入电源20PIN或24PIN插头;

②插入PS-ON跳线帽;

③给电源加电;

④观察简易负载器的LED是否正常点亮;

⑤万用表放到直流电压档;

⑥万用表黑表笔放到GND焊盘上,红表笔依次放到其他焊盘上;

⑦读取各路输出电压值。

注:测量得到的电压值,应在标称±10%范围内。

(2)注意事项

①插入电源20PIN或24PIN插头时,切勿反插、切勿带电插拔。

②切勿长时间通电烤机使用!

③水泥电阻发热,注意避免烫伤。

④该测试仪仅作为测量电源输出的辅助工具,电源是否正常还需上机进行烤机测试。

学习小结

通过本章的学习，对计算机常见故障的诊断与排除方法有所了解。了解检修计算机故障的一般原则，即先软后硬、先外后内、先电源后部件、先一般后特殊、先简单后复杂等。掌握诊断计算机故障的方法，如观察法、拔插法、替换法、升温降温法、最小系统法等。在排除计算机故障时，先应从故障现象入手，诊断出是软件故障还是硬件故障，然后再逐步深入去了解是哪个部件出现故障。了解计算机故障的常见现象和排除方法，包括主板、CPU、内存。硬盘和显卡等部件的故障。

本章内容包括计算机故障诊断、排查及处理和计算机维修需要遵循的操作规范等劳动技能，旨在培养学生动手实践、问题处理、团队意识和沟通交流能力，培养学生规范操作意识和习惯。

思考题

1. 简述计算机故障排查处理的原则。
2. 简述计算机死机的原因及解决方法。

关键词语

死机（宕机）	computer crashes
CPU 风扇	CPU Fan
导热硅脂	heat-conducting silicone grease

附录1:计算机(微机)维修工国家职业标准(摘编)

1.职业概况

1.1 职业名称:计算机(微机)维修工。

1.2 职业定义:对计算机(微机)及外部设备进行检测、调试和维护修理的人员。

1.3 职业等级:本职业共设三个等级,分别为初级、中级、高级。

1.4 职业能力特征:具有一定分析、判断和推理能力,动作协调。

2.基本要求

2.1 职业道德

2.1.1 职业道德基本知识

2.1.2 职业守则

(1)遵守国家法律法规和有关规章制度。

(2)爱岗敬业、平等待人、耐心周到。

(3)努力钻研业务,学习新知识,有开拓精神。

(4)工作认真负责,吃苦耐劳,严于律己。

(5)举止大方得体,态度诚恳。

2.2 基础知识

2.2.1 基本理论知识

(一)微型计算机基本工作原理

(1)电子计算机发展概况。

(2)数制与编码基础知识。

(3)计算机基本结构与原理。

(4)DOS、Windows 基本知识。

(5)计算机病毒基本知识。

(二)微型计算机主要部件知识

(1)机箱与电源。

(2)主板。

(3)CPU。

(4)内存。

(5)硬盘、软盘、光盘驱动器。

(6)键盘和鼠标。

(7)显示适配器与显示器。

(三)微型计算机扩充部件知识

(1)打印机。

(2)声音适配器和音箱。

(3)调制解调器。

(四)微型计算机组装知识

(1)CPU 安装。

(2)内存安装。

(3)主板安装。

(4)卡板安装。

(5)驱动器安装。

(6)外部设备安装。

(7)整机调试。

(五)微型计算机检测知识

(1)微机常用维护测试软件。

(2)微机加电自检程序。

(3)硬件代换法。

(4)常用仪器仪表功能和使用知识。

(六)微型计算机维护维修知识

(1)硬件替换法。

(2)功能替代法。

(3)微型计算机维护常识。

(七)计算机常用专业词汇

2.2.2 法律知识

价格法、消费者权益保护法和知识产权法中有关法律法规条款。

2.2.3 安全知识

电工电子安全知识。

3. 工作要求

本标准对初级、中级、高级的技能要求依次递进,高级别包括了低级别的要求。

3.1 初级

职业功能	工作内容	技能要求	相关知识
一、故障调查	(一)客户接待	1. 做到态度热情，礼貌周到 2. 了解客户描述的故障症状 3. 了解故障机工作环境 4. 介绍服务项目及收费标准 5. 做好上门服务前的准备工作	1. 常见故障分类 2. 常见仪器携带方法
	(二)环境检测	1. 检测环境温度与湿度 2. 检测供电环境电压	1. 温、湿计使用方法 2. 万用表使用方法
二、故障诊断	(一)验证故障机	1. 确认故障现象 2. 作出初步诊断结论	整机故障检查规范流程
	(二)确定故障原因	1. 部件替代检查 2. 提出维修方案	主要部件检查方法
三、故障处理	(一)部件维护	1. 维护微机电源 2. 维护软盘驱动器 3. 维护光盘驱动器 4. 维护键盘 5. 维护鼠标 6. 维护打印机 7. 维护显示器	1. 微机电源维护方法 2. 软盘驱动器维护方法 3. 光盘驱动器维护方法 4. 键盘维护方法 5. 鼠标维护方法 6. 打印机维护方法 7. 显示器维护方法
	(二)部件更换	1. 更换同型电源 2. 更换同型主板 3. 更换同型 CPU 4. 更换同型内存 5. 更换同型显示适配器 6. 更换同型声音适配器 7. 更换同型调制解调器	微机组装程序知识
四、微机系统调试	(一)设置 BIOS	1. BIOS 标准设置 2. 启动计算机	1. BIOS 基本参数设置 2. 计算机自检知识
	(二)系统软件调试	利用操作系统验证计算机	使用操作系统基本知识
五、客户服务	(一)故障说明	1. 填写故障排除单 2. 指导客户验收计算机	计算机验收程序
	(二)技术咨询	1. 指导客户正确操作微机 2. 向客户提出工作改进建议	1. 安全知识 2. 计算机器件寿命影响因素知识

3.2 中级

职业功能	工作内容	技能要求	相关知识
一、故障调查	(一)客户接待	1. 引导客户对故障进行描述 2. 确定故障诊断初步方案	1. 硬故障现象分类知识 2. 故障常见描述方法
	(二)环境检测	1. 检测供电环境稳定性 2. 检测环境粉尘、振动因素	1. 供电稳定性判断方法 2. 感官判断粉尘、振动知识
二、故障诊断	(一)验证故障机	正确作出诊断结论	故障部位检查流程
	(二)确定故障原因	部件替换检查	部件功能替换知识
三、故障处理	(一)部件常规维修	1. 维修微机电源 2. 维修软盘驱动器 3. 维修光盘驱动器 4. 维修键盘 5. 维修鼠标	1. 微机电源常规维修方法 2. 软盘驱动器常规维修方法 3. 光盘驱动器常规维修方法 4. 键盘常规维修方法 5. 鼠标常规维修方法
	(二)部件更换	1. 更换同型主板 2. 更换同型 CPU 3. 更换同型内存 4. 更换同型显示适配器 5. 更换同型声音适配器 6. 更换同型调制解调器	1. 接口标准知识 2. 部件兼容性知识 3. 主板跳线设置方法
四、微机系统调试	(一)设置 BIOS	BIOS 优化设置	BIOS 优化设置方法
	(二)清除微机病毒	1. 清除文件型病毒 2. 清除引导型病毒	1. 病毒判断方法 2. 杀毒软件使用方法
	(三)系统软件调试	1. 安装操作系统 2. 安装设备驱动程序 3. 软件测试计算机部件	1. DOS、Windows 安装方法 2. 驱动程序安装方法 3. 测试软件使用方法
五、客户服务	(一)故障说明	向客户说明故障原因	计算机自检程序知识
	(二)技术咨询	指导客户预防计算机病毒	病毒防护知识

3.3 高级

职业功能	工作内容	技能要求	相关知识
一、故障调查	(一)客户接待	引导客户对故障进行描述	综合故障分类知识
	(二)环境检测	1. 检测供电环境异常因素 2. 检测电磁环境因素	1. 供电质量判断方法 2. 电磁干扰基础知识
二、故障诊断	(一)验证故障机	准确作出诊断结论	故障快捷诊断方法
	(二)确定故障原因	部件测量检查	1. 通断测试器使用方法 2. 逻辑探测仪使用方法
三、故障处理	(一)部件维修	1. 维修不间断电源 2. 维修显示器 3. 维护打印机	1. UPS 电源常规维修知识 2. 显示器常规维修知识 3. 打印机常规维修
	(二)部件更换	1. 升级主板 2. 升级 CPU 3. 升级内存 4. 升级显示适配器 5. 升级声音适配器 6. 升级调制解调器	微机硬件综合性能知识
四、微机系统调试	(一)设置 BIOS	升级 BIOS	BIOS 升级方法
	(二)清除微机病毒	清除混合型病毒	杀毒软件高级使用方法
	(三)系统软件调试	优化操作系统平台	1. 整机综合评价知识 2. 端口设置知识
五、客户服务	(一)故障说明	能向客户说明排除故障方法和过程	微机部件故障知识
	(二)技术咨询	能向客户提出环境改进建议	微机部件工作环境要求
六、网络基础	建立计算机局域网	建立基本网络	网络基础知识
七、工作指导	(一)培训维修工	1. 微机知识培训 2. 微机维修能力	1. 教学组织知识 2. 实验指导知识
	(二)指导维修工工作	1. 故障现象技术分析 2. 故障排除技术指导	1. 微机软硬件故障分类知识 2. 故障排除方法

附录2:计算机选配方案模板

一、选配目的

通过一段时间的学习和市场调查,我不仅对计算机的组成有了比较深入的认识,而且还对现在的计算机市场有了一定的了解。在满足自己需求的前提下,最大限度地节省开支,我决定采用下列方案。

二、配置方案

配置	型号	参考价格(元)
CPU		
主板		
内存		
硬盘		
显卡		
机箱		
电源		
散热器		
显示器		
鼠标		
键盘		
光驱		
声卡		
总价		

三、各部件参数

部件名称	参数名称	参数描述
CPU	品牌型号	
	系列	
	主频	
	最大睿频	
	总线类型	
	插槽类型	
	核心代号	
	核心数量	
	线程数	
	制作工艺	
	核显	
CPU 散热器	品牌型号	
	散热方式	
	材质	
主板	品牌型号	
	主芯片组	
	集成芯片	
	主板板型	
	CPU 平台	
	CPU 类型	
	CPU 插槽	
	内存类型	
	内存插槽	
	最大内存容量	
	PCIe 插槽	
	USB 接口	
	存储接口	
内存	品牌型号	
	容量描述	
	内存类型	
	内存主频	
	针脚数	

续表

部件名称	参数名称	参数描述
硬盘	品牌型号	
	硬盘尺寸	
	硬盘容量	
	缓存	
	转速	
	接口类型	
显卡	品牌型号	
	芯片厂商	
	显卡芯片	
	制作工艺	
	核心代号	
	核心频率	
	显存频率	
	显存类型	
	显存容量	
	显存位宽	
	散热方式	
	I/O 接口	
机箱	品牌型号	
	机箱样式	
	机箱结构	
	适用主板	
	机箱颜色	
	机箱材质	
电源	品牌型号	
	电源版本	
	额定功率	
	80PLUS 认证	

续表

部件名称	参数名称	参数描述
散热器	散热器	
	散热器类型	
	散热方式	
	智能温控	
鼠标	品牌型号	
	鼠标接口	
	人体工学	
键盘	品牌型号	
	连接方式	
	键盘接口	
声卡	品牌型号	
	声卡类别	
	总线接口	
显示器	品牌型号	
	屏幕尺寸	
	屏幕比例	
	最佳分辨率	
	动态对比度	
	亮度	
	可视角度	
	黑白响应时间	
	视频接口	
	机身颜色	
	产品尺寸	
	产品重量	

四、选配步骤

1.进行市场调查

2.认识计算机的相关配置并结合自身实际进行选择

(此处分述所选各配件及选购理由)

(1)主板

(2)CPU

(3)内存

(4)硬盘

(5)显卡

(6)机箱

(7)电源

(8)散热器

(9)显示器

(10)声卡

(11)键盘/鼠标

五、选配总结

(简单描述完成计算机选配劳动实践活动的心得体会)

附录3:计算机拆装实训报告模板

一、实训小组成员

二、实训目的:

1. 了解计算机系统结构、计算机分类、微型计算机硬件组成。

2. 掌握计算机拆卸方法和注意要点

3. 掌握计算机安装方法和注意要点

三、实训内容

1. 了解计算机各个主要部件,熟悉主板各个插槽的作用和接线柱的识别,掌握计算机组装技术。

2. 完成计算机主要组成部件的拆卸

3. 将计算机主要部件组装成一台完整的计算机。

四、实训过程

(此处撰写拆装过程及注意事项)

五、心得体会

参 考 书 目

曾维红，张蓉. 计算机组装与维护项目实践教程(第 2 版)[M]. 北京：
出版社，2020.

2. 邹承俊，雷文全. 刘瀚锳等. 用微课学计算机组装与维护教程[M]. 北京：电子工业出版社，2020.

3. 史巧硕，柴欣. 大学计算机基础：Windows 7＋Office 2010[M]. 北京：人民邮电出版社，2017.

4. 王爱红，吴冠辰，胡海翔. 计算机组装与维护[M]. 北京：航空工业出版社，2018.

5. 徐绕山. 计算机组装与维护标准教程[M]. 北京：清华大学出版社，2021.

6. 高加琼，韩文智，新编计算机组装与维护[M]. 北京：电子工业出版社，2020.

7. 罗亮，张应梅，刘金广. 轻松玩转电脑组装与维修[M]. 北京：电子工业出版社，2019.

8. 王红军等. 笔记本电脑使用、维护与故障排除实战. 北京：机械工业出版社，2018.